高等职业教育机械类专业系列教材

金属塑性成形基础

全国高职材料工程类教学指导委员会
中国锻压协会 组编
主　编　耿　佩　李艳丽
副主编　龚小涛
参　编　唐　军　何利东　吴　韬　何莎莎
主　审　李军超

本书分为6篇，计23个模块，系统介绍了金属塑性成形工艺涉及的材料科学及力学基础。主要内容包括塑性变形基本理论、金属塑性变形的物理基础、金属塑性变形的力学基础、金属塑性加工中的摩擦与润滑、塑性成形件质量的定性分析、金属塑性成形基本工序的力学分析等。每篇后融入素养提升元素，并附有拓展练习，模块中加入工程应用内容。

本书可作为高等职业院校和高等职业本科院校的材料成型及控制技术和航空材料精密成型技术等专业教材，也可供材料学科、机械学科相关专业的师生及从事塑性成形和模具加工技术的技术人员参考使用。

本书是信息化立体式新型教材，契合现代职业教育发展要求，满足高职院校学生的学习需求，配套有完整的立体化教学资源，并在关键知识点处植入动画及视频，以二维码形式展现，帮助学生学习和理解。本书配有电子课件等数字化教学资源，可满足高职院校教师采用现代信息化教学手段授课的需要，具体可登录机械工业出版社教育服务网（http://www.cmpedu.com）免费注册、下载。

图书在版编目（CIP）数据

金属塑性成形基础/耿佩，李艳丽主编. —北京：机械工业出版社，2024.5

高等职业教育机械类专业系列教材

ISBN 978-7-111-75921-8

Ⅰ.①金…　Ⅱ.①耿…②李…　Ⅲ.①金属压力加工-塑性变形-高等职业教育-教材　Ⅳ.①TG301

中国国家版本馆CIP数据核字（2024）第105861号

机械工业出版社（北京市百万庄大街22号　邮政编码100037）
策划编辑：王海峰　　　　责任编辑：王海峰
责任校对：张婉茹　王　延　　封面设计：马精明
责任印制：张　博
北京建宏印刷有限公司印刷
2024年5月第1版第1次印刷
184mm×260mm · 11.5印张 · 279千字
标准书号：ISBN 978-7-111-75921-8
定价：39.00元

电话服务
客服电话：010-88361066
010-88379833
010-68326294

网络服务
机　工　官　网：www.cmpbook.com
机　工　官　博：weibo.com/cmp1952
金　书　网：www.golden-book.com
机工教育服务网：www.cmpedu.com

前言

本书主要解决我国高等职业院校航空材料精密成型技术专业、材料成型及控制技术专业金属塑性成形基础类教材缺失问题。这类专业方向大都包括锻造、铸造和冲压等热加工技术方向，而金属塑性成形原理是学习热加工技术知识的重要基础。目前我国高职院校依然使用本科教材，存在教师讲解深入、学生学习困难的情况。

本书基于2022年最新修订的高职专业教学标准要求，融入企业岗位需求，并考虑高等职业本科教学方向，在本科教材基础上，简化原理性知识，删减了繁杂难懂的原理性推导内容，全面整合了热加工技术所需的金属塑性成形原理基础内容，并融入素养提升元素和最新工程应用内容。

本书分为6篇，计23个模块，系统介绍了金属塑性成形工艺涉及的材料科学及力学基础。主要内容包括塑性变形基本理论、金属塑性变形的物理基础、金属塑性变形的力学基础、金属塑性加工中的摩擦与润滑、塑性成形件质量的定性分析、金属塑性成形基本工序的力学分析等。

为贯彻党的二十大精神，加快建设国家战略人才力量，努力培养造就更多大师、战略科学家、一流科技领军人才和创新团队、青年科技人才、卓越工程师、大国工匠、高技能人才，加快建设制造强国、质量强国、航天强国、交通强国、网络强国、数字中国，本书重视塑性成形技术在实际生产的应用，设置了【工程应用】栏目，通过工程应用案例，让理论知识快速与实际链接，让知识点落到工程应用实际，便于学生理解贯通；设置【科技前沿】和【榜样力量】等栏目，旨在鼓舞学生在学习及工作中培养工匠精神，具备工匠品质，提升学生向模范和榜样学习的动力，激发学生们的民族自豪感和奋斗热情。

本书是信息化立体式新型教材，契合现代职业教育发展要求，满足高职院校学生的学习需求，配套有完整的立体化教学资源，并在关键知识点处植入动画及视频，以二维码形式展现，解决典型塑性成形原理过程看不懂、想不通的难题。本书配套的PPT等数字化教学资源，可满足高职院校教师采用现代信息化教学手段授课的需要，具体可登录机械工业出版社教育服务网（http://www.cmpedu.com）注册、下载。

本书由耿佩、李艳丽任主编，龚小涛任副主编，唐军、何利东、吴韬、何莎莎参加了编写。编写分工为：绪论、第一篇中的模块一、模块二、模块四以及第五篇中的模块一、模块二由西安航空职业技术学院耿佩编写；第四篇中的模块一、模块二和第六篇由四川工程职业技术学院李艳丽编写；第五篇中的模块三和模块四由陕西宏远锻造有限责任公司唐军编写；第二篇由西安航空职业技术学院龚小涛编写；第一篇中的模块三由四川工程职业技术学院何利东编写；第三篇中的模块四～模块六由浙江机电职业技术学院吴韬编写；第三篇中的模块一～模块三由浙江机电职业技术学院何莎莎编写。

本书由重庆大学李军超主审，在此深表感谢。

由于编者水平有限，书中难免有不当之处，敬请读者批评指正。

编 者

二维码索引

主要符号说明

符号	含义	符号	含义
σ	正应力	P	作用力；载荷
ε	应变	P'	反作用力
E	弹性模量	T	表面力（外力）
σ_e	弹性极限	τ	切应力
ε_p	规定非比例延伸率	ν	泊松比
R_p	规定非比例延伸强度	σ_m	平均应力
A	伸长率	σ'_{ij}	应力偏张量
Z	断面收缩率	$\bar{\varepsilon}$	等效应变
F、A	面积	σ_s	屈服应力
a_K	冲击韧度	J'_2	第二不变量
K	冲击吸收能量	ϵ	对数应变（真实应变）
R_m	抗拉强度	n	硬化指数
$\dot{\varepsilon}$	应变速率	σ_{-1}	疲劳强度
$\bar{\dot{\varepsilon}}$	平均变形速度	$\bar{\epsilon}$	真应变
η	排热率，打击效率	μ	摩擦系数；库仑摩擦系数
m	变形速度敏感性指数	σ_r	径向压应力
R_e	屈服强度	S	全应力
K	锻造比		

目录

绪论

金属塑性成形是金属加工的方法之一。它是指材料在外力作用下会产生应力和应变（即变形），当施加的力所产生的应力超过材料的弹性极限达到材料的流动极限后，再除去所施加的力时，除了占比例很小的弹性变形部分消失外，会保留大部分不可逆的永久变形，即塑性变形，使物体的形状尺寸发生改变，同时材料的内部组织和性能也发生变化。绝大多数金属材料都具有产生塑性变形而不破坏的性能，利用这种性能对金属材料进行成材和成形加工的方法统称为金属塑性成形。所以，也将塑性成形称为塑性加工或者压力加工。

一、金属塑性成形的特点和分类

1. 金属塑性成形的特点

与金属切削、铸造、焊接等加工方法相比，金属塑性成形具有以下优点。

（1）经过塑性加工，金属的组织、性能得到改善和提高　金属在塑性加工过程中，往往要经过锻造、轧制，或者挤压等工序，这些工序使得金属的结构更加致密、组织得到改善、性能得到提高。对于铸造组织，这种效果更加明显。例如，炼钢铸成的钢锭，其内部组织疏松多孔、晶粒粗大而且不均匀，偏析也比较严重，经过锻造、轧制或者挤压等塑性加工可以改变它的结构和组织性能。据试验分析得知，一般的金属塑性成形后，强度极限最大可提高120%，硬度最大可提高150%，弹性极限能提高300%。

（2）金属塑性成形的材料利用率高　金属塑性成形主要是依靠金属在塑性状态下的体积转移来实现的，这个过程不会产生金属切削，因而材料的利用率高。

（3）金属塑性成形具有很高的生产率　金属塑性成形加工适合于大批量生产，这一点对于金属材料的轧制、拉丝、挤压等工艺尤为明显。例如，在1.2万t的压力机上锻造一个汽车用的六拐曲轴仅需40s；在曲柄压力机上压制一个汽车覆盖件仅需几秒钟；在弧形板行星搓丝机上加工M5的螺钉，其生产量可以高达12000件/min。随着生产机械化和自动化的不断发展，金属塑性成形的生产率还在不断提高。

（4）通过金属塑性成形得到的工件可以达到较高的精度　随着科学技术和工装设备的不断发展和水平提升，现在不少零件通过塑性加工已经实现了少、无切屑的要求。例如，精密锻造的锥齿轮，其齿形部分精度可不经切削加工而直接使用，精锻叶片的复杂曲面可以达到只需磨削的精度。

由于金属塑性成形具有上述优点，因此它在冶金工业、航空航天工业和机械制造工业等领域中得到广泛应用，在国民经济中占有十分重要的地位。

2. 金属塑性成形加工的分类

金属塑性成形的种类很多，按照其成形的特点，一般把塑性加工分为体积成形和板料成形两大类，其中每一类又包括了各种加工方法，比如轧制、拉拔、挤压、锻造、冲压等，形成了各自的加工领域。

（1）锻造成形　锻造成形过程属于体积成形，是金属塑性成形技术中应用最普遍的技术方法之一。锻造成形分为自由锻造、模锻和特种锻造。自由锻造一般是在锻锤或者水压机上，利用简单的工具将金属铸锭或者坯料锻成所需要形状和尺寸的加工方法，如图 0-1a 所示。自由锻造不需要专用模具，因而锻件的尺寸精度低、加工余量大、生产率不高。模锻是在模锻锤或者热模锻压力机上利用模具型腔来塑造金属形状的。金属材料的成形流动受到模具型腔的控制，因而其锻件的外形和尺寸精度高，生产率高，适用于大批量生产。模锻又可以分为开式模锻和闭式模锻，如图 0-1 b、c 所示。特种锻造是在模锻成形基础之上衍生的，为了生产某些模锻不能直接锻造或模锻生产率较低的锻件种类，可以直接生产锻件，也可作为模锻变形前的制坯工步。特种锻造包括辊锻、等温锻造、液态模锻等。

（2）板料成形　板料成形一般称为冲压成形，是针对厚度尺寸较小的板材，利用专门的模具，使金属板料通过一定模孔而产生塑性变形，从而获得所需的形状、尺寸的零件或坯料。冲压成形工艺有分离工序和成形工序两类。分离工序用于使冲压件与板料沿一定的轮廓线相互分离，如冲裁、剪切等工序；成形工序用来使坯料在不破坏的条件下发生塑性变形，成为具有一定形状和尺寸的零件，如弯曲、拉深（图 0-2）等工序。

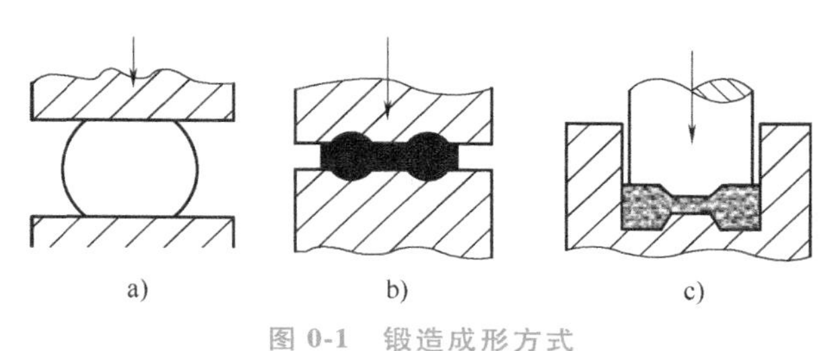

图 0-1　锻造成形方式

a）自由锻造　b）开式模锻　c）闭式模锻

（3）轧制成形　轧制成形是将金属坯料通过两个旋转轧辊间的特定空间使其产生塑性变形，以获得一定截面形状材料的塑性成形方法，如图 0-3 所示。轧制成形的特点是将大截面坯料变为小截面材料，生产率较高，分为纵轧、横轧和斜轧。利用轧制方法可生产出型材、板材和管材。

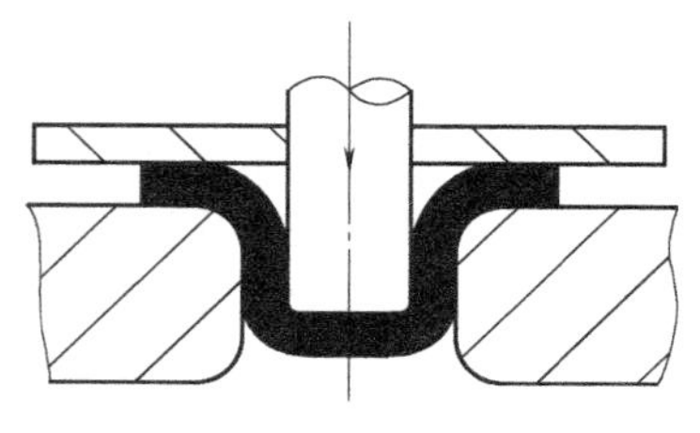
图 0-2　冲压成形——拉深过程

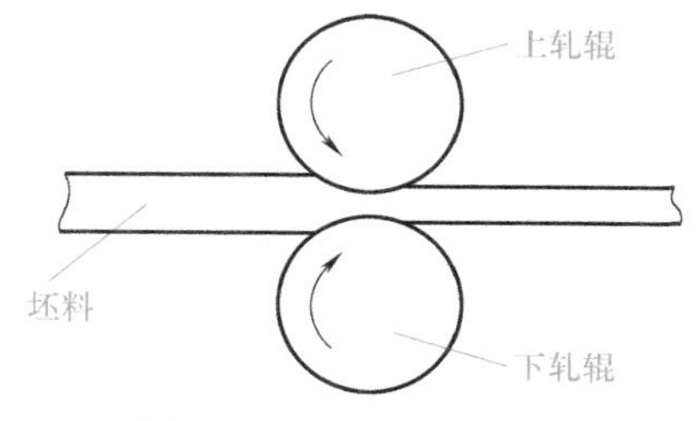

图 0-3　轧制成形原理图

（4）挤压成形　挤压是金属在三个方向的不均匀压应力作用下，从模孔中挤出或流入模膛内以获得所需尺寸、形状的制品或零件的成形工序。采用挤压成形工艺不但可以提高金属塑性，生产复杂截面形状的制品，还可以提高制件的精度，改善制件的力学性能，提高生产率和节约金属材料等，是一种先进的少切屑或无切屑的锻压成形工艺。挤压又分正挤压、反挤压和正反复合挤压，其原理如图 0-4 所示。因为挤压是在很强的三向压应力状态下的成形过程，所以更适于生产低塑性材料的型材、管材或零件。

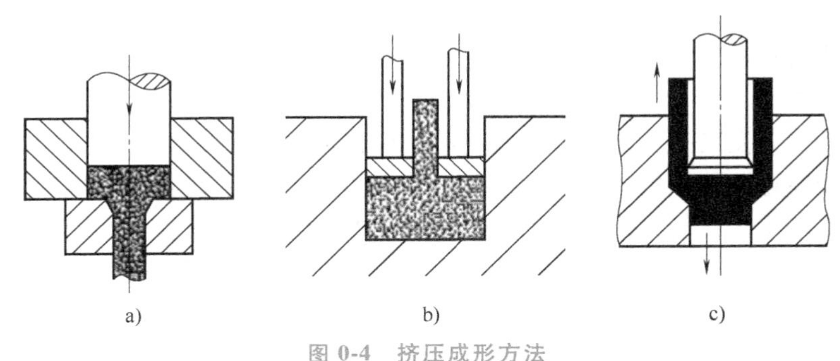

图 0-4　挤压成形方法

a）正挤压　b）反挤压　c）复合挤压

随着生产技术的发展，新的塑性加工方法不断衍生，例如连铸连轧、液态模锻、等温锻造和超塑性成形等，这些成形技术的应用逐渐扩大，尤其等温锻造在航空制造领域应用占有重要地位。

塑性成形按照加工时坯料的温度还可以分为热成形、冷成形和温成形三类。热成形是将坯料加热至再结晶温度以上所完成的加工，如热轧、热锻、热挤压等；冷成形是在不产生回复和再结晶的温度以下（再结晶温度以下）进行的加工，如冷轧、冷冲压、冷挤压、冷锻等；温成形是在介于冷、热成形之间的温度下进行的加工，如温锻、温挤压等。

二、金属塑性成形技术的发展趋势

随着航空航天、汽车和高端装备逐步向轻量化、极端化、高速化和高性能化发展，出现了一批复杂构件，其突出特征为材料难变形、形状复杂、高精度、高性能、极端尺寸，传统的金属塑性成形技术难于制造或无法制造，这些特殊需求推动了金属塑性成形工艺的技术创新。我国学者和研究人员研发出许多新工艺，例如通过可控多向模锻技术，可对坯料进行上、下、左、右、后 5 个方向挤压，实现特殊锻件的一步成形；高速热镦锻技术可在一次行程内完成不同工位的同时成形，生产率高、自动化水平高，成为精密塑性成形技术的重要发展方向。如今，我国金属塑性加工技术的发展取得了举世瞩目的成就，但也出现了一些技术瓶颈，例如大型薄壁零件的成形质量还有待提升、航空锻件以及特殊用途的特殊材料锻件的锻造工艺还有待进一步拓展优化等。

大力支持发展塑性成形技术，加大新型塑性加工技术与塑性成形装备的研究与应用，是加速我国工业化和信息化深度融合、推动制造业供给侧结构性改革的重要着力点，对加快推进智能制造、重塑我国制造业竞争新优势具有重要意义。未来重点发展的塑性成形技术有以下几种。

1. 轻质耐高温材料高性能复杂构件塑性成形技术

超声速飞行器表面工作温度高于 800℃，需要轻质耐高温材料复杂构件。由于材料工作温度高，相应的成形温度高于 1000℃，超高温下材料变形、流动与组织性能控制十分困难，需要研发新的成形工艺、模具和装备，这对我国未来航空航天事业的发展具有重要作用。

2. 非理想材料塑性本构模型与高精度数值模拟

经典的塑性本构关系理论是建立在连续、均质、各向同性理想材料的假设基础上。随着新材料及高性能材料的普及应用，大量工程材料具有强各向异性和非均质的特性，导致数值模拟难于给出高精度可信的结果，迫切需要从理论上发展非理想材料（各向异性材料、非均质、压力敏感材料等）塑性本构关系理论，以及相应的试验测试方法。

3. 智能化塑性成形装备及生产线

智能制造是工业发展的大趋势。塑性成形是包含材料宏观转移与材料内部微观组织变化的高度非线性复杂过程。塑性成形在数控装备与工艺方面已经取得重要进展，目前需要突破智能化塑性加工基础理论与方法，解决适用于构件内部组织控制、过程传感和检测理论、智能控制与优化理论、工艺过程智能化等基础理论与方法，研发智能化塑性加工关键技术和装备，建立智能化塑性加工生产线示范工程等。

金属塑性成形技术在未来会继续向着高精度、整体化、长寿命、轻量化及高可靠性的方向发展，尤其是发展有色合金和新型耐高温材料的塑性加工技术，拓展其在航空航天技术领域的应用，开发高可靠性的国产数值模拟软件，并加大 CAE 技术在塑性加工中的应用；解决我国重大迫切需求的同时，提升我国金属塑性加工及其装备技术的水平与地位。

三、本课程学习要求

金属塑性成形基础包括两部分内容：金属塑性成形原理和塑性加工方法。其中，塑性成形原理是塑性加工方法的理论基础。

金属塑性成形原理是研究塑性成形中共同的规律性问题，就是在阐述应力、应变理论以及屈服准则等塑性理论的基础上，研究塑性加工中有关力学问题的各种解法，分析变形体内的应力和应变分布，确定变形力和变形功，为选择加工设备和模具设计提供依据。

塑性加工方法主要是研究锻造、冲压、轧制和挤压等塑性加工技术的变形原理和过程，分析其塑性变形机理、影响因素及加工缺陷的形成原因。

本课程的学习要求：

1）掌握金属塑性变形的金属学基础和物理基础，即金属的结构和塑性变形机理。

2）理解金属塑性变形的力学分析方法，掌握塑性成形的应力、应变关系和应力-应变曲线。

3）掌握塑性成形件的缺陷分析和质量控制方法。

第一篇

塑性变形基本理论

模块一　金属的晶体结构

学习目标

1. 掌握金属的晶体结构类型。
2. 了解实际金属的晶体结构特点。
3. 熟悉三种晶体缺陷类型。

固态物质按其原子的聚集状态可分为晶体与非晶体两大类。凡原子呈规则排列的物质称为晶体，如金刚石、食盐、一般固态金属及合金等；而原子呈无规则排列的物质称为非晶体，如塑料、橡胶、玻璃、木材等。

一般的固态金属都是晶体，晶体中原子规则排列的方式称为晶体结构。通过金属原子的中心画出许多空间直线，这些直线将形成空间格架，这种假想的格架称为晶格。能反映该晶格特征的最小组成单元称为晶胞。晶胞在三维空间的重复排列构成晶格。

晶格

一、常见的晶格结构

不同元素组成的金属晶体因其晶格形式不同，表现出不同的物理、化学和力学性能。工程中常用的金属有几十种，其固态纯金属的晶格形式多种多样，但最常见和最典型的晶格类型有以下三种。

1. 体心立方晶格

体心立方晶格的晶胞模型如图 1-1 所示，其中 8 个原子分别处于立方体的各个角上，一个原子处于

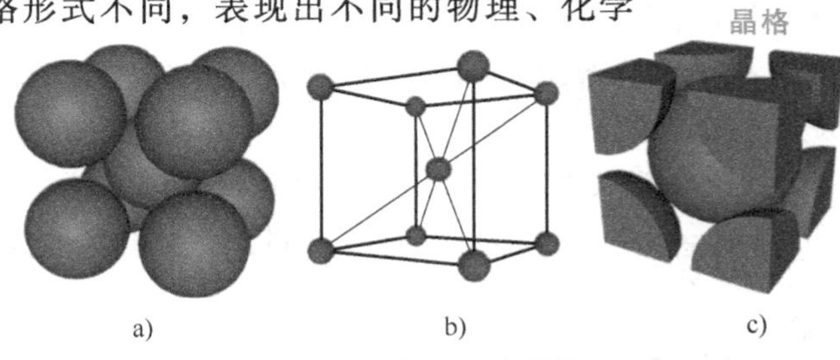

图 1-1　体心立方晶格

a）刚球模型　b）质点模型（晶胞）　c）晶胞原子数

立方体的中心，角上 8 个原子与中心原子紧靠在一起。具有体心立方晶格的金属有钼（Mo）、钨（W）、钒（V）、α-铁（α-Fe，<912℃）等。

2. 面心立方晶格

面心立方晶格的晶胞模型如图 1-2 所示，金属原子分布在立方体的 8 个角和 6 个面的中心，面中心的原子与该面四个角上的原子紧靠在一起。具有这种晶格的金属有铝（Al）、铜（Cu）、镍（Ni）、金（Au）、银（Ag）、γ-铁（γ-Fe，912~1394℃）等。

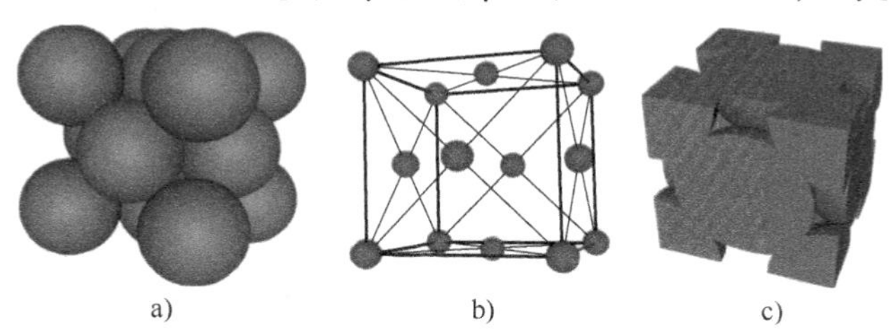

a)　　b)　　c)

图 1-2　面心立方晶格

a）刚球模型　b）质点模型（晶胞）　c）晶胞原子数

3. 密排六方晶格

密排六方晶格的晶胞模型如图 1-3 所示，12 个金属原子分布在六方体的 12 个角上，在上下底面的中心各分布一个原子，上、下底面之间均匀分布三个原子。具有这种晶格的金属有镁（Mg）、镉（Cd）、锌（Zn）、铍（Be）等。

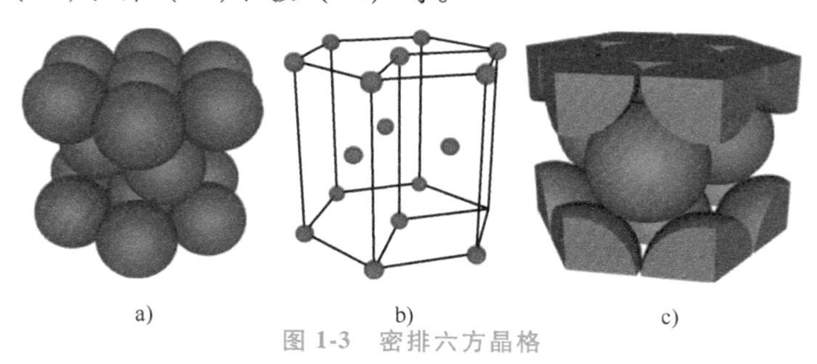

a)　　b)　　c)

图 1-3　密排六方晶格

a）刚球模型　b）质点模型（晶胞）　c）晶胞原子数

面心立方晶格和密排六方晶格的晶胞不同，但其原子排列的紧密程度完全相同，在空间上是排列最紧密的两种形式。与它们相比，体心立方晶格中原子排列的紧密程度要低些，所以如 Fe 等金属从面心立方晶格向体心立方晶格转变时，将伴随着体积的膨胀。面心立方晶格中的空隙半径比体心立方晶格中的空隙半径大，表明其容纳小直径其他原子的能力要大。如 γ-Fe 中最多可容纳 2.11%（质量分数）的碳原子，而 α-Fe 中最多只能容纳 0.02%（质量分数）的碳原子。

金属的晶格类型和大小的区别将造成金属性能的不同，同一种晶格类型在不同方向上的性能也会有所不同，即具有各向异性。因此，在选用金属材料和制订塑性成形工艺过程中，要充分考虑这个特性，以保证成形零件的质量。

晶体的各向异性

二、实际金属的晶体结构

实际金属原子不像完全呈规律排列的理想晶体那样整齐划一、完美无缺，如用金相显微镜观察图 1-4 所示的纯铁固体的断面时，可以看到许多小的颗粒。金属晶体中的这些小颗粒称为晶粒。晶粒是具有同一位向的单晶体，与相邻晶粒之间存在位向差别。晶粒与晶粒之间的过渡区称为晶界。所以，实际金属晶体如图 1-5 所示，是由许多处于不同位向的晶粒通过晶界结成的多晶体结构。多晶体中的晶粒尺寸因材料而异，钢铁材料中的晶粒尺寸很小，约为 $10^{-1} \sim 10^{-3}$mm，只能在金相显微镜下看到。多晶体中每个晶粒的位向基本一致，但各个晶粒彼此之间的位向各异，各晶粒性能的方向性因晶粒数目繁多而彼此抵消，所以多晶体结构的金属在性能上大致呈各向同性。

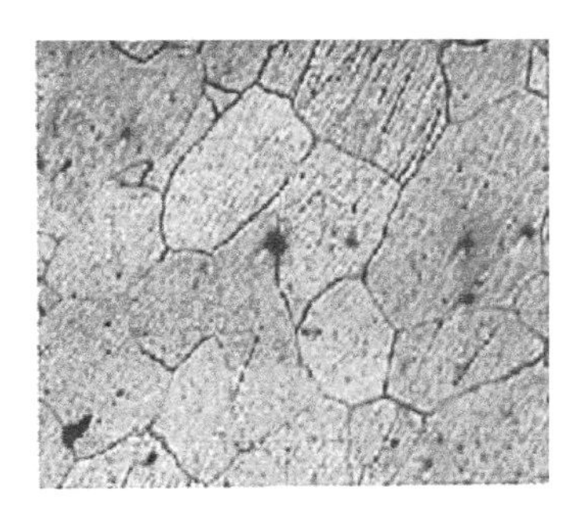

图 1-4　纯铁固体金相图

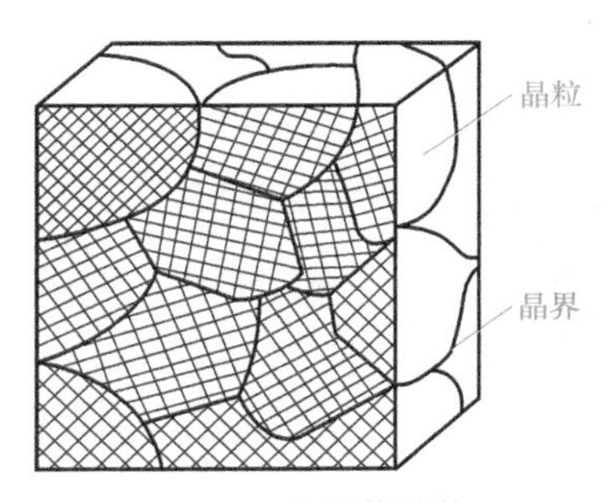

图 1-5　多晶体结构

实际金属内部因种种原因往往还存在着一系列缺陷，这些缺陷对金属的性能有很大影响。晶体中的缺陷按其三维尺度的不同可分为点缺陷、线缺陷和面缺陷三类。

1. 点缺陷

点缺陷的长、宽、高三维尺寸都很小，常见的点缺陷包括空位、间隙原子和杂质原子。空位与间隙原子如图 1-6a 所示，在晶格空位和间隙原子附近，由于原子间作用力的平衡被破坏，其周围原子发生偏离，因此晶格发生歪曲即晶格畸变，使金属的强度提高，塑性降低。杂质原子是指金属中或多或少存在的杂质，即其他元素。当杂质原子与金属原子的半径接近时，杂质原子可能占据晶格的一些结点，如图 1-6b 所示。当杂质原子的半径比金属原子的半径小得多时，则杂质原子位于晶格的空隙中，如图 1-6c 所示。它们都会导致附近晶格的畸变。

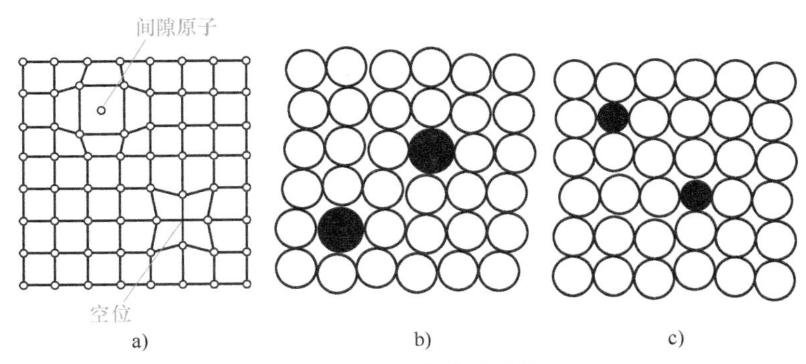

图 1-6　常见点缺陷结构

a）空位与间隙原子　b）杂质原子体积大　c）杂质原子体积小

2. 线缺陷

线缺陷是指宽、高两维尺寸很小，而第三维长度方向尺寸很大的缺陷，亦称为位错，是由晶体中原子平面的错动引起的。图 1-7 所示是衍射电镜下观察到的线缺陷，金相图中的黑色线段部分是位错线。最简单的位错是刃型位错和螺型位错。

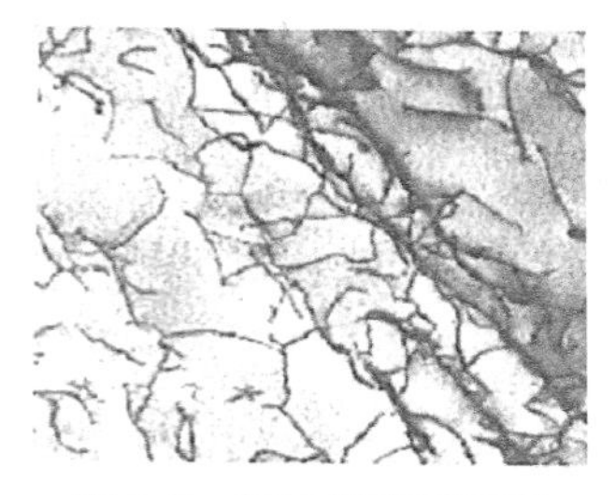

图 1-7 衍射电镜下观察到的线缺陷

如图 1-8 所示，刃型位错是在金属晶体中，由于某种原因，晶体的一部分相对于另一部分出现一个多余的半原子面，这个多余的半原子面犹如切入晶体的刀片，刀片的刃口线即为位错线，故称为刃型位错。

刃型位错产生滑移的过程

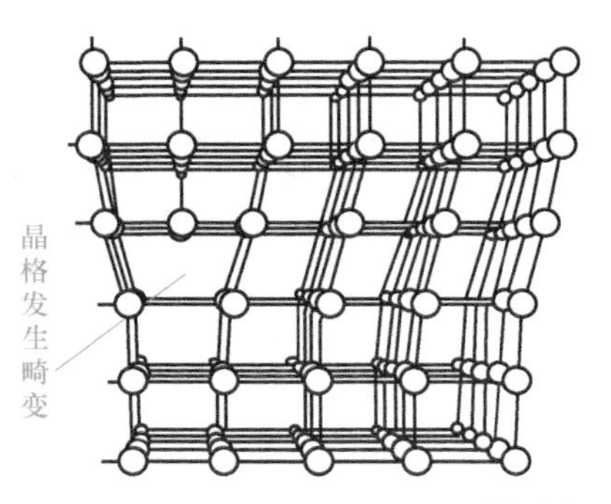

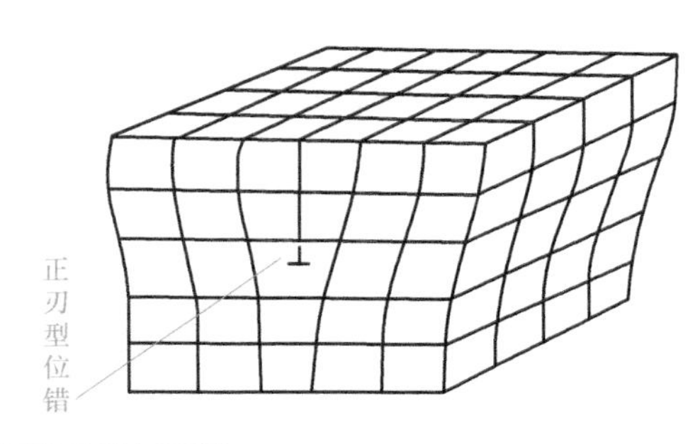

图 1-8 刃型位错示意图

如图 1-9 所示，螺型位错是晶体的一部分相对另一部分错动一个原子间距，若将错动区的原子用线连接起来，则具有螺旋形管道状特征，故称为螺型位错。螺型位错按螺旋方向不同有左旋、右旋之分。

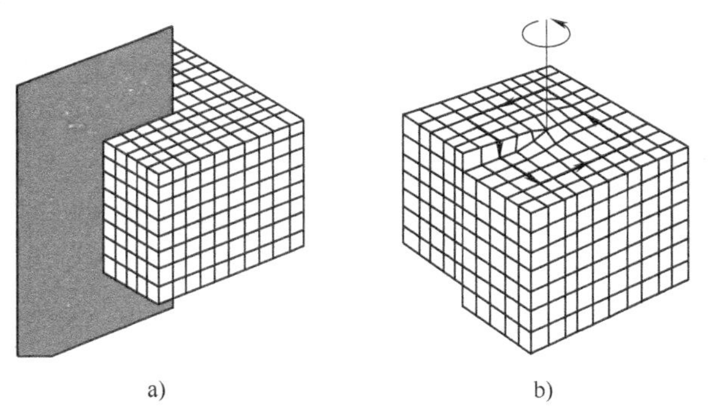

图 1-9 螺型位错示意图

3. 面缺陷

面缺陷是指长、宽两维尺寸很大，第三维高度方向尺寸很小而呈面状的缺陷，这类缺陷主要指晶界和亚晶界。如图 1-10a 所示，晶界实际上是原子排列从一种位向过渡到另外一种位向的过渡层。晶界在空间上呈网状，晶界上原子排列的规则性较差，且晶界处有较高的强度和硬度，其对塑性变形影响较大。如图 1-10b 所示，单个晶粒内部也不是完全理想的单晶体，而是由许多位向相差很小的所谓亚晶粒组成的。晶粒内的亚晶粒又叫晶块或嵌镶块。亚晶粒之间的位向差只有几秒、几分，最多达 1°~2°。亚晶粒之间的边界叫亚晶界，亚晶界是位错规则排列的结构，如亚晶界可由位错垂直排列的位错墙而构成。亚晶界也是晶粒内的一种面缺陷。图 1-11 所示为工业纯铁在正火状态下的亚晶界结构。

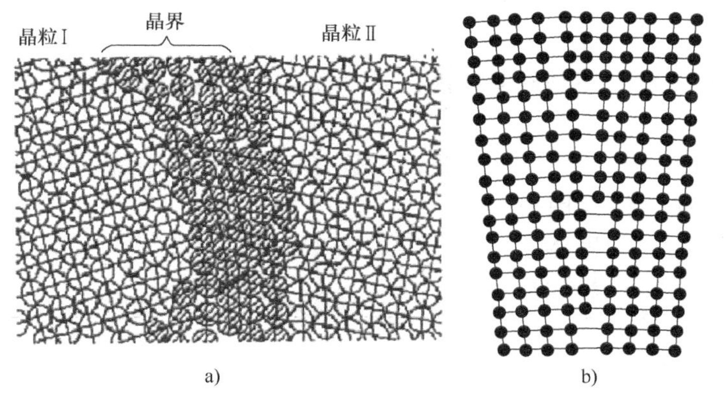

图 1-10　晶界与亚晶界

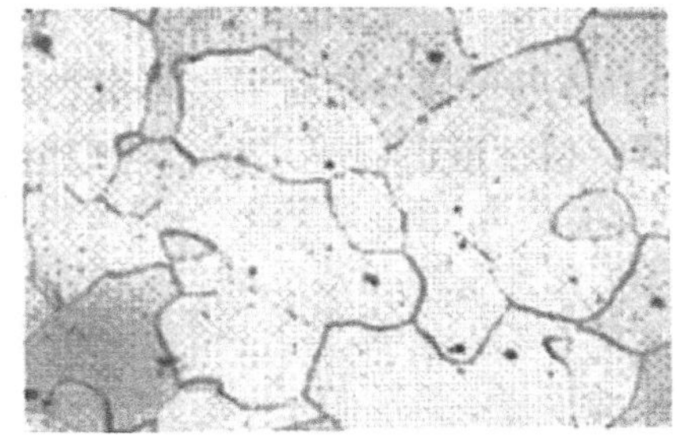

图 1-11　工业纯铁正火状态下的亚晶界结构

模块二　弹塑性变形

学习目标

1. 理解弹性变形机理，掌握弹性模量的意义及应用。
2. 掌握塑性变形概念和变形机理。
3. 掌握塑性指标的测定方法。

一、弹性及弹性变形

弹性是一个物理学名词，弹性理论是描述一个物体在外力的作用下如何运动或发生形变。弹性是指物体发生形变后，能恢复原来大小和形状的性质，与挠性相对。弹性在不同的领域有着有联系但是截然不同的意义。

（一）弹性变形机理

弹性变形是材料在外力作用下产生变形，当外力去除后变形完全消失的现象。弹性变形分为线弹性、非线弹性和滞弹性三种。线弹性变形服从胡克定律，且应变随应力瞬时单值变化。非线弹性变形不服从胡克定律，但仍具有瞬时单值性。滞弹性变形也符合胡克定律，但并不发生在加载瞬时，而要经过一段时间后才能达到胡克定律所对应的稳定值。除外力能使物体产生弹性变形外，晶体内部的畸变也能在小范围内产生弹性变形。

金属弹性变形是一种可逆变形，是金属晶格中原子自平衡位置产生可逆位移的反应。原子处于平衡位置时，其原子间距使得势能处于最低位置，相互作用力为零，这是最稳定的状态。当原子受力后将偏离其平衡位置，原子间距增大时将产生引力；原子间距减小时将产生斥力。这样，外力去除后，原子都会回到其原来的位置，所产生的变形便会消失，这就是弹性变形。

弹性变形量比较小，不超过 1%。这是因为原子弹性位移量只有原子间距的几分之一，所以，弹性变形量总小于 1%。

（二）弹性模量

1. 概念

在弹性变形的过程中，不论是在加载期还是卸载期内，应力与应变之间都保持线性关系，即服从胡克定律。

胡克定律，曾译为虎克定律，由 R. 胡克于 1678 年提出，是力学弹性理论中的一条基本定律。根据胡克定律，在材料的线弹性范围内（材料应力-应变曲线的比例极限范围内），固体的单向拉伸变形与所受的外力成正比；也可表述为：在应力低于比例极限的情况下，固体中的应力 σ 与应变 ε 成正比，即 $\sigma = E\varepsilon$，式中 E 为常数，称为弹性模量。在图 1-12 所示的应力-应变曲线上，弹性模量就是线段 Op 的斜率。

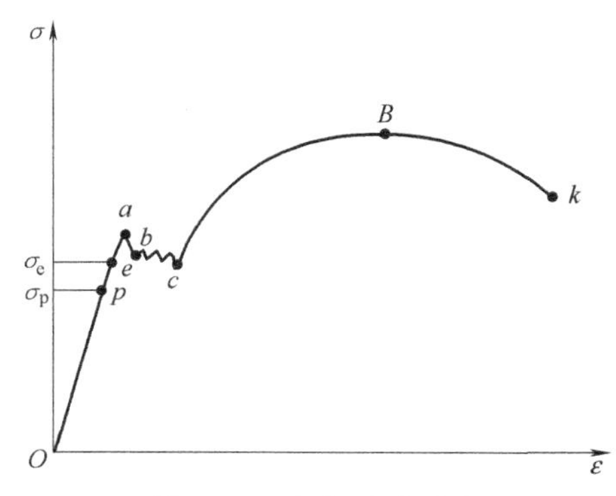

图 1-12　应力-应变曲线

2. 弹性模量的意义

弹性模量的物理意义可以阐述为：表征金属材料对弹性变形的抗力。E 值越大，弹性变形越困难。

弹性模量 E 主要取决于材料的结合键和原子之间的结合力，是一个对组织不敏感的力学性能指标。热处理、冷塑性变形等对弹性模量的影响较小，温度、加载速率等外在因素对其影响也不大，所以一般工程应用中都把弹性模量作为常数。但是 E 和材料的熔点成正比，越是难熔的材料，E 越高。

在工程技术中，机械零件在服役过程中都处于弹性变形状态，但是过量的弹性变形会使零件丧失稳定性。表征零件弹性稳定性的参量是刚度，刚度是指材料在受力时抵抗弹性变形的能力。刚度的大小取决于零件的几何尺寸和材料的弹性模量。当几何尺寸固定不变时，E 越大，刚度越大，所以也可以认为弹性模量 E 代表刚度的大小，这就是 E 的技术意义。

工程应用

对于一些需要严格限制变形的结构，如机翼、船舶、建筑物、高精度装配件等，要控制变形，以防止发生振动、颤振或失稳。比如，精密机床的主轴如果刚度不够，就不能保证零件的加工精度。

3. 弹性模量的测定

弹性模量的测定有静态法和动态法两种，具体可根据 GB/T 22315—2008《金属材料　弹性模量和泊松比试验方法》测定。

（三）弹性极限

弹性极限指金属材料受外力（拉力）到某一限度时，若除去外力，其变形（伸长）即消失而恢复原状，弹性极限即指金属材料抵抗这一限度的外力的能力。弹性极限是金属材料由弹性变形过渡到弹-塑性变形时的最大应力，弹性极限相当于 e 点所对应的应力值，用 σ_e 表示，如图 1-13 所示。

弹性极限公式为

$$\sigma_e = P_e / F_0$$

式中　P_e——试件保持弹性变形的最大载荷；

F_0——试件原始横截面积。

实际测量时是在加载时测定达到规定非比例延伸率 ε_p 时的应力，在国家标准中称之为规定非比例延伸强度 R_p，如图 1-14 所示。

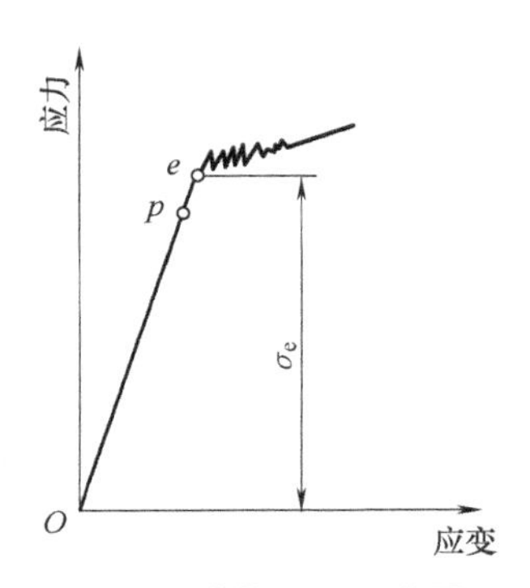

图 1-13　弹性极限示意图

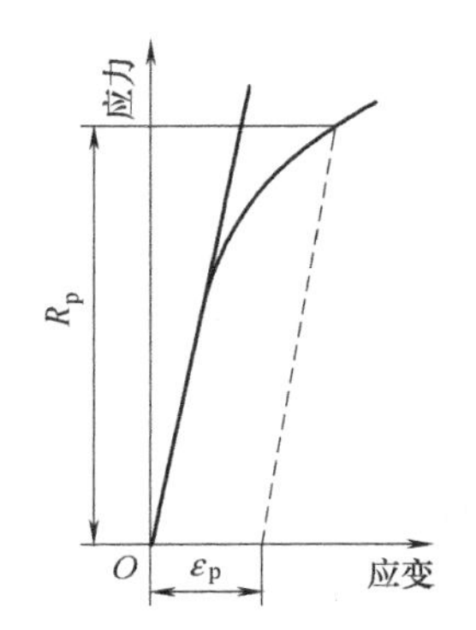

图 1-14　规定非比例延伸强度

规定非比例延伸强度 R_p：主要是针对没有屈服点的硬钢而做的规定，规定标距部分的残余伸长量达到原标距长度的 0.2%的应力，为规定非比例延伸强度。

在实际工程应用中，几乎所有的弹性元件在工作时都不允许产生微小的塑性变形，只允许在弹性范围下工作。因此，代表金属材料最大弹性变形抗力的弹性极限就成了这些零件的失效抗力指标。

二、塑性及塑性变形

（一）塑性基本概念

塑性是指金属在外力作用下发生永久变形而不破坏其完整性的能力。金属塑性不是固定不变的，同种材料在不同变形条件下会有不同的塑性，如三向等拉伸时材料的塑性变形程度低于三向压缩时的。

塑性和柔软性的区别：柔软性反映金属的软硬程度，它用变形抗力大小来衡量。金属塑性反映金属在外力作用下发生塑性变形而不破坏的能力。它用金属在断裂前产生的最大变形程度来衡量。变形抗力小不表示金属塑性好。

研究塑性的目的是选择合适的变形方法，确定最好的变形温度、速度条件以及允许的最大变形量，使金属与合金顺利实现成形过程。

塑性基本概念及测定方法

（二）塑性指标及其测定

衡量金属塑性高低的数量指标，被称为塑性指标。塑性指标通常用金属材料开始破坏时的塑性变形量来表示。常用的塑性指标由拉伸试验测定的伸长率 A 和断面收缩率 Z 表示。

由于变形力学条件对金属的塑性有很大影响，因此目前还没有某种试验方法能测出可表示所有塑性加工方式下金属的塑性指标。每种试验方法测定的塑性指标，仅能表明金属在该变形过程中所具有的塑性。但是各种塑性指标仍有相对的比较意义，因为通过这些试验可以得到相对的和可比较的塑性指标。这些数据可以定性地说明在一定变形条件下，哪种金属塑性高，哪种金属塑性低，或者对同一金属，哪种变形条件下塑性高，哪种变形条件下塑性低等。这对实际加工生产中正确选择金属的变形温度、设备速度范围和变形量等，都有直接参考价值。测定金属塑性的方法，最常用的有力学性能试验方法和模拟试验法（即模仿某加工变形过程的一般条件，在小试样上进行试验的方法）两大类。

1. 力学性能试验法

（1）拉伸试验　拉伸试验是在材料试验机上进行的，拉伸速度通常在 $(3\sim10)\times10^{-3}$m/s 以下，对应的变形速度为 $10^{-3}\sim10^{-2}s^{-1}$，相当于一般液压机的变形速度。有的试验在高速试验机上进行，拉伸速度为 3.8~4.5m/s，相当于蒸汽锤、线材轧机、宽带钢连轧机变形速度的下限。如果要求得到更高或变化范围更大的变形速度，则需设计制造专门的高速形变机。

在拉伸试验中可以确定两个塑性指标：伸长率 A 和断面收缩率 Z，这两个指标越高，说明材料的塑性越好。

$$A=\frac{L-L_0}{L_0}\times100\%$$

$$Z=\frac{F_0}{F}\times100\%$$

式中　L_0——拉伸试样原始标距长度；

L——拉伸试样断裂后标距间的长度；

F_0——拉伸试样原始截面积；

F——拉伸试样破断处的截面积。

伸长率（A）和断面收缩率（Z）这两个指标只能表示在单向拉伸条件下的塑性变形能力。

伸长率表示金属在拉伸轴方向上断裂前的最大变形。一般塑性较高的金属，当拉伸变形到一定阶段便开始出现颈缩（图 1-15），使变形集中在试样的局部地区，直到拉断。在颈缩出现以前，试样受单向拉应力，而在细颈出现后，在细颈处则受三向拉应力。由此可见，试样断裂前的伸长率，包括了均匀变形和集中的局部变形两部分，反映了在单向拉应力和三向拉应力作用下两个阶段的塑性总和。伸长率大小与试样的原始计算长度有关，试样越长，集中变形数值的作用越小，伸长率就越小。因此，A 作为塑性指标时，必须把计算长度固定下来才能相互比较。对圆柱形试样，规定有 $L_0=10d$ 和 $L_0=5d$ 两种标准试样（d 是试样的原始直径）。

低碳钢拉伸试验

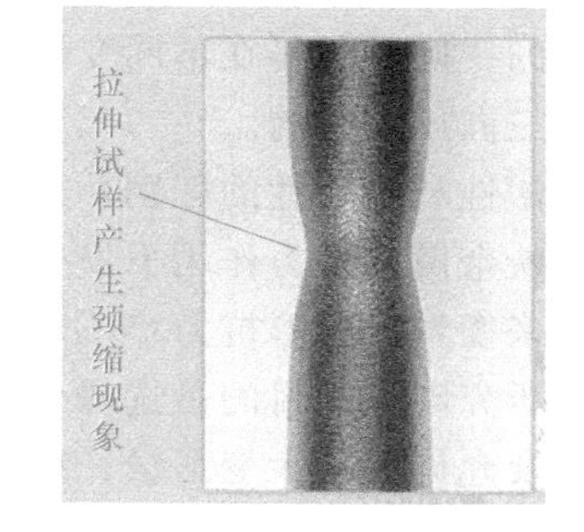

图 1-15　拉伸试样的颈缩现象

断面收缩率也仅反映在单向拉应力和三向拉应力作用下的塑性指标，但与试样的原始计算长度无关，因此在塑性材料中用 Z 作塑性指标，可以得出比较稳定的数值，实际应用更加广泛。

（2）扭转试验　扭转试验是在专用的扭转试验机上进行。试验时将圆柱形试样一端固定，另一端扭转，用破断前的扭转转数（n）表示塑性的大小。它可在不同温度和速度条件下进行试验。对一定尺寸的试样来说，n越大，其塑性越好。在这种测定方法中，试样受纯剪力，切应力在试样断面中心为零，而在表面有最大值。纯剪时，一个主应力为拉应力，另一个主应力为压应力。因此，这种变形过程所确定的塑性指标，可反映材料受数值相等的拉应力和压应力同时作用时的塑性高低。

（3）冲击试验　金属材料在使用过程中，除要求有足够的强度和塑性外，还要求有足够的韧性。所谓韧性，就是材料在弹性变形、塑性变形和断裂过程中吸收能量的能力。夏比冲击试验（Charpy Impact Test）是用来测定金属材料韧性的试验，可按照 GB/T 229—2020《金属材料　夏比摆锤冲击试验方法》来进行。

冲击试验需要制备有一定形状和尺寸的金属试样，使其具有 U 型缺口或 V 型缺口，如图 1-16 所示。在夏比冲击试验机上处于简支梁状态，以试验机举起的摆锤作一次冲击，使试样沿缺口冲断，用折断时摆锤重新升起高度差计算试样的吸收能量，即为K。可在不同温度下作冲击试验。吸收能量值（焦耳）大，表示材料韧性好，对结构中的缺口或其他的应力集中情况不敏感。近年来，对于对重要结构的材料，趋向于采用更能反映缺口效应的 V 型缺口试样做冲击试验。

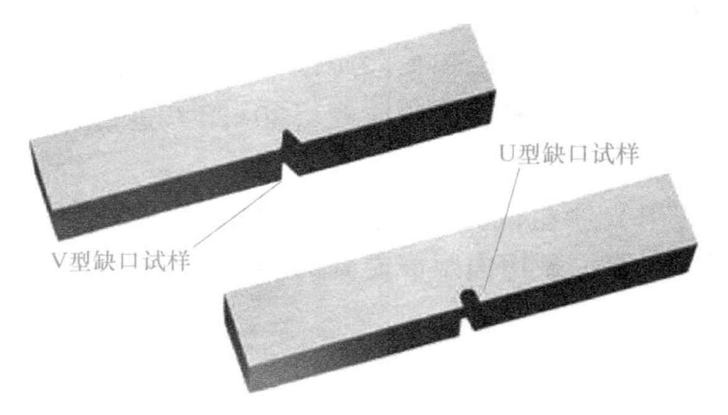

图 1-16　夏比冲击试样

夏比冲击试验主要采用摆锤式冲击试验机。摆锤冲击试验机主要由五部分组成，包括基础、机架、摆锤、砧座和支座、指示装置，如图 1-17 所示。

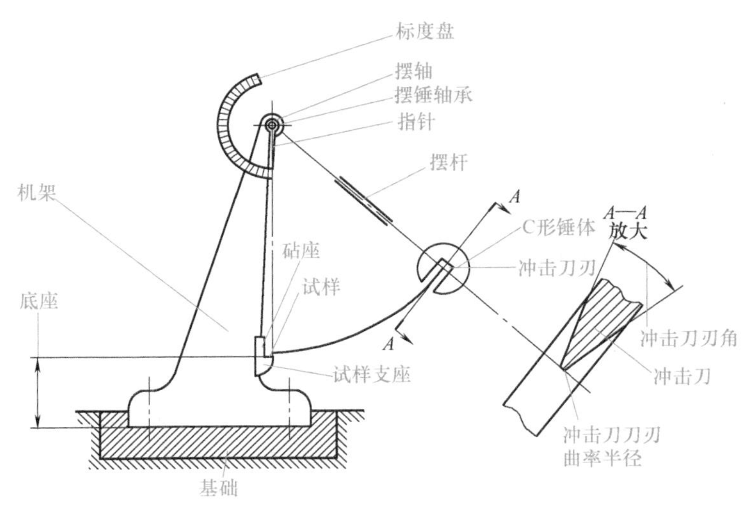

图 1-17　摆锤冲击试验机的组成部分

试验时，将试样安放于试样支座上，举起摆锤使它自由下落将试样冲断。若摆锤重量为G，冲击中摆锤的质心高度由H_0变为H_1，势能的变化为$G(H_0-H_1)$，它等于冲断试样所消耗的功W，亦即冲击中试样所吸收的能量为

$$K=W=G(H_0-H_1)$$

设摆锤质心至摆轴的长度为 L（称为摆长），摆锤的起始下落角为 α，击断试样后最大扬起的角度为 β，上式又可写为

$$K=G/(\cos\beta-\cos\alpha)$$

α 一般设计成固定值，为适应不同打击能量的需要，冲击试验机都配备两种以上不同重量的摆锤，β 则随材料抗冲击能力的不同而变化，如事先用 β 最大可能变化的角度计算出 K 值并制成指示度盘，K 值便可由指针指示的位置从度盘上读出。K 值的单位为 J（焦耳）。

K 值越大，表明材料的抗冲击性能越好。K 值是一个综合性的参数，不能直接用于设计，但可作为抗冲击构件选择材料的重要指标。材料的内部缺陷和晶粒的大小对 K 值有明显影响，因此可用冲击试验来检验材料质量，判定热加工和热处理工艺质量。K 值对温度的变化也很敏感，随着温度的降低，在某一狭窄的温度区间内，低碳钢的 K 值骤然下降，材料变脆，出现冷脆现象，所以常温冲击试验一般在 10℃～35℃的温度下进行。K 值对温度变化很敏感的材料，试验应在（20±2）℃进行，温度不在这个范围内时，应注明试验温度。

2. 模拟试验法

（1）镦粗试验　镦粗试验是将圆柱形试样在压力机或锻锤上进行镦粗变形，当试样侧面出现第一条用肉眼能看到的裂纹时，此时的变形量作为塑性指标，即

$$\varepsilon=\frac{H-h}{H}\times100\%$$

式中　ε——塑性变形量；

H——试样的原始高度；

h——试样变形后的高度。

为避免试样镦粗时发生折弯，一般取试样尺寸 $L_0=1.5D_0$，L_0 为试样长度，D_0 为试样直径。

$\varepsilon\geqslant60\%\sim80\%$ 时为高塑性材料；$\varepsilon=40\%\sim60\%$ 为中塑性材料；$\varepsilon=20\%\sim40\%$ 是低塑性材料；当 $\varepsilon\leqslant20\%$ 时，说明塑性差，这类材料难以进行锻压成形。

镦粗试验时，由于试样表面受接触摩擦的影响而出现鼓形，试样中部受三向压应力状态，当鼓形较大时，侧面受环向拉应力作用。此种试验方法可反映应力状态与此相近的锻压变形过程（自由锻、冷镦等）的塑性大小。在压力机上镦粗，一般变形速度为 $10^{-2}\sim10\mathrm{s}^{-1}$，相当于液压机和初轧机上的变形速度。而落锤试验，相当于锻锤上的变形速度。因此，在确定压力机和锻锤上锻压变形过程的加工温度范围时，最好分别在压力机和落锤上进行顶锻试验。

试验资料显示，同一金属在一定的温度和速度条件下进行镦粗时，可能得出不同的塑性指标。其原因是接触表面上外摩擦的条件和试样的原始尺寸不同。因此，顶锻试验应定出相应的规程，同时说明试验完成的具体条件，使所得结果能进行比较。

镦粗试验的缺点是在高温下，塑性较高的金属即使是在很大的变形程度下，试样侧表面上也不出现裂纹，因而得不到塑性极限。

（2）楔形轧制试验　有两种不同的做法，一种是在平辊上将楔形试样轧成扁平带状，轧后测量首先发生裂纹处的压缩率，此压缩率就表示塑性的大小。此种方法不需要制备特殊的轧辊，但确定极限变形量比较困难，因为试样轧后高度是均匀的，而伸长后，原来一定高

度的位置发生了变化，除非在原试样的侧面上刻竖痕，否则轧后便不易确定原始高度的位置，因而也就不好确定极限变形量。另一种方法是在偏心辊上将矩形轧件轧成楔形件，同样用最初出现目视裂纹的变形压缩率来确定其塑性的大小。偏心辊将平轧件轧成楔形轧件的优点是在于能够准确地确定极限相对压缩率，同时免除楔形轧件加工方面的麻烦。偏心轧辊有单辊刻槽的偏心轧辊和双辊刻槽的偏心轧辊两种方式，如图 1-18 和图 1-19 所示。采用单辊刻槽，上下辊面之间必然产生轧制速度差，这种线速度差可能导致轧件表面损坏，同时也使变形力学条件发生一定变化，这对测定结果会产生一定的影响。双辊刻槽可以克服这些缺点。偏心辊试验条件可以很好地模拟轧制的情况，一次试验可以得到相当大的压缩率范围，往往只需进行一次试验就可以确定极限压缩率。

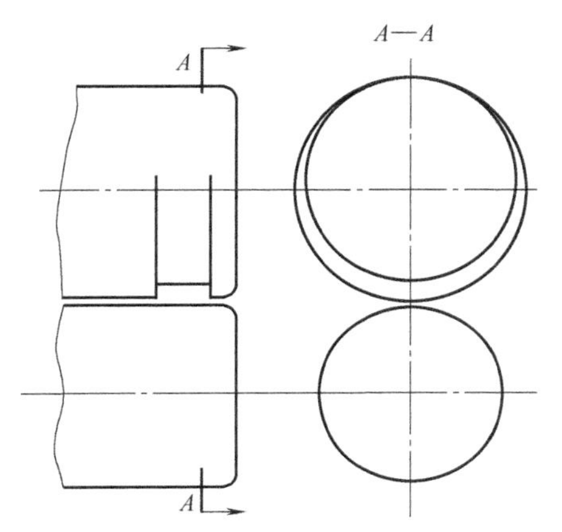

图 1-18　单辊刻槽的偏心轧辊

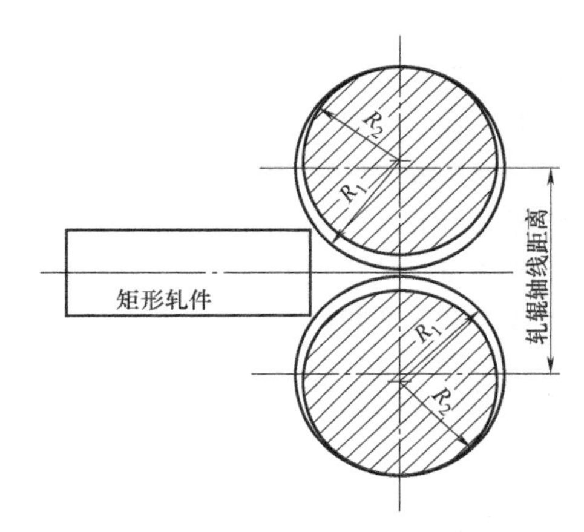

图 1-19　双辊刻槽的偏心轧辊

（3）杯突试验　杯突试验是一种胀形试验（图 1-20），常用于模拟板料成形性能。试验时，将试样置于凹模与压边圈之间夹紧，球状冲头向上运动，使试样胀成凸包，直到凸包产生裂纹为止，测出此时的凸包高度 *IE* 记为杯突试验值。由于试验过程中试样外轮廓不收缩，板料的胀出部分承受两向拉应力，其应力状态和变形特点与冲压工序中的胀形、局部成形等相同，因此，该 *IE* 值即可作为这类成形工序的成形性能指标。

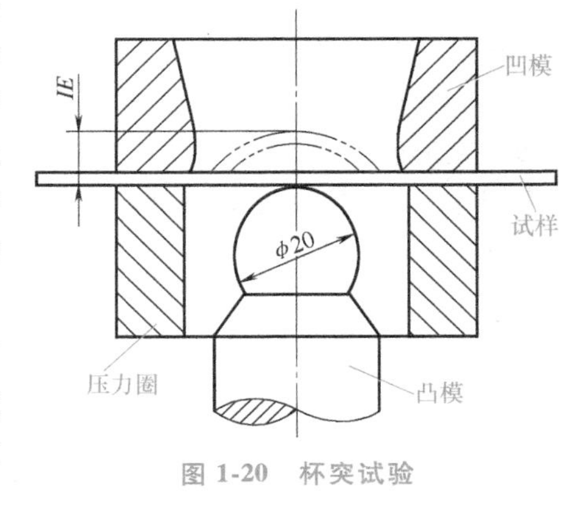

图 1-20　杯突试验

板料成形性能的模拟试验除胀形试验外，还有扩孔试验、拉深试验、弯曲试验和拉深-胀形复合试验等。通过这些试验，可以获得评价各相关成形工序板料成形性能的指标。

三、塑性图

塑性图是以不同温度时得到的各种塑性指标（A、Z、n、a_K 等）为纵坐标，以温度为横坐标，绘成的函数曲线。完整的塑性图应包括材料拉伸时的强度极限 R_m。塑性图有很大的实用意义，由热拉伸、热扭转等力学性能试验法测绘的塑性图，可确定金属材料的变形温度范围，而顶锻和楔形轧制塑性图，不仅可以确定变形温度范围，还可分别确定锻造和轧制时许用最大变形量。图 1-21 为高速钢 W18Cr4V 的塑性图，显然，该钢种在 900～1200℃ 范围内具有最好的塑性，因此，可将加工前钢锭加热的极限温度确定为 1230℃，超过此温度，钢坯可能产生轴向断裂和裂纹。变形终了温度不应低于 900℃，因为较低的温度下钢的强度极限显著增大。

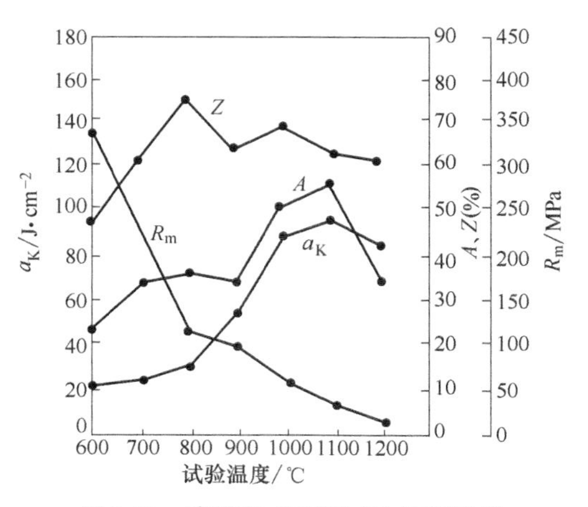

图 1-21　高速钢 W18Cr4V 的塑性图

为了确定变形温度范围，仅有塑性图是不够的，因为许多钢与合金的加工，不仅要保证顺利实现成形过程，还必须满足钢材的某些组织和性能方面的要求。

例如，金属的锻造温度范围确定要基于以下四个图：首先运用合金相图找出单相区，再结合塑性图和变形抗力图找出该材料塑性好而变形抗力小的温度区间，由此初步确定出锻造温度范围，再考虑晶粒尺寸的影响，结合再结晶图确定出最终的锻造温度范围。最后，还要在生产实践中进行反复验证和修改，才能最后确定出合理的、实际可用的塑性变形温度范围。

工程应用

如图 1-22 所示，碳素钢的始锻温度随着含碳量的增加而降低，而终锻温度约在铁-碳平衡图 Ar_1 线以上 25～75℃。中碳钢的终锻温度位于奥氏体单相区，组织均匀，塑性良好，完全满足终锻要求。低碳钢的终锻温度虽处在奥氏体和铁素体的双相区，但塑性变形能力也相对较好，不影响锻造加工。实际生产中，45 钢的始锻温度取 1200℃，终锻温度为 800℃。

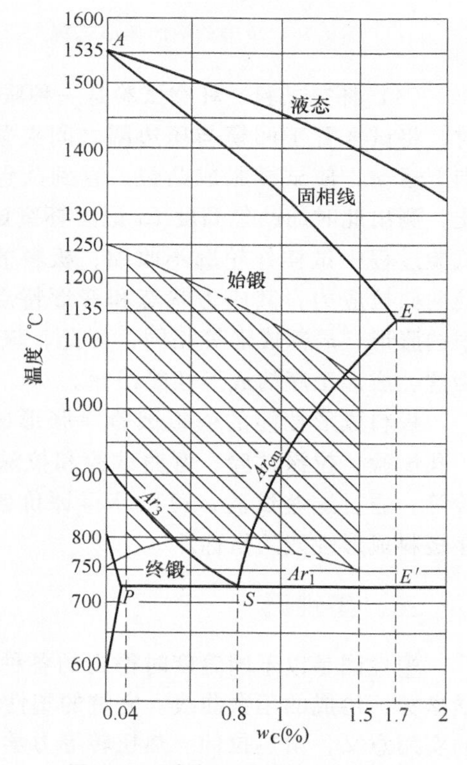

图 1-22　碳素钢的锻造温度范围

模块三　影响塑性的主要因素及提高塑性的途径

学习目标

1. 知道影响塑性的内因和外因以及影响过程。
2. 掌握提高塑性的方法和途径。

金属的塑性不是固定不变的，它受到许多内在因素和外部条件的影响。影响金属塑性的因素大致分为金属的化学成分、组织结构、变形温度、变形速度、变形力学条件等，前二者属于内在因素，后三者则属于外部因素。

金属塑性的影响因素

一、影响金属塑性的内部因素

（一）化学成分

化学成分对金属塑性的影响很大。碳素钢中，铁和碳是基本元素。在合金钢中，除了铁和碳，还有合金元素，如 Si、Mn、Cr、Ni、W、Mo、V、Ti 等。此外，由于矿石，冶炼等方面的原因，在各类钢中还有一些杂质，如 P、S、N、H、O 等。有时为了改善金属的使用性能，还人为地加入一些微量元素，这些杂质和加入的合金元素，对金属的塑性均有影响。

下面以碳素钢为例，讨论化学成分的影响。这些影响在其他各类钢中也大体相似。

1. 碳及杂质的影响

（1）碳　碳对钢性能的影响最大。碳能固溶到铁里，形成铁素体和奥氏体，它们都具有良好的塑性和低的强度。含碳量增大，超过铁的溶解能力时，多余的碳和铁形成化合物 Fe_3C，称为渗碳体。它有很高的硬度，而塑性几乎为零，对基体的塑性变形起阻碍作用，使碳素钢的塑性降低，强度提高。随含碳量的增大，渗碳体数量增加，材料的塑性也越差。一般用于冷成形的碳素钢应采用低含碳量；而热成形时，虽然碳能全部溶于奥氏体中，但碳含量越高，碳素钢熔化温度越低，锻造温度越窄，奥氏体晶粒长大的倾向越大，再结晶速度越慢，对热成形不利。

（2）磷　磷是钢中有害杂质。磷能溶于铁素体中，使钢的强度、硬度显著提高，塑性、韧性显著降低。当 $w_P>0.3\%$ 时，钢完全变脆，冲击韧性接近于零，称冷脆性。由于磷具有极大的偏析能力，会使钢中局部地区达到较高的含磷量而变脆，因此对于冷成形用钢应严格控制磷含量。但在热变形时，当 $w_P<1.5\%$ 时，对钢的塑性影响不大，因为磷能完全溶于铁中。

（3）硫　硫是钢中有害杂质，几乎不溶于铁中，在钢中硫以 FeS 及 Ni 的硫化物（NiS，Ni_3S_2）的夹杂形式存在。FeS 的熔点为 1190℃，Fe-FeS 及 FeS-FeO 共晶的熔点分别为 985℃ 和 910℃；NiS 和 Ni-Ni_3S_2 共晶的熔点分别为 797℃ 和 645℃。当温度达到共晶体和硫化物的熔点时，它们就熔化。当钢在 800~1200℃ 范围热加工时，由于晶界处的硫化铁共晶体熔化，导致锻件开裂，即产生所谓的红脆现象。这是因为 Fe、Ni 的硫化物及其共晶体是以膜状包围在晶粒外边的缘故。但钢中加 Mn 可减轻或消除 S 的有害作用，因为钢液中 Mn 可与 FeS

发生如下反应：FeS+Mn→MnS+Fe。MnS 在 1620℃时熔化，而且在热加工温度范围内有较好的塑性，可以和基体一起变形，MnS 代替引起红脆的硫化铁，可使钢的塑性提高。

（4）氮　氮在奥氏体中溶解度较大，在铁素体中溶解度很小，且随温度下降而减小。将含氮量高的钢由高温较快冷却时，铁素体中的氮由于来不及析出而过饱和溶解。以后，在室温或稍高温度下，氮将以 Fe_4N 形式析出，使钢的强度、硬度提高，塑性、韧性大为降低，这种现象称为时效脆性。若在 300℃左右进行加工会出现“蓝脆”现象。

（5）氢　钢中溶氢较多时，会引起氢脆现象，使钢的塑性大大降低。当含氢量较高的钢锭经锻轧后较快冷却，从固溶体析出的氢原子来不及向表面扩散，而集中在钢内缺陷处（如晶界等）形成氢分子，产生相当大的压力，在压力、应力等作用下，会出现细小裂纹，即白点。

（6）氧　氧在铁素体中溶解度很小，主要以 Fe_3O_4、FeO、MnO、SiO_2、Al_2O_3 等氧化物存在于钢中形成夹杂物。这些夹杂物会降低钢的疲劳强度和塑性。FeO 还会和 FeS 形成低熔点的共晶组织，分布于晶界处，造成钢的热脆性。

2. 合金元素的影响

合金元素的加入多数是为了提高合金的某种性能（如提高强度、提高热稳定性、提高在某种介质中的耐蚀性等）。合金元素对金属材料塑性的影响，取决于加入元素的特性、数量、元素之间的相互作用。

1）合金元素不同程度地溶入铁中形成固溶体（γ-Fe 或 α-Fe），使铁原子的晶格点阵发生不同程度的畸变，从而使钢的变形抗力提高，塑性不同程度地降低。图 1-23 表示一些合金元素对铁素体伸长率的影响。显然，当 Si、Mn 的质量分数超过 1%时，铁素体的伸长率显著下降，因此，Si、Mn 含量大的钢难以冷成形，深拉延用钢一般 Si、Mn 的质量分数分别控制在 0.04%和 0.5%以下。Cr、Ni、W、Mo 等合金元素在图中规定的含量范围内对塑性的影响不大。

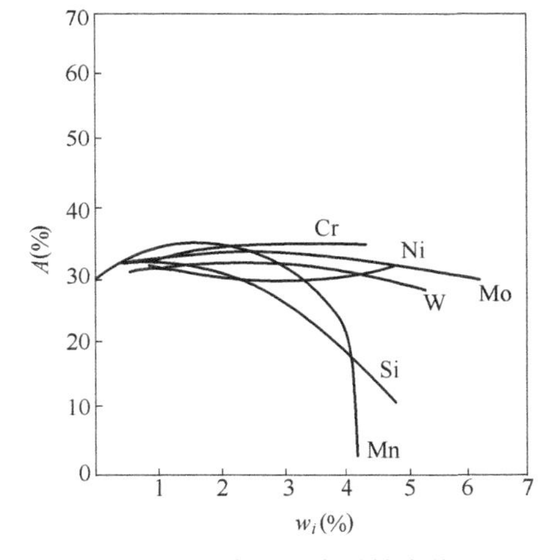

图 1-23　合金元素对铁素体伸长率的影响

2）Mn、Cr、Mo、W、Nb、V、Ti 等合金元素会与钢中的碳结合形成碳化物，如果形成的是硬而脆的碳化物，如碳化铬、碳化钼、碳化钨、碳化钒、碳化钛等，会使钢的强度提高，塑性下降。如果在钢中形成高度分散的极小颗粒的碳化物，如 Nb、Ti、V 等元素的碳化物，则起弥散强化作用，使钢的强度显著提高，但对塑性的影响不大；如果在晶界含有大量共晶碳化物，则会使塑性很低，如高速钢。另外，含有大量 W、M、V、Ti、Cr 和 C 的高合金钢，热成形温度范围内，全部碳化物并非都能溶入奥氏体中（共晶碳化物完全不溶解），加上大量合金元素溶入奥氏体所引起的固溶强化作用，故其高温抗力要比同碳量的碳素钢高出许多，塑性明显降低，热成形加工因此较困难。

3）合金元素会改变钢中相的组成，造成组织的多相性，使钢的塑性降低。如铁素体不锈钢和奥氏体不锈钢均为单相组织，高温下具有良好的塑性。但当成分调配不当时，会在铁素体钢中出现 γ 相，或在奥氏体钢中出现 α 相，或者造成两相比例不适。而这两相的高温性能和它们的再结晶速度差别很大，由此引起锻造过程变形不均匀，从而降低塑性。

4）合金元素与钢中的氧、硫形成氧化物或硫化物夹杂时，会造成钢的热脆性，给塑性成形带来困难，如钼钢和镍基合金中，硫含量较高，钼或镍会与硫化合，形成含硫化钼或硫化镍的低熔点共晶产物，分布于晶界处，造成热脆性；但锰、钛等合金元素能与硫化合，形成熔点远高于 FeS 的硫化物，使钢的热脆性降低，有利于热成形加工。

5）合金元素会影响钢的铸造组织和使钢材加热时出现晶粒长大倾向，影响钢的塑性。如 Si、Ni、Cr 等合金元素会促使铸钢中柱状晶的成长，降低钢的塑性，给锻轧开坯带来困难；而 V 能细化铸造组织，提高钢的塑性。Ti、V、W 等元素在钢材加热时有强烈地阻止晶粒长大的作用，使钢的高温塑性提高；而 Mn、Si 等则会促使奥氏体晶粒在加热过程中的粗大化，增大钢的过热敏感性，因而降低钢的塑性。

6）合金元素一般都使钢的再结晶温度提高、再结晶速度降低，从而使钢的硬化倾向增加，塑性降低。

7）若钢中含有低熔点元素（如 Pb、Sn、As、Bi、Sb 等）时，这些元素几乎都不溶于基体金属，而以纯金属相存在于晶界，造成钢的热脆性。

（二）组织结构

（1）晶格　基体金属是面心立方晶格（Al、Cu、γ-Fe、Ni），塑性最好；体心立方晶格（α-Fe、Cr、W、V、Mo），塑性其次；密排六方晶格（Mg、Zn、Cd、α-Ti），塑性较差。因为密排六方晶格只有三个滑移系，而面心立方晶格和体心立方晶格各有十二个滑移系，又因面心立方晶格每一滑移面上的滑移方向数比体心立方晶格每一滑移面上的滑移方向数多一个，故其塑性最好。

（2）晶粒度　金属和合金晶粒越细，材料的塑性越好，晶粒细化有利于提高金属的塑性，这是因为晶粒越细，在同一体积内晶粒数目越多，塑性变形时位向有利于滑移的晶粒也较多，软变形能较均匀地分散到各个晶粒。另外，从每个晶粒的应变分布来看，细晶粒时晶界的影响能遍及整个晶粒，故晶粒中部的应变和靠近晶界处的应变的差异就较小。总之，细晶粒金属的变形不均匀性和由于变形不均匀性所引起的应力集中均较小，故开裂的机会也少，断裂前可承受的塑性变形量增加。

（3）相组成　单相材料一般比多相材料的塑性要高。合金为单相组织时，单相固溶体比多相组织塑性好。当合金为多相组织时，就塑性来说，如果合金各相的塑性接近时，则影响不大，如果各相的性能差别很大，则使得合金变形不均匀，塑性降低。这时第二相的性质、形状、大小、数量和分布状况起着重要作用。如果第二相为低熔点化合物且分布于晶界时，例如 FeS 和 FeO 的共晶体，则是发生热脆的根源。如果第二相是硬而脆的化合物，则塑性变形主要在塑性好的基体相内进行，第二相对变形起阻碍作用。这时如果第二相呈网状分布，分布在塑性相的晶界上，则塑性相被脆性相分割包围，其变形能力难以发挥，变形时易在晶界处产生应力集中，很快导致产生裂纹，使合金的塑性大大降低。脆性相数量越多，网状分布的连续性越严重，合金的塑性就越差，如果硬而脆的第二相呈片层状，分布于基体相晶粒内部，则合金塑性有一定程度的降低，对合金塑性变形的危害性较小。如果硬面脆的第二相呈细颗粒状弥散质点，均匀分布于基体相晶粒内，则对合金的塑性影响最小，因为如此分布的脆性相，几乎不影响基体的连续性，它可以随基体的变形而“流动”，不会导致明显的应力集中。

工程应用

例如，护环钢（50Mn18Cr4）在高温冷却时，700℃左右会析出碳化物，成为多相组织，使塑性降低，常要进行固溶处理。即锻后加热到1050~1100℃并保温，使硬质相回溶到奥氏体中，然后用水和空气交替冷却，使其迅速通过碳化物析出的温度区间，最后得到伸长率$A>50\%$的单相固溶体的护环钢。而45钢虽然合金元素含量少得多，但因是两相组织，伸长率$A=16\%$，塑性比护环钢低。

(4) 铸造组织　铸造组织具有粗大的柱状晶粒和偏析、夹杂、气体疏松等缺陷，故会使金属塑性降低。为保证塑性加工的顺利进行和获得优质的锻件，应采用先进的冶炼浇注方法来提高铸锭的质量，这在大型自由锻件生产中尤为重要。另外，钢锭变形前的高温扩散（均匀化）退火，也是有效的措施。锻造时，应创造良好的变形力学条件，打碎粗大的柱状晶，并使变形尽可能均匀，以获得细晶组织和使金属的塑性提高。

二、影响金属塑性的外部因素

金属变形过程的工艺条件（变形温度、变形速度、变形程度和应力状态）以及其他外部条件（尺寸、介质与加热炉气氛），对金属的塑性也有很大影响。

（一）变形温度

变形温度对金属和合金的塑性有重要影响。就大多数金属和合金来说，随着温度升高，塑性增加。实际上，塑性并不是随着温度的升高而直线上升的，因为相态和晶粒边界随温度的波动而产生的变化也对塑性有显著的影响。但在升温过程中，在某些温度区间，某些合金的塑性会降低。由于金属和合金的种类繁多，很难用一种统一的模式来概括各种合金在不同温度下的塑性和真实应力的变化情况。对于碳素钢而言，温度由0K（−273℃）上升到熔点时，变形温度对塑性的影响的一般规律可能有四个脆性区域和三个塑性较好的区域，如图1-24所示。

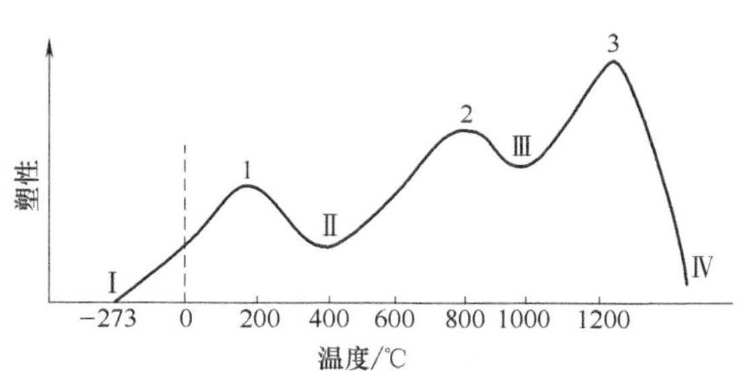

图1-24　碳素钢的塑性随温度变化图

1. 四个脆性区

超低温脆性区域Ⅰ：金属塑性极低，到−200℃时塑性几乎完全丧失。这一方面是原子热运动能力极低所致；另一方面也与晶粒边界的某些组织组成物随温度降低而脆化有关。

脆性区域Ⅱ：位于200~400℃的范围内，此区域为蓝脆区，是产生动态形变时效的结果。

脆性区域Ⅲ：位于800~950℃，此区域的出现与相变有关。由于在相变区有铁素体和奥氏体共存，产生了变形的不均匀性，出现附加拉应力，使塑性降低。也有学者认为，此区域的出现是由于硫的影响，故称此区为红脆（热脆）区。

脆性区域Ⅳ：接近于金属的熔化温度，此时晶粒迅速长大，晶间强度逐渐削弱，当再加热时可能发生金属的过热和过烧现象。

2. 塑性增高的区域

区域1：位于100~200℃的范围，在此区域内，塑性增加是由于在冷变形时原子动能增加的缘故（热振动）。

区域2：位于700~800℃的范围，由440℃到700~800℃，有再结晶和扩散过程发生，这两个过程对塑性都有好的影响。

区域3：位于950~1250℃的范围，在此区域中没有相变，钢的组织是均匀一致的奥氏体。

应该指出，碳素钢不一定就肯定出现四个脆性区，如果不存在动态形变时效条件，则不会出现蓝脆区，脆性区出现与组织结构随温度变化有关。另外，不同金属与合金的组织结构随温度变化规律不同。对于具体的金属与合金，可能只有一个或两个脆性区。总之，出现几个脆性区及塑性较好的区域，要视温度的变化、金属及合金内部结构和组织的改变而定。由于金属与合金种类繁多，温度对各种金属与合金塑性的影响规律并不是一致的，若从材质和温度出发，概括起来可能有八种类型，如图1-25所示。

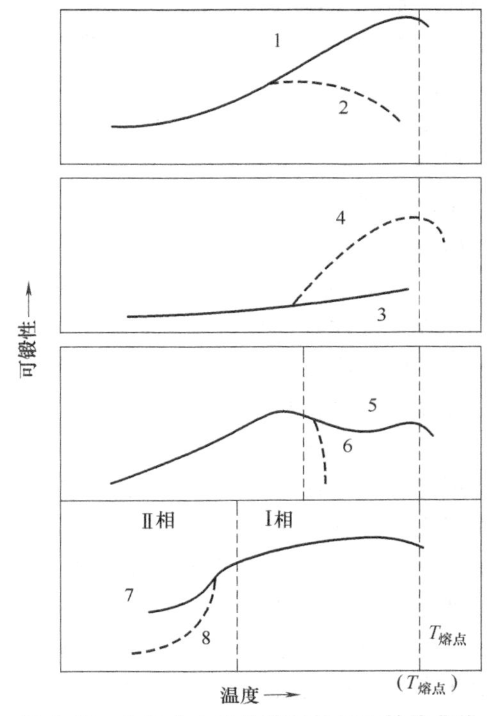

图1-25　各种合金系的典型热加工性能曲线

1—纯金属和单相合金：铝合金、钽合金、铌合金　2—晶粒成长快的纯金属和单相合金：铍、镁合金、钨合金、β单相钛合金　3—含有形成非固溶性化合物元素的合金、含有硒的不锈钢　4—含有形成固溶性化合物元素的合金，含有氧化物的钼合金，含有固溶性碳化物或氮化物的不锈钢　5—加热时形成韧性第二相的合金：高铬不锈钢　6—加热时形成低熔点第二相的合金：含硫铁、含有锌的镁合金　7—冷却时形成韧性第二相的合金：低碳钢、低合金钢、α-β及α钛合金　8—冷却时形成脆性第二相的合金：镍-钴-铁超合金

（根据H. J. Henning，F. W. Boulger）

由图1-25可知：随温度升高，金属的塑性提高，但由于晶粒粗大、金属内化合物、析出物或第二相存在和变化等原因，也会出现塑性不随温度升高而增加的情况。

塑性加工应避开脆性区，如钢的热加工不能在蓝脆区温度范围内，也不能进入高温脆性区。

（二）变形速度

变形速度是指单位时间内的应变，又称应变速率，以$\dot{\varepsilon}$表示，即

$$\dot{\varepsilon}=\frac{\mathrm{d}\varepsilon}{\mathrm{d}t} \tag{1-1}$$

平均变形速度可用下式计算：

$$\bar{\dot{\varepsilon}}=\frac{\varepsilon}{t} \tag{1-2}$$

式中　ε——应变；

t——变形时间。

变形速度与设备工作速度不同。设备的工作速度不等于变形速度，但在很大程度上决定变形速度的大小。

1. 热效应与温度效应

塑性变形时物体所吸收的能量，将转化为弹性变形位能和塑性变形热能。这种塑性变形过程中变形能转化为热能的现象，称热效应。塑性变形热能 A_m 与变形体所吸收的总能量 A 之比 η，称为排热率。

塑性变形热能 A_m 除一部分散失于周围介质中，其余使变形体温度升高。这种由于塑性变形过程中产生的热量而使变形体温度升高的现象，称温度效应。温度效应首先决定于变形速度，变形速度越高，单位时间的变形量大，所产生的热量便多，热量的散失相对来说便少，因而温度效应也越大。例如，锻造时，锻锤重击快击，毛坯温度不仅不会降低，反而会升高。其次，变形体与工具接触面，周围介质的温差越小，热量散失就越少，温度效应也就越大。此外，温度效应与变形温度有关。温度越高，因材料真实应力降低，单位体积的变形能减小，温度效应自然也减小。相反，在冷塑性变形时，因材料真实应力高，单位体积变形功高，温度效应也就高。

2. 变形速度对塑性的影响

变形速度对塑性的影响比较复杂。当变形速度不大时，随变形速度的提高塑性是降低的；而当变形速度较大时，塑性随变形程度的提高反而变好。这种影响还没有找到确切的定量关系。一般可用图 1-26 所示的曲线概括。Ⅰ区塑性随变形速度的升高而降低，可能是由于加工硬化及位错受阻力而形成显微裂口所致，在此阶段，虽然热效应可能促进软化过程，但变形过程中加工硬化发生的速度大于软化发生的速度。Ⅱ区塑性随变形速度的升高而增大，可能是由于热效应使变形金属的温度升高，硬化得到消除和变形的扩散过程参与作用；也可能是位错借攀移而重新启动的缘故。此阶段，软化过程比加工硬化发生的速度快。该曲线只是定性说明塑性与速度之间的关系，没有任何数量上的意义，并且只适用于没有脆性转变的钢与合金。

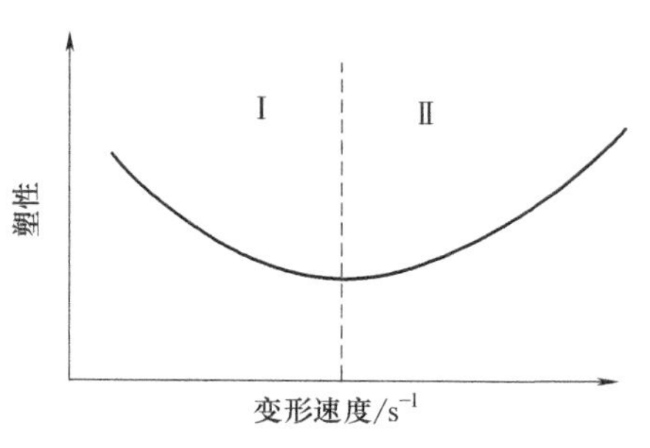

图 1-26　变形速度对塑性的影响

变形速度对塑性的影响，实质上是变形热效应在起作用。供给金属产生塑性变形的能量，将消耗于弹性变形和塑性变形。耗于弹性变形的能量造成物体的应力状态，而耗于塑性变形的那部分能量绝大部分转化为热量。当部分热量来不及向外放散而积蓄于变形物体内部时，促使金属的温度升高。对于具有脆性转变的金属，如果应变速率增加，由于温度效应作用加强而使金属由塑性区进入脆性区，则金属的塑性降低；反之，如果温度效应的作用恰好使金属由脆性区进入塑性区，则对提高金属塑性有利。例如，碳素钢在 200~400℃ 内为蓝脆区，若在此温度范围内提高应变速率，则由于温度效应而脱离蓝脆区，时效硬化来不及充分完成，塑性就不会下降。

变形过程中的温度效应，不仅决定于因塑性变形功而排出的热量，而且也取决于接触表面摩擦功作用所排出的热量。在某些情况下（在变形时不仅变形速度高，而且接触摩擦系数也很大），变形过程的温度效应可能达到很高的数值。由此可见，控制适当的温度，不但要考虑导致热效应的变形速度这一因素，还应充分估计到，金属压力加工工具与金属的接触表面间的摩擦在变形过程中所引起的温度升高。

对于热加工，利用高速度变形来提高塑性并没有什么意义，因为热变形时的变形抗力小于冷加工时的变形抗力，产生的热效应小。但采用高速变形方式可以提高生产率，并可保证在恒温条件下变形。

一般压力加工的变形速度为 $0.8\sim300s^{-1}$，而爆炸成形的变形速度却比目前的压力加工速度高约 1000 倍之多。在这样的变形速度下，难加工的金属钛和耐热合金可以很好地成形。这说明爆炸成形可使金属与合金的塑性大大提高，从而也节省了能量。

（三）变形程度

变形程度对塑性的影响，是同加工硬化及加工过程中伴随着塑性变形的发展而产生的裂纹倾向联系在一起的。

在热变形过程中，变形程度与变形温度、速度条件是相互联系的，当加工硬化与裂纹胚芽的修复速度大于发生速度时，变形程度对塑性影响不大。

一般冷变形都是随着变形程度的增加而使塑性降低。从塑性加工的角度来看，冷变形时两次退火之间的变形程度究竟多大最为合适，尚无明确结论，但认为这种变形程度是与金属的性质密切相关的。对硬化强度大的金属与合金，应给予较小的变形程度即进行下一次中间退火，以恢复其塑性；对于硬化强度小的金属与合金，则在两次中间退火之间可给予较大的变形程度。

在热加工变形中，对于难变形的合金，可以采用多次小变形量的加工方法。实验证明，这种分散变形的方法可以提高塑性 2.5～3 倍。这是由于在分散变形中，每次所给予的变形量都比较小，远低于塑性指标，因此在变形金属内所产生的应力也较小，不足以引起金属的断裂。同时，在各次变形的间隙时间内由于软化的发生，也使塑性在一定程度上得以恢复。此外，也如同其他热加工变形一样，对其组织也有一定的改善。所有这些都为进一步加工创造了有利的条件，结果使断裂前可能发生的总变形程度大大提高。难变形合金一次大变形所产生的变形热甚至可以使其局部温度升高到过烧温度，从而引起局部裂纹。

对于容易产生过热和过烧的钢与合金来讲，在高温时采用分散小变形对提高塑性更有利。这是因为采用一次大变形不仅所产生的应力较大，而且在变形中由于热效应，会使变形金属的局部温度升高到过热或过烧的温度。相反，多次小变形产生的应力小，在变形中呈现的热效应也小。所以，在同样的试验温度下，多次小变形时，金属的实际温度就不易达到过热或过烧的温度。

（四）应力状态

应力状态种类对金属塑性有很大的影响，在应力状态中，压应力个数越多，数值越大，则金属塑性越好，因此三向压应力状态图最好，两向压一向拉次之，两向拉一向压更次，三向拉应力状态图为最差。图 1-27 所示为按对塑性发挥的有利程度排列的各主应力图，即 1

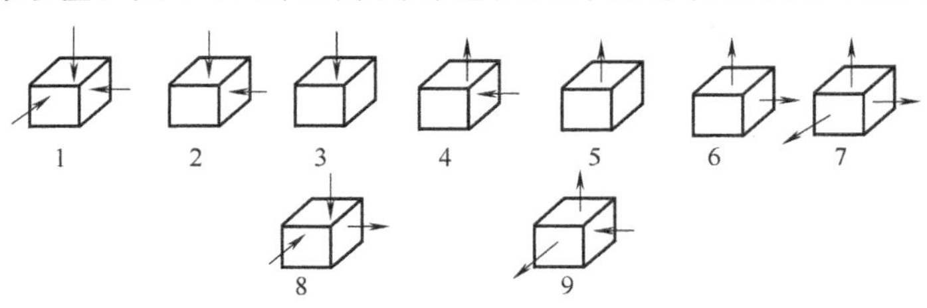

图 1-27 主应力图

号主应力图塑性最好，2 号其次，其余顺次类推。

在塑性加工实际中，应力状态相同，但应力值不同，对金属塑性的发挥也可能不同。例如，金属的挤压，圆柱体在两平板间压缩和板材的轧制等，其基本的应力状态图皆为三向压应力状态图，但对塑性的影响程度却不完全一样。这是因为其静水压力各不相同。静水压力值越大，金属的塑性发挥得越好。

静水压力能提高金属塑性，这是因为：

1）塑性加工若没有再结晶和溶解沉积等修复机构时，晶间变形会使晶间显微破坏得到积累，进而迅速地引起多晶体的破坏，而三向压缩能遏止晶粒边界相对移动，使晶间变形困难。

2）三向压缩使金属变得更为致密，其各种显微破坏得到修复，甚至其宏观破坏（组织缺陷）也得到修复，而三向拉伸则加速各种破坏的发展。

3）三向压缩能完全或局部地消除变形物体内数量很小的某些夹杂物甚至液相对塑性的不良影响。而三向拉应力会使这些地方形成应力集中，加速金属破坏出现。

4）三向压缩能完全抵偿或大大降低由于不均匀变形所引起的附加拉伸应力，减轻拉应力的不良影响。

在塑性加工中，人们通过改变应力状态来提高金属的塑性，以保证生产的顺利进行，并促进工艺的发展。例如，集合了传统粉末冶金技术与先进模具制造技术共同优势的热等静压近净成形技术，就是将松散的粉末材料置于高温高压密封容器（包套）中，以高压气体为介质，对材料施加各向均等的静压力，使粉末一边致密、一边成形，最后得到高致密度的制件，后期无须或只需要少量机械加工。

（五）变形状态

可以采用主变形图来说明变形状态对塑性的影响。主变形图中压缩分量越多，对充分发挥金属的塑性越有利。因此，两向压缩、一向延伸的主变形图最好，一向压缩、一向延伸次之，两向延伸、一向压缩的主变形图最差。

由于实际的变形物体内不可避免地存在着各种缺陷，如气孔、夹杂、缩孔、空洞等。如图 1-28 所示，这些缺陷在两向延伸一向压缩的变形状态下，可能向两个方向扩大而加速金属破坏。但在两向压缩一向延伸的变形条件下，则成为线缺陷，使其危害减小。

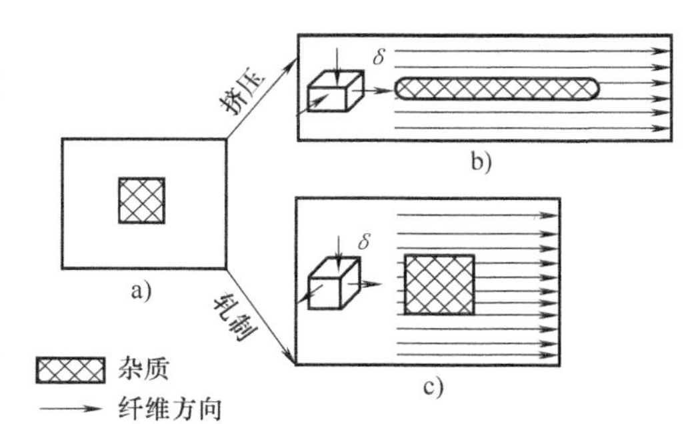

图 1-28 主变形图对金属中缺陷形状的影响

a）未变形的情况 b）经两向压缩、一向延伸变形后的情况 c）经一向压缩、两向延伸后的情况

变形状态还会影响变形物体内杂质的分布情况。例如，在拉拔和挤压的变形过程中，因主变形图为两压一拉，当变形程度增加时，夹杂物会形成条状或线状分布，脆性夹杂物被破碎成串链状分布，造成横向塑性指标和冲击韧性下降。在镦粗时，其主变形图为两向延伸、一向压缩，通常杂质沿厚度方向成层排列，从而使厚度方向的性能变坏。

因此，具有三向压缩的主应力图和一向延伸、两向压缩的主变形图组合的变形加工方法，如挤压、旋锻、孔型轧制等，是最有利于金属塑性变形的加工方法。

（六）尺寸因素

尺寸因素对加工件塑性的影响一般是随着加工件体积的增大而塑性有所降低。这是因为实际金属的单位体积中平均有大量的组织缺陷，体积越大，不均匀变形越强烈，在组织缺陷处越容易引起应力集中，造成裂纹源，从而引起塑性的降低。就铸件来说，小铸件容易得到相对致密、细小和均匀的组织，大铸件则反之。

图 1-29 为尺寸因素对金属塑性的影响。一般是随着物体体积的增大，塑性降低，但当体积增大到一定程度后，塑性不再降低。

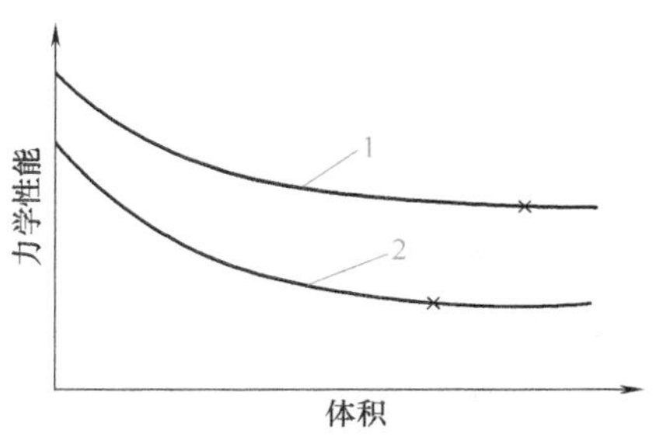

图 1-29 变形物体体积对力学性能的影响
1—塑性 2—变形抗力

（七）周围介质

周围介质对变形体塑性的影响表现为如下几个方面。

1）周围介质和气氛能使变形物体表面层溶解并与金属基体形成脆性相，因而使变形物体呈现脆性状态。例如，钛在铸造和在还原性气氛中加热以及酸洗时，均能吸氢而生成 TiH_2，使其变脆。因此，钛在加热和退火时要防止在含氢的气氛中进行。

周围介质的溶解作用，通常在有应力作用下加速，并且作用的应力值越大，溶解作用进行得越显著。因此，对于易与外部介质发生作用而产生不良影响的金属与合金，加热、退火时要选用一定的保护气氛，而且加工过程要在保护气氛中进行。

2）周围介质的作用能引起变形物体表面层的腐蚀以及化学成分的改变，使塑性降低。

黄铜的脱锌腐蚀与应力腐蚀都和周围介质有关。黄铜在加热、退火，以及在温水、热水、海水中使用时，锌优先受腐蚀溶解，使工件表面残留一层海绵状（多孔）的纯铜而损坏。这种脱锌现象，在 α 相和 β 相中都能发生，当两相共存时，β 相将优先脱锌，变成多孔性纯铜，这种局部腐蚀，也是黄铜腐蚀穿孔的根源。加入少量合金元素（砷、锡、铝、铁、锰、镍）能降低脱锌的速度。

3）有些介质（如润滑剂）吸附在变形金属的表面上，可使金属塑性变形能力增加。

金属塑性变形时，滑移的结果可使表面呈现许多显微台阶，润滑剂活性物质沿着台阶的边界或者沿着由于表面扩大而形成的显微缝隙向深部渗透，使滑移束细化，正好像把表面层锄松了一样。因此可以使滑移过程来得更顺利，不仅可以提高金属的塑性，而且可以使变形抗力显著降低。

三、提高金属塑性的主要途径

为提高金属的塑性，必须设法促进对塑性有利的因素，同时要减小或避免不利的因素。归纳起来，提高塑性的主要途径可从以下几个方面考虑。

1）控制化学成分、改善组织结构，提高材料的成分和组织的均匀性。

2）采用合适的变形温度和变形速度。

3）选用三向压应力较强的变形过程，减小变形不均匀性，尽量形成均匀的变形状态。

4）避免加热和加工时周围介质的不良影响。

在分析解决具体问题时，应当综合考虑所有因素，要根据具体情况来采取相应的有效措施。

模块四　金属的超塑性

学习目标

1. 了解超塑性的概念和分类。
2. 理解细晶超塑性的变形机制。
3. 掌握影响超塑性的因素，并了解超塑性的实际应用。

如前所述，影响金属塑性的因素很多，但在工程中，在某种条件下金属的塑性伸长率可超过100%，有些材料甚至可超过2000%以上，即金属进入所谓超塑性状态。目前，超塑性状态下的变形已进入到工业实用阶段。

超塑性是指材料在一定的内部（组织）条件（如晶粒形状、尺寸、相变等）和外部（环境）条件（如温度、应变速率等）下，呈现出异常低的流变抗力、异常高的流变性能的现象。凡具有超过100%伸长率的材料，均称为超塑性材料。

超塑性的发展方向主要有以下三点。

1）先进材料超塑性的研究，这主要是指金属基复合材料、金属间化合物、陶瓷等材料超塑性的开发，这些材料具有若干优异的性能，在高技术领域具有广泛的应用前景。然而这些材料一般加工性能较差，开发这些材料的超塑性对于其应用具有重要意义。

2）高速超塑性的研究。提高超塑变形的速率，目的在于提高超塑成形的生产率。

3）研究非理想超塑材料（如供货态工业合金）的超塑性变形规律，探讨降低对超塑变形材料的苛刻要求，而提高成形件的质量，目的在于扩大超塑性技术的应用范围，使其发挥更大的效益。

一、超塑性的种类

超塑性最初是在经微细晶粒化处理的Zn-22Al合金的等温拉伸试验中发现的。曾有人认为，超塑性现象只是一种特殊现象。在后来的研究中进一步发现，其他合金包括粗晶粒的、黑色金属等，在一定条件下通过同素异构转变、周期性相变、再结晶过程等，都可以得到大的延伸率。随着更多的金属及合金实现了超塑性，从滑移、孪晶、晶界移动、相变、析出等方面进行研究以后，发现超塑性金属有着本身的一些特殊规律，这些规律带有普遍的性质，而并不局限于少数金属中。

因此，超塑性按照实现超塑性的条件（组织、温度、应力状态等），一般分为以下三种。

1. 恒温超塑性或第一类超塑性

根据材料的组织形态特点，也称之为微细晶粒超塑性。一般超塑性多属这类超塑性。其特点是材料具有微细的等轴晶粒组织，其晶粒一般多为0.5～5μm。在一定的温度区间（约为热力学熔化温度一半）和一定的变形速度条件下（应变速率 $\dot{\varepsilon}$ 在 10^{-4}～10^{-1}/s 之间）呈现超塑性。一般来说，晶粒越细，越有利于塑性的发展，但对有些材料来说（如钛合金），晶粒尺寸达几十微米时仍有很好的超塑性能。由于超塑性变形是在一定的温度区间进行的，因此即使初始组织具有微细晶粒尺寸，如果热稳定性差，在变形过程中晶粒迅速长大的话，仍不能获得良好的超塑性。

2. 相变超塑性或第二类超塑性

这种超塑性不一定要求材料具有超细晶粒组织，但要求具有相变或同素异构转变。在载荷作用下使金属和合金在相变温度附近反复加热和冷却，经过多次循环后，可获得很大的伸长率，所以也称为动态超塑性。

D. Oelschlagel 等用 AISI1018、1045、1095 等钢种试验表明，伸长率可达到 500% 以上，这样变形的特点是，初期时每一次循环的变形量比较小，而在一定次数之后，例如几十次之后，每一次循环可以得到逐步加大的变形，到断裂时，可以累积为大延伸。

有相变的金属材料，不但在扩散相变过程中具有很大的塑性，并且在无扩散的脆性转变过程（$\gamma \rightarrow \alpha$）中（例如淬火过程中奥氏体向马氏体转变的过程），也具有相当程度的塑性。同样，在淬火后有大量残留奥氏体的组织状态下，回火时，残留奥氏体向马氏体单向转变过程中，也可以获得异常高的塑性。另外，如果在马氏体开始转变点（Ms）以上的一定温度区间加工变形，可以促使奥氏体向马氏体逐渐转变，在转变过程中也可以获得异常高的延伸，塑性大小与转变量的多少、变形温度及变形速度有关。这种过程称为“形变诱发塑性”。即所谓“TRIP”现象。Fe-Ni，Fe-Mn-C 等合金都具有这种特性。如图 1-30 所示，碳素钢经过 α 相和 γ 相的多次循环约 150 次后，A 明显增大。

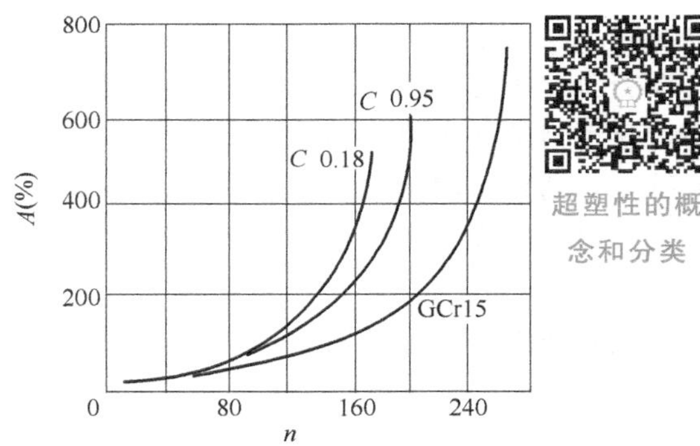

图 1-30　碳素钢和轴承钢的伸长率 A 与循环次数 n 间的关系（538~816℃）

3. 其他超塑性（或第三类超塑性）

在消除应力退火过程中，在应力作用下可以得到超塑性。Al-5Si 及 Al-4Cu 合金在溶解度曲线上下施以循环加热，可以得到超塑性。根据 Johnson 试验，在具有异向性热膨胀的材料，如 Zr 等加热时，可有超塑性，称为异向超塑性。球墨铸铁及灰铸铁经特殊处理，也可以得到超塑性。

也有人把上述的第二及第三类超塑性总称为动态超塑性或环境超塑性。

二、细晶超塑性的特征

1. 变形力学特征

超塑性变形与普通金属的塑性变形在变形力学特征方面有本质的不同，由于没有加工硬化（或加工硬化很小）现象，其条件应力-应变曲线如图 1-31 所示。当应力 σ 超过最大值后，随着变形量的增加而下降，而变形量则可达到很大。如果按真应力-真应变曲线关系，则如图 1-32 所示。当变形增加时，真实应力几乎不变。在整个变形过程中，表现为低负荷无细颈的大延伸现象。

另外，发现超塑性变形有和非线性黏性流动同样的行为，对变形速度极其敏感。因此，其应力 σ 与应变速率 $\dot{\varepsilon}$ 之间的关系可用下式表达：

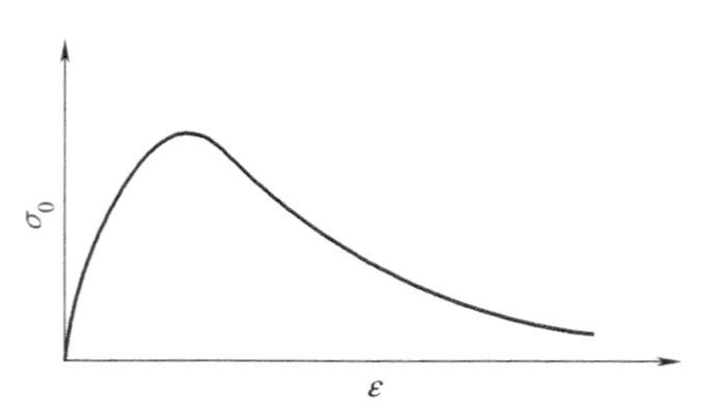

图 1-31　超塑性材料的条件应力-应变曲线

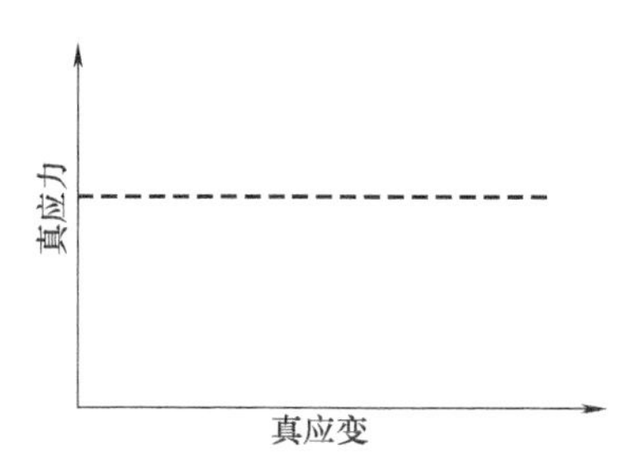

图 1-32　超塑性材料的真应力-真应变曲线

$$\sigma=K\dot{\varepsilon}^{m} \tag{1-3}$$

式中　σ——真应力；

K——决定于试验条件的常数；

$\dot{\varepsilon}$——应变速率；

m——应变速率敏感性指数。

变换上式可得

$$m=\frac{\mathrm{dlg}\sigma}{\mathrm{dlg}\dot{\varepsilon}} \tag{1-4}$$

即当应力-应变速率表示为对数曲线时，应变速率敏感性指数 m 为该曲线的斜率。应变速率敏感性指数 m 是表达超塑性特征的一个极其重要的指标。m 值反映材料抗颈缩的能力，m 值越大，则材料的伸长率越高。当 $m=1$ 时，式（1-3）即为牛顿黏性流动公式，K 就是黏性系数。对于普通金属，$m=0.02\sim0.2$；而对于超塑性材料，$m=0.3\sim1.0$。m 越大，伸长率也越大。

设试样横断面积 A 上有拉伸负荷 P，则 $\sigma=P/A$，式（1-3）即为

$$\sigma=K\dot{\varepsilon}^{m}=P/A \tag{1-5}$$

通过对上式进行解析变换可知，试样各横断面积的减小速度与 $A^{\frac{1}{m}-1}$ 成正比。即横截面收缩速度与 m 值有关。

$m=1$ 时，属于纯黏性流动，达到很大的伸长率也不会显现出细颈的倾向。而当 $m<1$ 时，在试样的某一横断面尺寸较小的部位，断面会发生急剧收缩，而在断面尺寸较大的部位，断面的收缩就变得比较平缓。m 值越小，这种效应就超大；反之 m 值越大，则这种效应越小。m 值增大时，对局部收缩的抗力增大，变形趋向均匀，因此就有出现大延伸的可能性。

m 值的大小与变形速度、变形温度及晶粒大小等因素有关。只有当变形速度与变形温度的综合作用是有利于获得较大的 m 值时，合金才能处于超塑性状态。

2. 金属组织特征

到目前为止，所发现细晶超塑性的材料，大部分是共析合金和共晶合金，要求有极细的等轴晶粒、双相及稳定的组织。之所以要求双相，是因为第二相晶粒能阻碍母相晶粒的长大，而母相也能阻碍第二相的长大；所谓稳定，是要求在变形过程中晶粒长大的速度要慢，以便有充分的热变形持续时间。由于超塑性变形并不全是滑移、孪晶等普通塑性变形机制，而是一种晶界作用，这就要求有数量多而又短的晶粒边界，并且界面要平坦，易于变形流

动，以减少组织内的切应力。在这些因素中，晶粒尺寸是主要的因素，一般认为大于10μm的晶粒组织是难以实现超塑性的。

超塑性变形时，尽管达到异常大的伸长率，但与普通塑性变形不同。首先是对应异常大的伸长率，晶粒没有被拉长，仍保持等轴状态，而晶粒的直径在变形部分增大了。显微观察发现，晶粒不是原样简单粗大化，而是伴随晶粒回转的同时发生同相晶粒的接近、合并和再分割过程的反复进行。其次是发生显著的晶界滑移、移动及晶粒回转，但并不产生脆性的晶界断裂。再次是几乎观察不到位错组织。最后是结晶学织构不发达，若原始取向无序，超塑性变形后仍为无序，而原来故意使之具有的变形织构，超塑性变形后织构破坏，基本上变为无序化。

三、细晶超塑性变形的机制

图1-33所示为一板料进行超塑性拉伸变形的过程，该零件直径较小，但高度尺寸大。选用超塑性材料可以一次性拉深成形，质量好，零件性能无方向性。

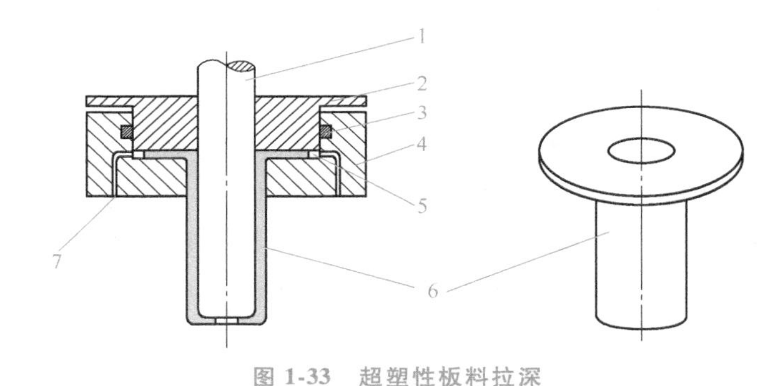

图1-33　超塑性板料拉深

1—冲头　2—压板　3—电热元件　4—凹模　5—板料　6—工件　7—高压油孔

该板料拉深的工程试验表明，发生超塑性变形后的金属显微组织具有如下特征。

1）变形后晶粒仍为等轴晶粒，变形前拉长的晶粒，变形后也变成等轴晶粒，变形前存在的带状组织，变形后能逐步减弱，甚至消失。

2）事先经抛光的试样，超塑性变形后，不出现滑移线。

3）超塑性变形后的试样制成薄膜，用透射电子显微镜观察时，看不到亚结构，也看不到位错组织。

4）随着变形程度的增加，晶粒逐步增大，一般当伸长率达500%时，晶粒增大50%~100%。

5）在特别制备的试样中，能见到明显的晶界滑动和晶粒旋转的痕迹。

另外，超塑性变形十分复杂，在变形中往往有几个过程同时发生，其中包括晶界的滑动、晶粒的转动、位错运动、扩散过程等，在特殊情况下还有再结晶现象。因此，金属超塑性的上述特性，用一般的塑性变形机制不能解释。

对此，有学者提出了很多的假说和理论，但有很多争议。阿希贝和弗拉尔提出的晶界滑动和扩散蠕变联合机制，能较好地说明金属在超塑性变形后仍保持为等轴晶粒的原因，即在晶界滑移的同时，伴随扩散蠕变，对晶界滑移起调节作用的不是晶内位错的运动，而是原子的扩散迁移。

四、影响超塑性的主要因素

影响超塑性的因素很多，主要是变形速度、变形温度、组织结构及晶粒度等。

1）变形速度的影响很大，超塑性只在变形速度为 10^{-4} ~ 10^{-1}/s 的范围内才出现。

2）变形温度对超塑性的影响非常明显，当低于或超过某一温度范围时，就不出现超塑性现象。一般合金的超塑性温度大约在 $0.5T_{熔}$。左右。在超塑性温度范围内适当提高温度，将会大大有利于超塑性变形。

3）晶粒尺寸也影响超塑性。减小超塑性材料晶粒尺寸，则意味着材料体积内有大量晶界，有利于超塑性变形。减小晶粒尺寸，或适当提高变形温度，都能导致所有应变速率下的流动应力均降低，尤其当应变速率低时更为显著，其次超塑性的应变速率范围向更高的方向移动。另外，应变速率敏感性指数 m 最大值增大，并向更高的应变速率方向移动。所有这些，对于使金属材料超塑性变形都是有利的。

4）晶粒形状的影响。当晶粒是等轴晶粒且晶界面平坦时，利于晶界滑动，有利于超塑性变形；若晶粒形状复杂或呈片状组织时，则不利于获得超塑性。

超塑性的影响因素和应用情况

五、超塑性的应用

由于金属材料在超塑性状态下塑性好、变形抗力低，非常方便应用于新的成形领域，因此，从 20 世纪 60 年代起，各国学者在研究超塑性材料和超塑性变形机理等基础理论的同时也十分注重超塑性成形工艺方面的应用研究。下面简要介绍一些常见的超塑性成形方法。

1. 超塑性胀形

传统的胀形工艺是用机械、液压或用爆炸成形的方法实现的，使用的压力与能量都比较高，且由于材料塑性的限制，变形量不大。超塑性胀形是一种用低能、低压就可获得大变形量的成形方法，由于材料在变形过程中是自由的，因此，全部动力都消耗在变形功上，摩擦损失很小，所以与其他冲压成形工艺有本质的区别。

图 1-34 所示为抛物面天线的超塑性成形模具。抛物面天线的形状和尺寸精度要求高，若用铝板旋压成形，加工时间约 60min，表面粗糙度大，形状精度也难以保证；若用传统的冲压成形，要用一套价格昂贵的模具和 4000kN 双动压力机；而若用超塑性 Zn-22%Al 合金气压胀形，则只需用一件简单的模具，先用约 0.2MPa 的气压初步胀形 2min，后用约 1MPa 的气压充分贴模 1min，共 3min 就可以做出一件质量优良的产品。抛物面处处变形均匀、充分，无回弹现象，且形状、尺寸精度高，效率也提高了 10~20 倍。

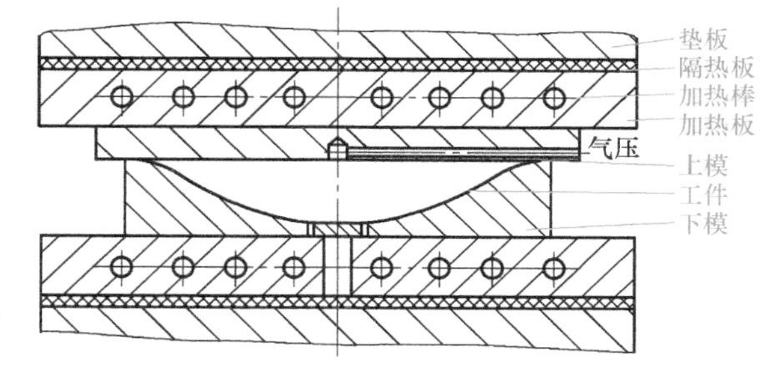

图 1-34 抛物面天线的超塑性成形模具

另如图 1-35 所示的吹塑花瓶，将 Zn-22%Al 超塑合金用反挤或车削的方法预制成管状毛坯，采用对开式镶块模，加热到 250℃，先引入 0.5~0.7MPa 的压缩空气，保压 3~5min，得到初步形状，最后引入约 1.5MPa 的氮气，进行精确成形。成形后的花瓶图案醒目、字迹清晰。

2. 超塑性拉深

常规的板材拉深成形过程应力分布严重不均，筒壁所受拉应力大，会因强度不足而破裂，法兰边所受压应力大，会引起塑性失稳而起皱，所以深拉深工艺过程复杂。采用超塑性拉深时，由于材料塑性提高，变形能力改善，法兰边起皱的情况得到很大的缓解，但因筒壁强度不够导致的破裂现象还可能存在，这限制了变形程度的加大。

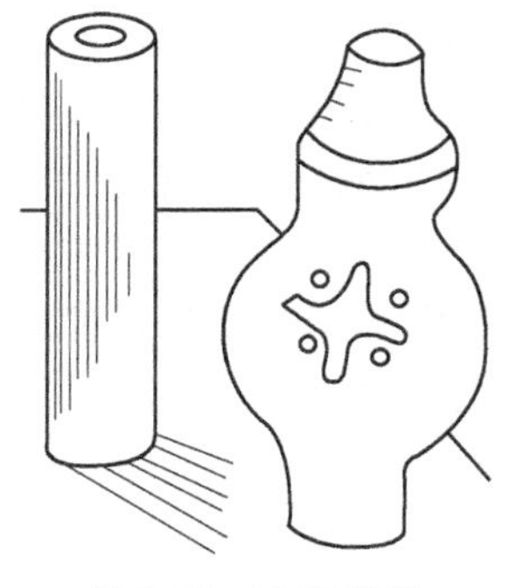

图 1-35　吹塑花瓶

如图 1-36 所示的 Sn-37%Pb 共晶合金深拉深成形，在普通拉深速度下壁部很容易破裂，而降低拉深速度后变形集中在筒壁，法兰边几乎不变形。为了使变形扩展到法兰边区域，在模具内加上径向辅助压力，由高压油产生的径向压力使材料在压应力的作用下流入凹模，这时凸模的作用变成了导向，拉深筒壁上的拉应力接近于零，因而筒壁的破裂问题得到解决。但是这种装置要用高压油，加工时间长，而且不适用于高温状态，故实用性差。

超塑性拉深还可采用差温拉深法，即沿工件径向形成温度梯度，将坯料凸缘部分的成形温度控制在超塑性范围，而与凸模接触的坯料部分冷却后接近常温，这样可显著改善超塑性材料的拉深性能。

3. 超塑性模锻和挤压

超塑性模锻和挤压又称为超塑性等温模锻和等温挤压，即在成形过程中，模具与坯料保持在使坯料产生超塑性的等温或接近等温状态，使被压缩坯料始终处于最佳超塑性成形温度与速度范围，这样可改善坯料的流动性并降低成形力，一次压缩即可得到变形量大、形状复杂的零件，减少了中间热处理等辅助工序，所得制件组织均匀，无残余应力。

图 1-37 上部的零件图为 2A50 铝合金自行车整体轴皮，其形状复杂，如用冷挤压无法成形。但用图 1-37 下部所示的超塑性等温挤压成形装置可一次成形，且性能优良。其工艺参数如下：温度为（495±5）℃，变形速度为 1.5mm/s，保温保压时间为 0.5～1s，成形压力为 640kN，润滑剂用石墨水剂。

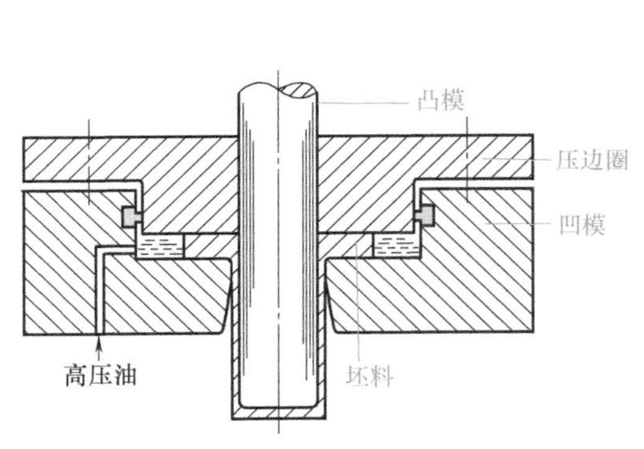

图 1-36　利用径向辅助压力的拉深

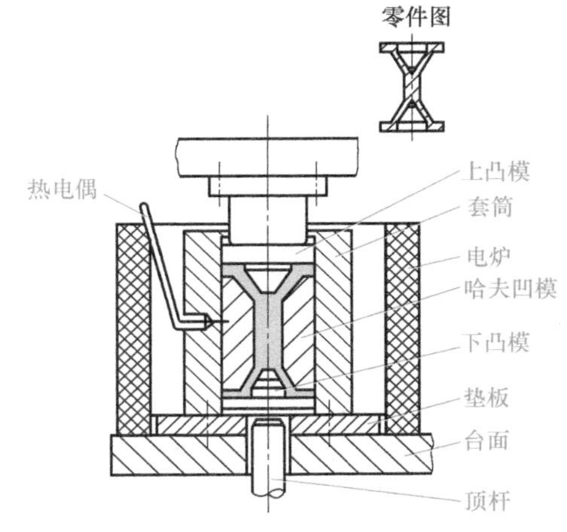

图 1-37　前后轴皮超塑性成形模

4. 超塑性无模拉拔

超塑性无模拉拔是用感应加热线圈对坯料进行局部加热，创造可移动的超塑性温度条件，同时控制拉拔速度，使变形部分材料始终处在良好的超塑性状态下，然后进行无模拉拔操作，可制成包括光滑等截面或阶梯状的实心类或空心类制品。

超塑性无模拉拔工作原理如图 1-38 所示，将被加工的超塑性材料一端固定，另一端施以载荷，中间设置可移动的感应加热线圈。线圈通电后，材料被加热到超塑性状态，通过控制线圈移动速度与拉伸速度，可生产如图 1-39 所示截面的棒材与管材的零件。根据相同的原理，也可以利用不同形状的感应线圈将材料的不同部位加热到不同温度，并控制不同的移动速度，再利用通-断-通-断等方式加工截面形状复杂且非等截面的产品。

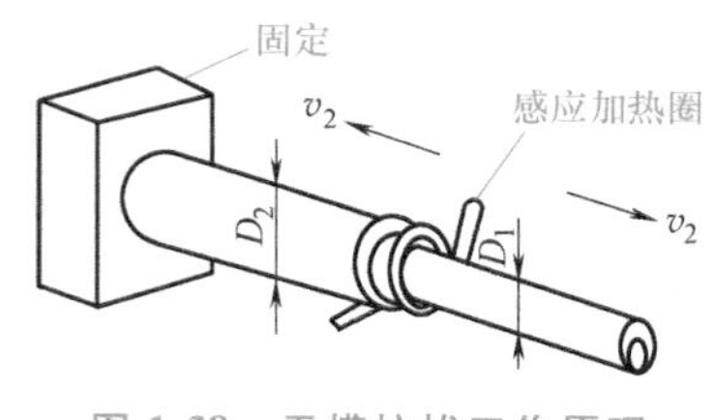

图 1-38　无模拉拔工作原理

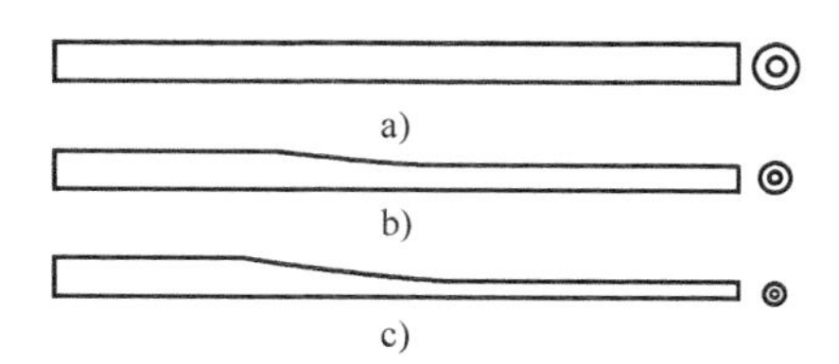

图 1-39　用无模拉拔加工的产品

工程应用

工程实际中，还有用耦合模的薄板模压成形、模具型腔的超塑成形、超塑成形与扩散连接（SPF/DB）组合等工艺。始于 20 世纪 70 年代初期的将超塑性成形应用于航空与航天工业领域的工作，经过多年的努力，已取得较大的进展。图 1-40 所示为飞机地板承压薄壁撑杆，是由 Ti-6%Al-4%V 薄壁管材超塑成形的，最小壁厚仅为 0.25mm，其重量轻、承载能力高，是钛合金超塑性成形的典型高效结构件。

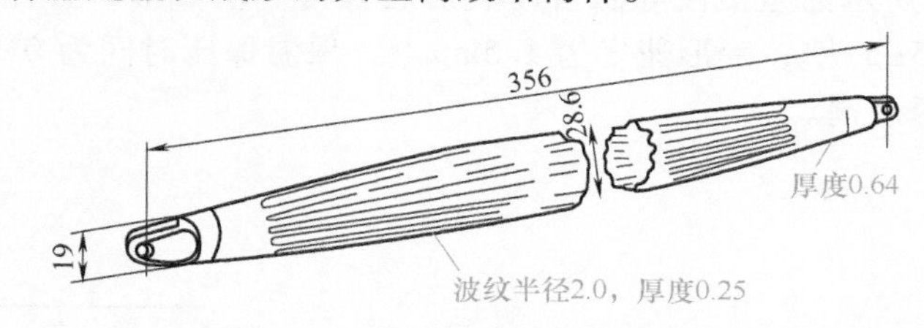

图 1-40　超塑性成形的薄壁撑杆

拓展练习

一、选择题

1. 下列晶体类型的金属，塑性相对较差的是______；塑性最好的是______。

A. 简单立方　　B. 体心立方　　C. 面心立方　　D. 密排六方

2. 下列关于金属材料塑性的说法不正确的是______。

A. 不均匀变形会引起附加应力，促使裂纹的产生

B. 提高材料成分和组织的均匀性有利于金属塑性的提高

C. 采用一些能增强三向压应力的措施可防止锻件开裂

D. 自由锻比开式模锻更有利于金属塑性的发挥

3. 有利于提高变形材料塑性的是应力状态中的哪种应力______。

A. 拉应力　　B. 压应力

C. 正应力　　D. 切应力

4. 塑性变形时产生硬化的材料称为______。

A. 理想塑性材料　　B. 理想弹性材料　　C. 硬化材料

5. 硫元素的存在使得碳素钢易于产生______。

A. 热脆性　　B. 冷脆性　　C. 兰脆性

6. 硫使钢的强度、硬度提高，塑性、韧性 ______。

A. 提高　　B. 降低　　C. 没有变化

7. 金属经过塑性变形后各晶粒沿变形方向显著伸长的现象称为______。

A. 纤维组织　　B. 变形织构　　C. 流线

8. 在拉伸试验中可以确定哪两个塑性指标？（多选题）

A. 伸长率 A　　B. 断面收缩率 Z　　C. 冲击韧性

9. 超塑性变形十分复杂，在变形中往往有下列哪几个过程同时发生？（多选题）

A. 晶界的滑动　　B. 晶粒的转动

C. 位错运动　　D. 扩散过程

10. 静水压力值越大，金属的塑性发挥得______。

A. 越好　　B. 越差　　C. 基本不变

二、判断题

1. 在塑性变形时要产生硬化的材料称为理想刚塑性材料。（　　）

2. 塑性是材料所具有的一种本质属性。（　　）

3. 塑性就是柔软性。（　　）

4. 合金元素使钢的塑性增加，变形拉力下降。（　　）

5. 合金钢中的白点现象是由于夹杂引起的。（　　）

6. 影响超塑性的主要因素是变形速度、变形温度和组织结构。（　　）

7. 在塑性变形时，金属材料塑性好，变形抗力就低，例如：不锈钢。（　　）

8. 静水压力的增加，对提高材料的塑性没有影响。（　　）

9. 塑性是材料的一种状态，只取决于变形材料的组织结构，与变形的外部条件无关。（　　）

三、名词解释

晶格；超塑性；塑性图；塑性

四、分析题

1. 常见的晶格结构有哪些？

2. 实际金属的晶体结构有什么特点？

3. 影响金属塑性的外部因素有哪些？试分析它们的影响过程。

4. 实现超塑性的条件是什么？

5. 提高金属塑性的主要途径有哪些？

【锻造模范】

叶林伟：专注，才能塑造出成功

叶林伟，1986 年出生，四川内江人，国机集团优秀共产党员，荣获中央企业青年岗位能手，C919 首飞个人二等功，公司劳动模范。四川工程职业技术学院 2006 届毕业生。

专注，是一种很纯粹的力量，这种力量的源头来自于人对自己做的事情，是发自真心的热爱，叶林伟将这份热爱通过掌心与工作紧紧联系在了一起。2004 年，内江小伙叶林伟来到德阳求学、工作，经过不懈努力成了中国 8 万 t 模锻压机的首位操作手（图 1-41）。

图 1-41　叶林伟在操作我国 8 万 t 模锻压机

8 万 t 模锻压机是我国乃至世界最先进的锻造设备之一，它的生产力决定了所生产的产品具有科学性、复杂性。很多复杂的大型航空模锻件，由于塑性成形工艺复杂，过去只有国外能够生产。8 万 t 模锻压机的建成，成为我国在金属塑性成形领域的里程碑。

2017 年 5 月 5 日，我国自主研制的新一代喷气式大型客机 C919 顺利完成首飞，2023 年 5 月 28 日，东航全球首架支付 C919 大飞机在“上海虹桥往返北京首都”航线商业首航成功。在大飞机着陆的时刻，主起落架成功经受住了载重 70 多 t 飞机落地瞬间的冲击力，而这台起落架就出自叶林伟之手。

第二篇

金属塑性变形的物理基础

模块一　金属冷态下的塑性变形

学习目标

1. 掌握多晶体晶内和晶界变形机理。
2. 理解金属塑性变形的特点（晶粒大小对塑性变形的影响）。
3. 熟悉单相和多相合金的塑性变形过程。
4. 熟悉冷塑性变形过程对金属组织和性能的影响。

金属和合金材料大都由多晶体构成，多晶体是由许多结晶方向不同的晶粒组成的。每个晶粒可看成是一个单晶体，晶粒之间存在厚度相当小的晶界。金属塑性变形是每个晶粒和晶间变形。每个晶粒的变形相当于单晶体变形，在外力作用下，通过位错的移动，晶体发生滑移和孪晶，从而实现金属的塑性变形。而多晶体变形时，除晶内变形外，晶界也发生变形，这类变形不仅同位错运动有关，而且扩散过程起着很重要的作用。

一、塑性变形机理

由于多晶体是由许多位向不同的晶粒组成的，晶粒之间存在晶界，因此，多晶体的塑性变形包括晶粒内部变形（也称晶内变形）和晶界变形（也称晶间变形）两种，而单晶体的变形方式和机理同晶内变形一样。下面分别介绍晶内变形和晶间变形机理。

（一）晶内变形

晶内变形的主要方式也是滑移和孪晶。其中滑移变形是主要的，而孪晶变形是次要的，一般仅起调节作用。但在体心立方金属、特别是密排六方金属中，孪晶变形也起着重要作用。

1. 滑移

所谓滑移是指晶体在力的作用下，晶体的一部分沿一定的晶面和晶向相对于晶体的另一部分发生相对移动或切变。这些晶面和晶向分别称为滑移面和滑移方向。滑移的结果使大量原子逐步从一个稳定位置移到另一个稳定位置，产生宏观的塑性变形。一般来说，滑移总是沿着原子密度最大的晶面和晶向发生。因为原子密度最大的晶面，原子间距小，原子间结合力强；而其晶面间的距离则较大，晶面与晶面之间的结合力较弱，滑移阻力当然也较小。在图 2-1 所示的晶格中，显然 *AA* 面最易成为滑移面；而沿 *BB* 面则难以滑移。同理可以解释，沿原子排列最密集的方向滑移阻力最小，最容易成为滑移方向。

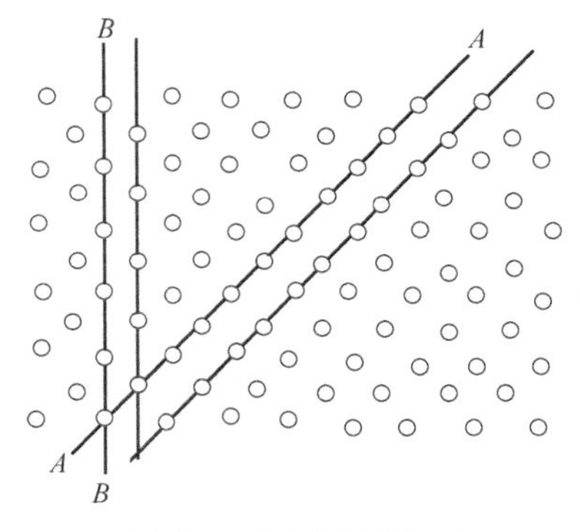

图 2-1　滑移面示意图

通常每一种晶胞可能存在几个滑移面，而每一滑移面又同时存在几个滑移方向。一个滑移面和其上的一个滑移方向，构成一个滑移系。表 2-1 列出一些金属晶体的主要滑移面、滑移方向和滑移系。

表 2-1　金属的主要滑移面、滑移方向和滑移系

晶格	体心立方晶格		面心立方晶格		密排六方晶格	
滑移面	{110}×6	{110}	{111}×4	{111}	{0001}×1	{0001}
滑移方向	$\langle 1\bar{1}\bar{1}\rangle\times 2$	$\langle 1\bar{1}\bar{1}\rangle$	$\langle 10\bar{1}\rangle\times 3$	$\langle 10\bar{1}\rangle$	$\langle \bar{1}2\bar{1}0\rangle\times 3$	$\langle 1\bar{2}\bar{1}0\rangle$
滑移系	6×2=12		4×3=12		1×3=3	
金属	α-Fe、Cr、W、V、Mo		Al、Cu、Mg、Ni、γ-Fe		Mg、Zn、Cd、α-Ti	

滑移系多的金属要比滑移系少的金属，变形协调性和塑性好，如面心立方晶格的金属比密排六方晶格的金属塑性好。至于体心立方晶格的金属和面心立方晶格的金属，虽然同样具有 12 个滑移系，后者塑性却明显优于前者。这是因为就金属的塑性变形能力来说，滑移方向的作用大于滑移面的作用。体心立方晶格的金属每个晶胞滑移面上的滑移方向只有两个，而面心立方晶格的金属却为三个，因此后者的塑性变形能力更好。

滑移面对温度具有敏感性。温度升高时，原子热振动的振幅加大，促使原子密度次大的晶面也参与滑移。例如铝高温变形时，除 {111} 滑移面外，还会增加新的滑移面 {001}。正因为高温下可出现新的滑移系，所以金属的塑性也相应地提高。

滑移系的存在只说明金属晶体产生滑移的可能性。要使滑移能够发生，需要沿滑移面的滑移方向上作用有一定大小的切应力，即临界切应力。临界切应力的大小，取决于金属的类型、纯度、晶体结构的完整性、变形温度、应变速率和预先变形程度等因素。

当晶体受力时，由于各个滑移系相对于外力的空间位向不同，其上所作用的切应力分量的大小也必然不同。现设某一晶体作用有由拉力 P 引起的拉伸应力 σ，其滑移面的法线方向与拉伸轴的夹角为 ϕ，面上的滑移方向与拉伸轴的夹角为 λ（图 2-2），通过简单的静力学分析可知，在此滑移方向上的切应力分量为

$$\tau=\sigma\cos\phi\cos\lambda \tag{2-1}$$

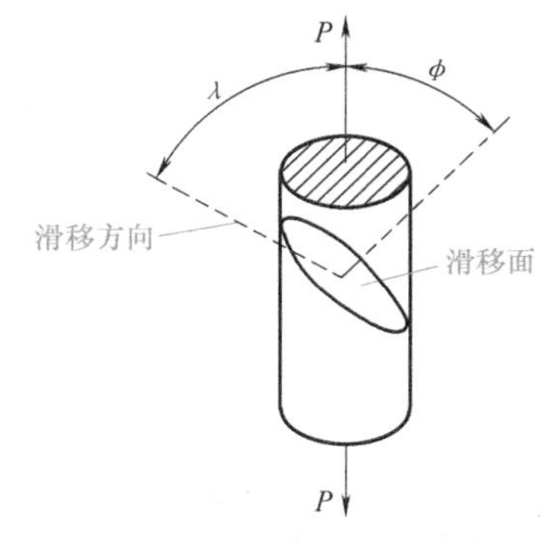

图 2-2　晶体滑移时的应力分析

令 $\mu=\cos\phi\cos\lambda$，称为取向因子。由式（2-1）可见，当 σ 为定值时，滑移系上所受的切应力分量取决于取向因子。若 $\phi=\lambda=45°$，则 $\mu=\mu_{max}=0.5$，$\tau=\tau_{max}=\sigma/2$，这意味着该滑移系处于最佳取向，其上的切应力分量最有利于优先达到临界值而发生滑移，而当 $\phi=90°$、$\lambda=0°$ 或 $\phi=0°$、$\lambda=90°$ 时，$\mu=\tau=0$，此时无论 σ 多大，滑移的驱动力恒等于零，处于此取向的滑移系不能发生滑移。通常把 $\mu=0.5$ 或接近于 0.5 的取向称为软取向，而把 μ 为零或接近于零的取向称为硬取向。

由此可以联想到，在金属多晶体中，由于各个晶粒的位向不同，塑性变形必然不可能在所有晶粒内同时发生，这就构成多晶体塑性变形不同于单晶体的一个特点。

晶体在滑移过程中，受到外界的约束作用会发生转动。就单晶体拉伸变形来说，滑移面会力图向拉力方向转动，而滑移方向则力图向最大切应力分量方向转动。同样，对于多晶体的晶内变形，晶粒在被拉长的同时，其滑移面和滑移方向也会朝一定方向转动，尽管这种转动由于晶界和相邻晶粒的影响，情况会比较复杂。转动的结果使原来任意取向的各个晶粒，逐渐调整其方位而趋于一致。

晶体的滑移过程，实质上就是位错移动和增殖的过程。滑移首先在其局部区域产生，逐步扩大直至最后整个滑移面上完成滑移。局部区域首先滑移的原因是该处存在着位错，引起应力集中，使其应力大到足够引起物体的滑移。塑性变形过程中为保证塑性变形的不断进行，必须要有大量新的位错出现，这些新的位错的产生，称为位错增殖。图 2-3 和图 2-4 所示分别为刃型位错和螺型位错运动造成晶体滑移变形的示意图。

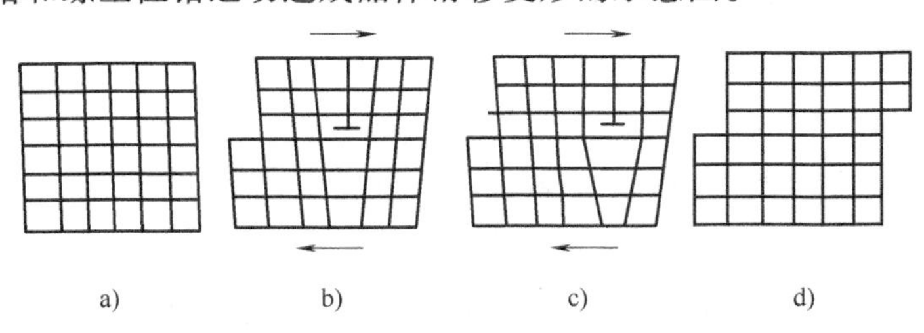

图 2-3　刃型位错运动造成晶体滑移变形示意图

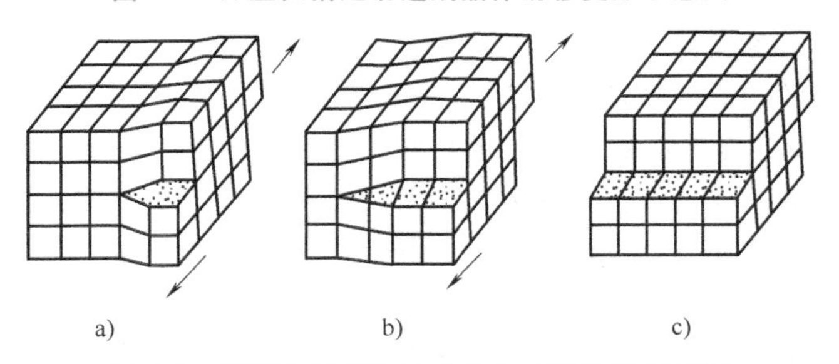

图 2-4　螺型位错运动造成晶体滑移变形示意图

由于滑移是由位错运动引起的，因此根据位错运动方式的不同，会出现不同类型的滑移，主要有单滑移、多滑移和交滑移，其示意图如图 2-5 所示。

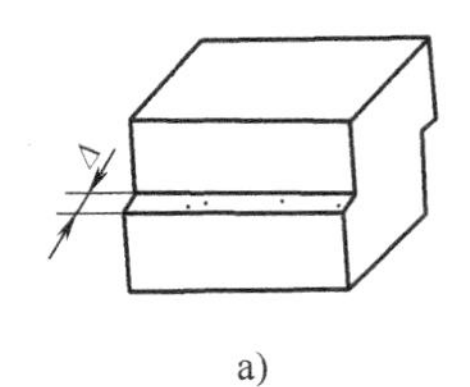

a)

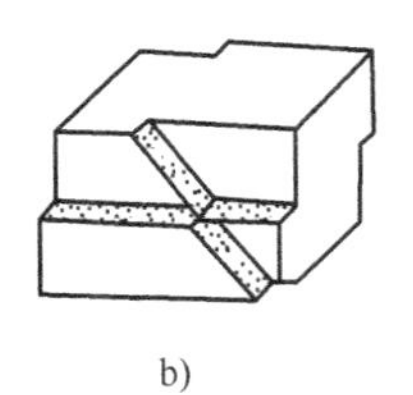

b)

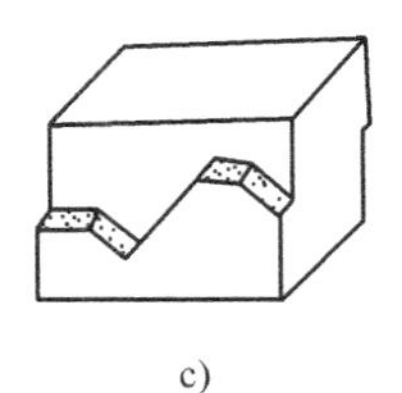

c)

图 2-5　不同滑移类型滑移线形态示意

a）单滑移　b）多滑移　c）交滑移

一般金属在塑性变形的开始阶段，仅有一组滑移系开动，此种滑移称为单滑移。由于位错的不断移动和增殖，大量的位错沿着滑移面不断移出晶体表面，形成滑移量为 Δ 的滑移台阶（图 2-5a）。随着变形的进行，晶体发生转动，当晶体转动到有两个或几个滑移系相对于外力轴线的取向因子相同时，这几个滑移系的切应力分量都达到临界切应力值，它们的位错源便同时开动，产生在多个滑移系上的滑移，滑移后在晶体表面所看到的是两组或多组交叉的滑移线（图 2-5b）。对于螺型位错，由于它具有一定的灵活性，当滑移受阻时，可离开原滑移面而沿另一晶面继续移动。滑移后在晶体表面上所看到的滑移线，就不再如单滑移时的直线，而是呈折线或波纹线（图 2-5c）。交滑移与许多因素有关，通常是变形温度越高、变形量越大，交滑移越显著。图 2-6 所示为 Cu 和 Al 的滑移变形结果。

a)

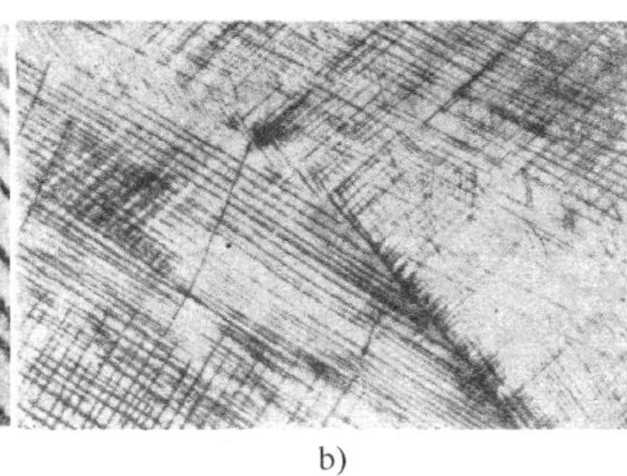

b)

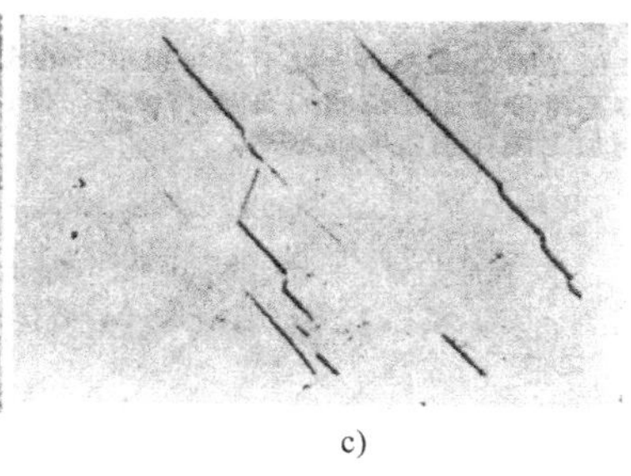

c)

图 2-6　Cu 和 Al 的滑移变形结果

a）Cu 的单滑移，×500　b）Al 的多滑移，×145　c）Al 单晶的交滑移，×260

2. 孪晶

孪晶是晶体在切应力作用下，晶体的一部分沿着一定的晶面（称为孪晶面）和一定的晶向（称为孪晶方向）发生均匀切变，如图 2-7a 所示。孪晶变形后，晶体的变形部分与未变形部分构成了镜面对称关系，镜面两侧晶体的相对位向发生了改变，如图 2-7b 所示。这种在变形过程中产生的孪晶变形部分称为“形变孪晶”，以区别于退火过程中产生的孪晶。

如图 2-7c 所示，*AB* 面上面的圆圈表示晶格中变形前的原子位置，黑点表示变形后原子的新位置。发生孪晶的临界切应力要比发生滑移的临界切应力大得多，因此，只有在滑移难以进行的条件下，晶体才能发生孪晶变形。密排六方晶格的金属由于滑移系少，常发生孪晶变形。孪晶能使晶体变形部分的位向变化，可以变得有利于滑移，为晶体发生滑移创造条件。所以在六方晶体中，滑移与孪晶可交替进行。孪晶的变形量不大，但能促进滑移。体心立方晶格在冲击力作用下或低温变形时，常发生孪晶。面心立方晶格的金属一般不发生孪晶，只有在低温时才可能发生，此外在退火时也可能出现退火孪晶。

如一个镁单晶体单纯依靠孪晶只能获得 7.39%的变形量，而依靠滑移可达到 300%的变

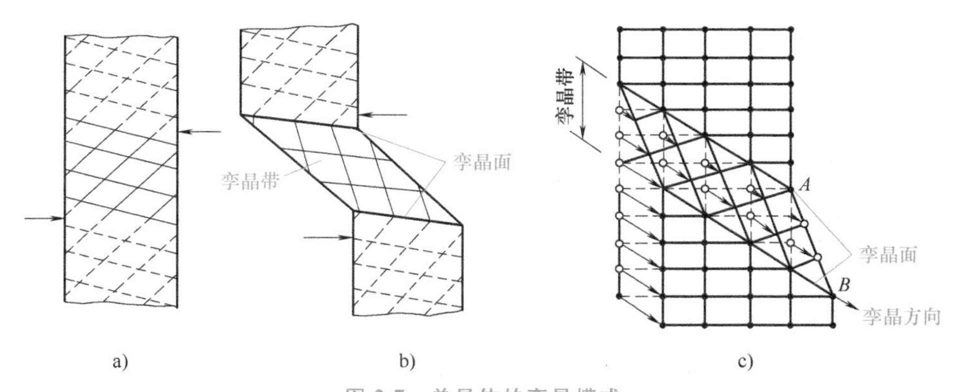

图 2-7　单晶体的孪晶模式

a）变形前　b）变形后　c）孪晶变形时原子位移示意图

形量。但是，孪晶的作用在于调整晶体的位向，激发进一步的滑移，使滑移与孪晶交替进行，这样就可以获得较大的变形。图 2-8 所示为锻造 Ti 金属发生塑性变形时产生的孪晶现象。

图 2-8　锻造 Ti 变形产生的孪晶

孪晶也可造成晶格畸变，使金属得到强化。与滑移相比，孪晶具有以下特点。

1）突然性。滑移是一个渐进的过程，而孪晶呈跳跃式，如锡在孪晶过程中发生锡鸣现象。

2）对称性。孪晶变形前后原子对于孪晶面对称，而滑移变形没有对称性。

3）微小性。孪晶变形量远小于滑移变形量。

4）破坏性。孪晶变形后，金属内部易出现空隙。

可依据图 2-9 所示从外观上识别晶体的滑移与孪晶。两者的对比见表 2-2。

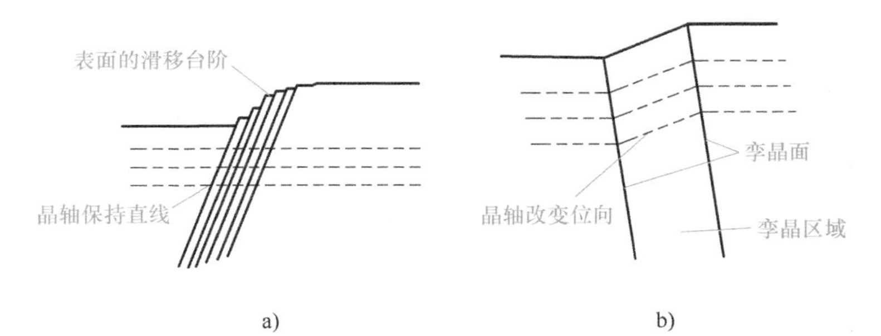

图 2-9　滑移与孪晶的识别

a）滑移造成的表面台阶　b）孪晶形成的表面浮凸

表 2-2　孪晶与滑移的主要区别

项目	孪晶	滑移
临界切应力	大	小
切变均匀性	均匀	不均匀

（续）

项目	孪晶	滑移
切变量	原子间距的非整数倍	原子间距的整数倍
位的变化	改变	不变
抛光侵蚀后	可见	不可见
发生难易程度	不易（低温、高速）	易

（二）晶间变形

晶间变形的主要方式是晶粒之间相互滑动和转动，如图 2-10 所示，多晶体受力变形时，沿晶界处可能产生切应力，当此切应力足以克服晶粒彼此间相对滑动的阻力时，便发生相对滑动。另外，由于各晶粒所处位向不同，其变形情况及难易程度亦不相同。这样，在相邻晶粒间必然引起力的相互作用，而可能产生一对力偶，造成晶粒间的相互转动。

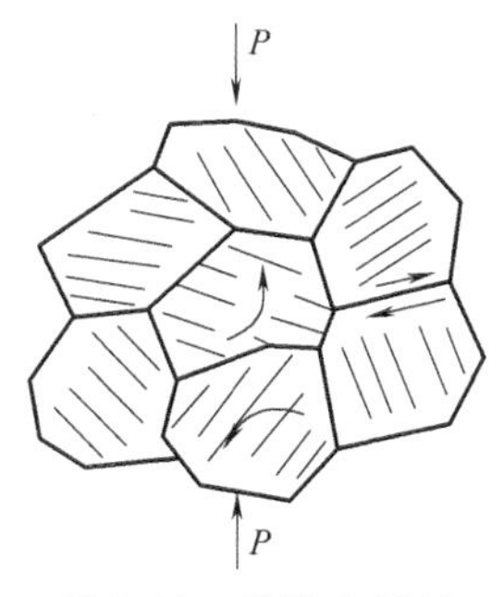

图 2-10 晶粒之间的滑动和转动

对于晶间变形，不能将其简单地看成是晶界处的相对机械滑移，而是晶界附近具有一定厚度的区域内发生应变的结果。这一应变是晶界沿最大切应力方向进行的切应变，切变量沿晶界不同点是不同的，即使在同一点上，不同的变形时间，其切变量也是不同的。

在冷态变形条件下，多晶体的塑性变形主要是晶内变形，晶间变形只起次要作用，而且需要有其他变形机制相协调。这是由于晶界强度高于晶内强度，其变形比晶内困难。还由于晶粒在生成过程中，各晶粒相互接触形成犬牙交错状态，造成对晶界滑移的机械阻碍作用，如果发生晶界变形，容易引起晶界结构的破坏和裂纹的产生，因此晶间变形量只能很小。

二、塑性变形的特点

由于组成多晶体的各个晶粒位向不同，因此塑性变形不是在所有晶粒内同时发生，而是首先在那些位向有利、滑移系上的切应力分量已优先达到临界值的晶粒内进行。对于周围位向不利的晶粒，由于滑移系上的切应力分量尚未达到临界值，因此还不能发生塑性变形。此时已经开始变形的晶粒，其滑移面上的位错源虽然已经开动，但位错尚无法移出这个晶粒，仅局限在其内部运动，这样就使方向相反的位错在滑移面两端接近晶界的区域塞积起来，如图 2-11 所示。位错塞积群会产生很强的应力场，它越过晶界作用到相邻的晶粒上，使其得到一个附加应力。随着外加的应力和附加应力的逐渐增大，最终使位向不利的相邻晶粒（如图 2-11 中的 *B*、*C* 晶粒）中的某些取向因子较小的滑移系的位错源也开动起来，从而发生相应的滑移。而晶粒 *B*、*C* 的滑移会使位错塞积群前端的应力松弛，促使晶粒 *A* 的位错源继续开动，进而位错移出晶粒，发生形状的改变，并与晶粒 *B* 和 *C* 的滑移以某种关系连接起来。这就意味着越来越多的晶粒参与塑性变形，塑性变

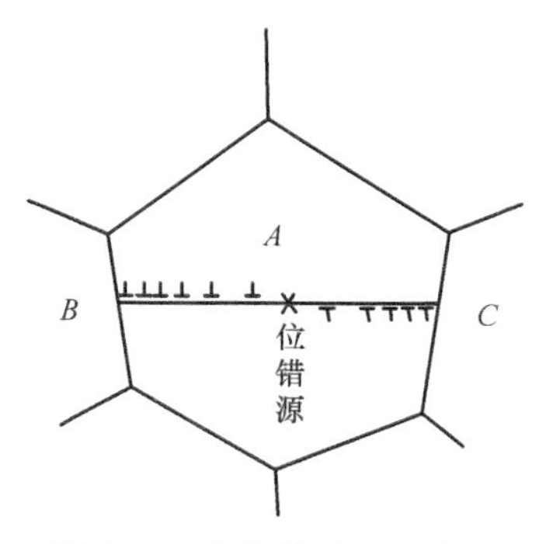

图 2-11 多晶体滑移示意图

形量也越来越大。

由于多晶体中的每个晶粒都是处于其他晶粒的包围之中，它们的变形不是孤立和任意的，而是需要相互协调配合的，否则无法保持晶粒之间的连续性。故此，要求每个晶粒进行多系滑移，即除了在取向有利的滑移系中进行滑移外，还要求其他取向并非很有利的滑移系也参与滑移。只有这样，才能保证其形状作各种相应的改变，而与相邻晶粒的变形相协调。理论上的推算表明，为保证变形的连续性，每个晶粒至少要求有五个独立的滑移系启动。所谓“独立”，可理解为每一个这样的滑移系所引起的晶粒变形效果，不能由其他滑移系获得。

如前所述，面心立方晶体有 12 个｛111｝<110>滑移系，体心立方晶体一般也至少有 12 个｛110｝<111>滑移系，而六方晶体只有 3 个｛0001｝<1120>滑移系。这些滑移系并不都是独立的，如果要在面心立方晶体或体心立方晶体的上述潜在滑移系中找出 5 个独立的滑移系还勉强可以的话，那么在仅有 3 个滑移系的六方晶体中简直就是不可能的事。因此，多晶体变形时，很可能出现不同于单晶体变形时的滑移系，特别是六方晶体的变形更是如此。此外，它还必须使孪晶和滑移相结合起来，才有可能连续地进行变形，这也正显示了孪晶在六方晶体变形中的重要作用，同时也说明了密排六方晶格的金属的塑性总是比面心立方晶格的金属和体心立方晶格的金属差的基本原因。

多晶体变形的另一特点是变形的不均匀性。宏观变形的不均匀性是由于外部条件所造成的。微观与亚微观变形的不均匀性则是由多晶体的结构特点决定的。前面已提到，软取向的晶粒首先发生滑移变形，而硬取向的晶粒继之变形，尽管它们的变形要相互协调，但最终必然表现出各个晶粒变形量的不同。另外，由于晶界的存在，考虑到晶界的结构、性能不同于晶内的特点，其变形不如晶内容易。且由于晶界处于不同位向晶粒的中间区域，要维持变形的连续性，晶界势必要起折中调和作用。也就是说，晶界一方面要抑制那些易于变形的晶粒的变形，另一方面又要促进那些不利于变形的晶粒进行变形。所有这些，最终也必然表现出晶内和晶界之间变形的不均匀性。

图 2-12 所示为不同的总变形量下，所测出的多晶体铝中一部分晶粒的变形量。由图中可以看出，各晶粒的变形量大致和总变形量成正比例增加，但不同晶粒之间的变形量以及一个晶粒不同部位的变形量都有相当大的差别。就一个晶粒来说，中心部位变形量大，而晶界附近的变形量小。

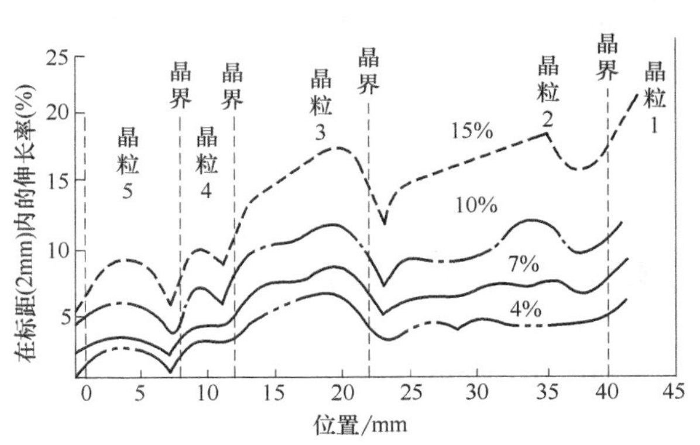

图 2-12　不同总变形量下多晶体铝试样中部分晶粒的变形分布

总变形量：15%，10%，7%，4%

综上所述，多晶体塑性变形的特点，一是各晶粒变形的不同时性；二是各晶粒变形的相互协调性；三是晶粒与晶粒之间和晶粒内部与晶界附近区域之间变形的不均匀性。

据此，我们还可以进一步分析晶粒大小对金属的塑性和变形抗力的影响。如前所述，为使滑移由一个晶粒转移到另一个晶粒，主要取决于晶粒晶界附近的位错塞积群所产生的应力场能否激发相邻晶粒中的位错源也开动起来，以进行协调性的次滑移。而位错塞积群应力场的强弱与塞积的位错数目 n 有关。n 越大，应力场就越强。但 n 的大小又是和晶界附近位错塞积群到晶内位错源的距离相关的，晶粒越大，这个距离也越大，位错源开动的时间就越长，n 也就越大。由此可见，粗晶粒金属的变形由一个晶粒转移到另一个晶粒会容易些，而细晶粒时则需要在更大的外力作用下才能使相邻晶粒发生塑性变形。这就是为什么晶粒越细小，金属屈服强度越大的原因。

试验研究表明，晶粒平均直径 d 与屈服强度 R_e 的关系可表达为

$$R_e = \sigma_0 + K_y d^{-\frac{1}{2}}$$

式中，σ_0 和 K_y，皆为常数，前者表征晶内的变形抗力，为单晶体临界切应力的 2~3 倍；后者表征晶界对变形的影响。

图 2-13 所示为实测所得低碳钢的晶粒大小与屈服强度的关系曲线。

再者，晶粒越细小，金属的塑性也越好。因为在一定的体积内，细晶粒金属的晶粒数目比粗晶粒金属多，所以塑性变形时位向有利的晶粒也较多，变形能较均匀地分散到各个晶粒上；从每个晶粒的应变分布来看，细晶粒时晶界的影响区域相对加大，使得晶粒心部的应变与晶界处的应变差异减小。由于细晶粒金属的变形不均匀性较小，由此引起的应力集中必然也较小，内应力分布较均匀，因此金属断裂前可承受的塑性变形量就更大。上述关于晶粒大小对金属塑性的影响得到了试验的证实。图 2-14 所示为晶粒直径与断面收缩率的关系。

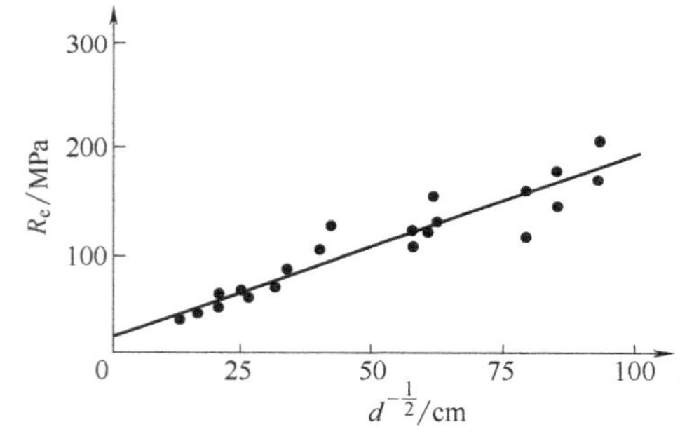

图 2-13 低碳钢的晶粒大小与屈服强度的关系

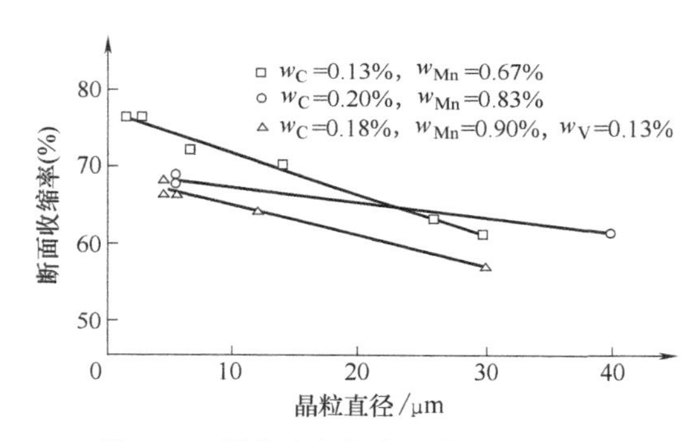

图 2-14 晶粒直径与断面收缩率的关系

此外，晶粒细化对提高塑性成形件的表面质量也是有利的。例如，粗晶粒金属板材冲压成形时，冲压件表面会呈现凹凸不平，即所谓“桔皮”现象，而细晶粒板材则不易看到；又如，粗晶粒金属的冷挤压件表面粗糙，甚至出现伤痕和微裂纹等。

三、合金的塑性变形

工程上使用的金属大多数是合金。合金与纯金属相比，具有纯金属所达不到的力学性能，有些合金还具有特殊的物理和化学性能。

合金的相结构有两大类，即固溶体（如钢中的铁素体、铜锌合金中的 α 相等）和化合物（如钢中的 Fe_3C、铜锌合金中的 β 相等）。常见的合金组织有两种：一种是单相固溶体合金；另一种是两相或多相合金。它们的塑性变形特点各不相同，下面分别进行讨论。

1. 单相固溶体合金的塑性变形

单相固溶体合金与多晶体纯金属相比，在组织上无甚差异；而且其变形机理与多晶体纯

金属相同，也是滑移和孪晶，变形时也同样会受到相邻晶粒的影响。不同的是，固溶体晶体中有异类原子存在，这种异类原子（即溶质原子）无论是以置换还是间隙方式溶入基体金属，都会对金属的变形行为产生影响，表现为变形抗力和加工硬化有所提高，塑性有所下降。这种现象称为固溶强化，它是由于溶质原子阻碍金属中的位错运动所致。

金属中的位错使位错区域的点阵结构发生畸变，产生了位错应变能，而固溶体中的溶质原子却能减小这种畸变，结果使位错应变能降低，并使位错比原来的更稳定。如果溶质原子大于基体相原子（即溶剂原子），那么溶质原子倾向于置换位错区域晶格伸长部分的溶剂原子，如图 2-15a 所示。反之，如果溶质原子小于基体相原子，则溶质原子倾向于置换位错区域晶格受压缩部分的溶剂原子（图 2-15b），或力图占据位错区域晶格伸长部分溶剂原子间的间隙中（图 2-15c）。溶质原子在位错区域的这种分布，通常称为“溶质气团”或“柯氏气团”，它们都会使位错能降低，位错比没有“气团”时更加稳定，也就是说，对位错起“钉扎”作用。这时，要使位错脱离“溶质气团”而移动，势必要增大作用在位错上的力，从材料性能上即表现为具有更高的屈服强度。

固溶强化

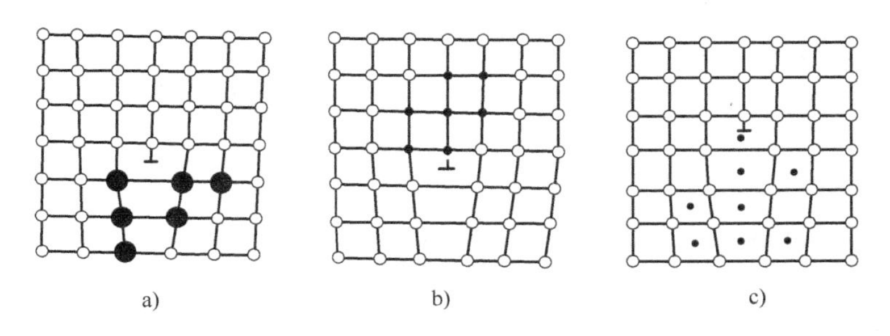

图 2-15　溶质气团对位错的“钉扎”

a)、b）置换固溶体时　c）间隙固溶体时

深拉延用的低碳钢拉伸时，其真实应力-应变曲线常表现为如图 2-16 所示的形式。在曲线上有明显的上屈服应变点 A 和下屈服点 B，随后有应力平台区 BC，在此区域内变形继续进行，而应力却保持不变或做微小波动，此称为屈服效应。试样经屈服延伸后，由于加工硬化，应力又随应变继续上升，其进程与一般塑性金属材料的真实应力-应变曲线相同。

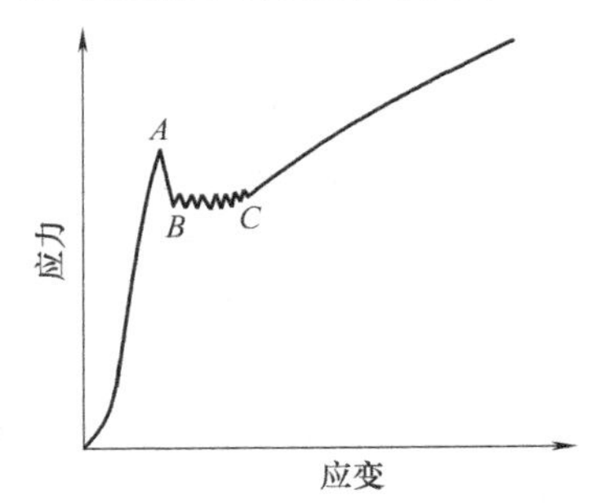

图 2-16　应力-应变曲线

应用前述的溶质原子或微量杂质原子与位错的交互作用，可以对这种屈服效应作解释：当位错被“气团”钉扎时，为使位错脱出气团，需要加大应力，与此相对应的是曲线上的 A 点；一旦位错摆脱气团的束缚，位错运动就不需要开始时那样大的应力，故应力下降到下屈服点 B；此后，即使不增加外加应力，位错也能继续移动。

如果将已经过少量塑性变形的低碳钢卸载后立即重新拉伸，这时由于位错已脱离“溶质气团”，因此不再出现屈服效应（图 2-17a）。但当试样卸载后，经 200℃加热或室温长期放置，碳原子通过扩散再次进入位错区的铁原子间隙中，形成气团将位错“钉扎”，这时试样在拉伸过程中就会再次出现屈服效应（图 2-17b）。这种现象称为应变时效。

屈服效应在金属外观上的反映，就是当金属变形量恰好处在屈服延伸范围时，金属表面会出现粗糙不平、变形不均的痕迹，称为吕德斯带，它是一种外观表面缺陷。如果使用屈服效应显著的低碳钢薄板加工复杂拉延件时，由于各处变形不均匀，在变形量正好是处于屈服延伸区的地方，就会出现吕德斯带而使零件外观不良。为了防止吕德斯带的产生，可在薄板拉延前进行一道微量冷轧工序（一般为1%～2%的压下量），以使被溶质碳原子钉扎的位错大部分脱钉，随后再进行冲压加工。但如果被预轧制变形的钢板，长期放置后再进行冲压加工，则由上述可知，吕德斯带又会重新产生。另一种防止方法是在钢中加入少量钛、铝等强碳化物、氮化物形成元素，它们与碳、氮稳定结合，减少碳、氮对位错的钉扎作用，从而消除屈服效应。

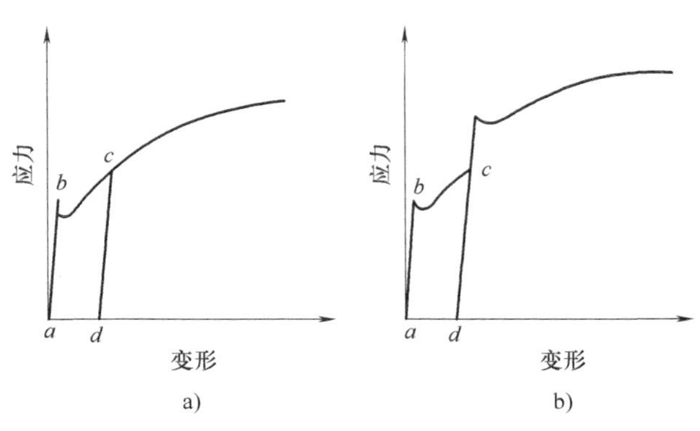

图 2-17　应变时效示意曲线

a）卸载后立即加载时　b）卸载后加热或室温长期放置时

2. 多相合金的塑性变形

单相固溶体合金的强化程度有限，因此实际使用的合金材料大多是两相或多相合金，通过合金中存在的第二相或更多的相，使合金得到进一步的强化。多相合金与单相固溶体合金不同之处，是除基体相外，尚有其他相（统称第二相）存在。但由于第二相的数量、形状、大小和分布的不同，以及第二相的变形特性和它与基体相（体积分数约高于70%的相）间的结合状况的不同，使得多相合金的塑性变形更为复杂。但从变形机理来说，仍然是滑移和孪晶。

在讨论多相合金塑性变形时，通常可按第二相粒子的尺寸大小将合金分为两大类：一类是第二相粒子的尺寸与基体相晶粒尺寸属于同一数量级，称为聚合型两相合金（如α-β两相黄铜合金，碳素钢中的铁素体和粗大渗碳体等）；另一类是第二相粒子十分细小，并弥散地分布在基体晶粒内，称为弥散分布型两相合金（如钢中细小的渗碳体微粒分布在铁素体基体上）。典型两相合金的两类显微组织如图 2-18 所示。

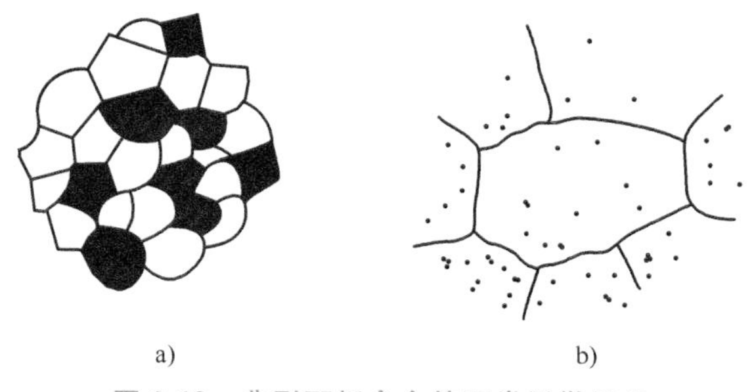

图 2-18　典型两相合金的两类显微组织

a）聚合型　b）弥散分布型

（1）聚合型两相合金塑性变形　两相合金中，如一相为塑性相，而另一相为硬脆相，则合金的力学性能主要取决于硬脆相的存在情况。现以碳素钢中渗碳体在铁素体中的存在情况为例进行说明（参见表 2-3）。

表 2-3　渗碳体的存在情况对碳素钢强度和塑性的影响

材料及组织性能	工业纯铁	共析钢(w_C=0.8%)					过共析钢(w_C=1.2%)
		片状珠光体(片间距≈630010^{-7}mm)	索氏体(片间距≈250010^{-7}mm)	屈氏体(片间距≈100010^{-7}mm)	球状珠光体	淬火+350℃回火	网状渗碳体
R_m/MPa	275	780	1060	1310	580	1760	700
A(%)	47	15	16	14	29	3.8	4

已知钢中的铁素体是塑性相，而渗碳体为硬脆相，所以钢的塑性变形基本上是在铁素体中进行，而渗碳体则成为铁素体变形时位错运动的障碍物。对于亚共析钢和共析钢，当渗碳体以层片状分布于铁素体基体上形成片状珠光体时，铁素体的变形受到阻碍，位错运动被限制在渗碳体层面间的短距离内，使继续变形更为困难。片层间距离越小，变形抗力就越高，但塑性却基本不降低。这是因为粗片状珠光体中渗碳体片厚，容易断裂，而细片状珠光体中渗碳体片薄，碳素钢变形时它能承受一定的变形。因此，在冷拉钢丝时，先将钢丝的原材料组织处理成索氏体，然后进行冷拉，这样可提高钢丝原材料的强度，并改善冷拉加工性能。如果珠光体中渗碳体呈球状，则它对铁素体变形的阻碍作用就显著降低，因此片状珠光体经球化处理后，钢的强度下降，而塑性显著提高。在精密冲裁中，对于碳的质量分数为0.3%~0.35%的碳素钢板一般要预先进行球化处理，以获得球状渗碳体，提高精冲效果。

当钢中碳的质量分数提高到1.2%时，虽然渗碳体数量增多，但其强度和塑性却都显著下降。这是因为硬而脆的二次渗碳体呈网状分布于晶界处，削弱了各晶粒之间的结合力，并使晶内变形受阻而导致很大的应力集中，从而造成材料变形时提早断裂。

(2) 弥散型两相合金的塑性变形　当第二相以细小弥散的微粒均匀分布于基体相时，将产生显著的强化作用。如果第二相微粒是通过对过饱和固溶体的时效处理而沉淀析出并产生强化的，则又称为沉淀强化或时效强化；如果第二相微粒是借粉末冶金方法加入而起强化作用的，则称为弥散强化。

一般地说，弥散强化型合金中的第二相微粒是属于不可变形的；而沉淀相的粒子多属可变形的，但当沉淀粒子在时效过程中长大到一定程度后，也能起到不可变形粒子的作用。

不可变形微粒对位错的阻碍作用如图2-19所示。当移动的位错与不可变形微粒相遇时，将受到粒子的阻挡，使位错线绕着它发生弯曲，位错线按这种方式移动时受到的阻力是很大的，而且每个位错经过微粒时都要留下一个位错环。随着位错环的增加，相当于粒子间距 λ 的减小，而由位错理论可知，λ 的减小势必增大位错通过粒子的阻力，也就需要更大的外力。再者，绕粒子的位错环对位错源和运动的位错又有相互作用，会抑制位错源的继续开动和阻止其他位错的运动，从而进一步增大强化作用。

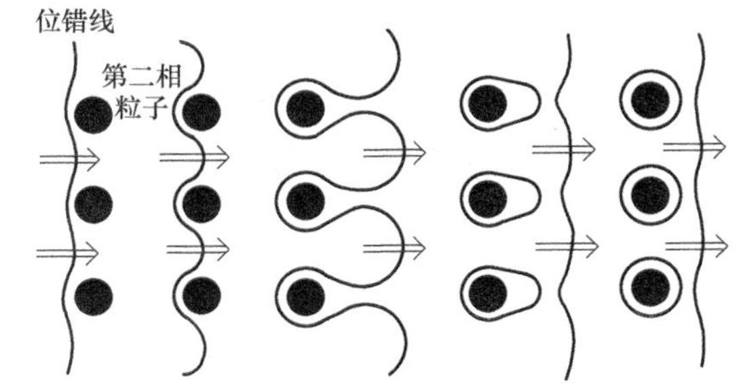

图 2-19　位错绕过第二相粒子的过程示意图

当第二相粒子为可变形时，位错将切过粒子使之随同基体一起变形，如图2-20所示

(图中 b 为位错方向)。由于第二相粒子与基体相是两个性质和结构不同的相，且位错切过粒子时，由于相界面积增大而增加了界面能，所有这些都会增大位错运动的阻力，而使合金强化。据此可以看出，对可变形粒子来说，粒子尺寸越大，位错切过粒子的阻力越大，合金的强化效果越好。但是，当第二相的体积百分数一定时，粒子越大，数量就越少，即意味着粒子的间距 A 增大，位错以绕过的方式通过第二相粒子的阻力减小。由于位错总是选择需要克服阻力最小的方式通过第二相粒子，粒子过小，切过容易，绕过困难；反之，粒子过大，切过困难，绕过容易。由此不难推断，当粒子尺寸为某一合适数值时，能获得最佳的强化效果。

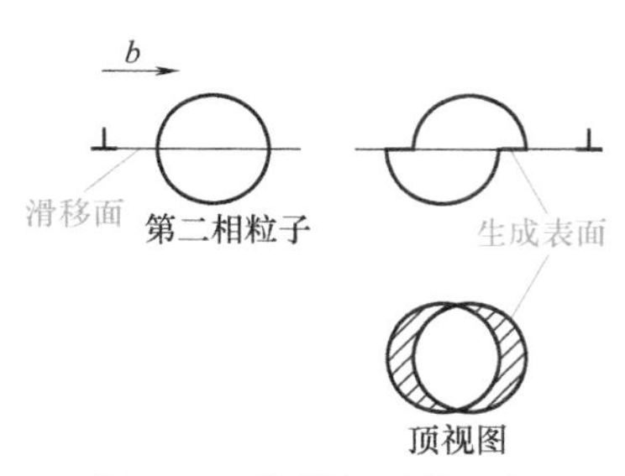

图 2-20　位错切过第二相粒子示意图

四、冷塑性变形对金属组织和性能的影响

金属的塑性变形按照变形温度的不同可分为以下三种形式。

(1) 冷变形　是指在再结晶温度以下的变形，变形后具有明显的加工硬化现象（冷变形强化），如冷挤压、冷轧、冷冲压等。

(2) 热变形　是指在再结晶温度以上的变形，在其变形过程中，其加工硬化随时被再结晶所消除。因此，在此过程中表现不出加工硬化现象，如热轧、热锻、热挤压等。

(3) 温变形　是指介于冷、热变形之间的变形，加工硬化和再结晶同时存在，如温锻、温挤压等。

多晶体金属经冷态塑性变形后，除了在晶粒内部出现滑移带和孪晶带等组织特征外，还会对晶粒组织产生一定变化，组织发生变化后，金属性能也会发生相应的改变。

(一) 组织变化

1. 形成纤维组织

金属经冷加工变形后，其晶粒形状发生变化，变化趋势大体与金属宏观变形一致。例如，轧制变形时，原来等轴的晶粒沿延伸变形方向伸长，如图 2-21 所示。

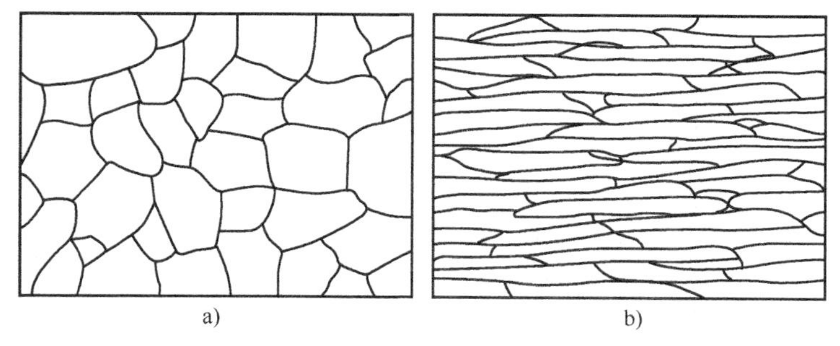

图 2-21　冷轧前后晶粒形状变化

a) 变形前的退火状态组织　b) 变形后的冷轧变形组织

在轧制时，随着变形量的增加，原来的等轴晶粒沿延伸方向逐渐伸长，晶粒由多边形变为扁平状或长条形。变形量越大，晶粒伸长的程度也越显著。当变形量很大时，晶界变得模糊不清，各晶粒难以分辨，呈现出一片纤维状的条纹，通常称为纤维组织，如图 2-22 所示。

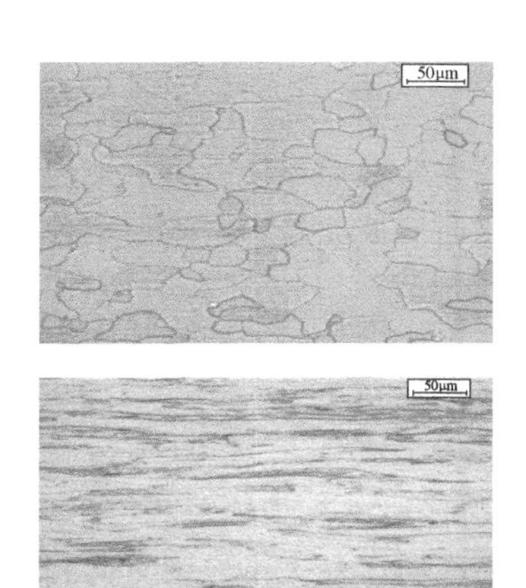
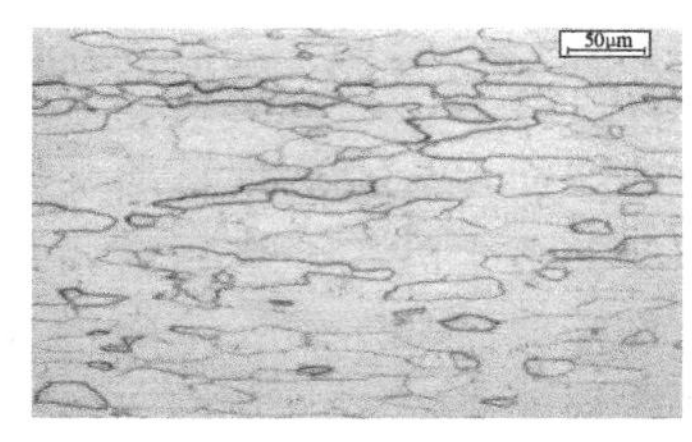
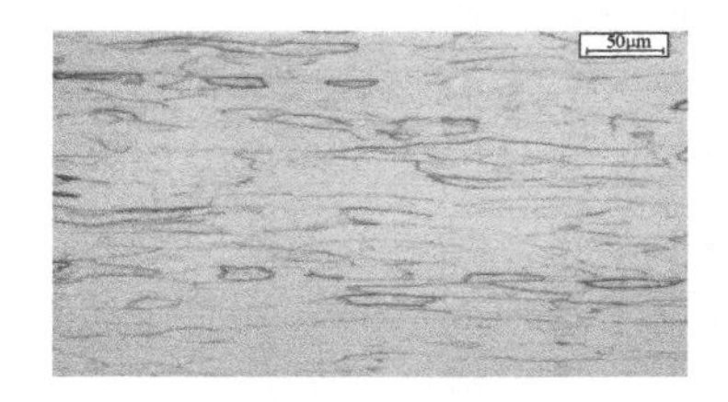
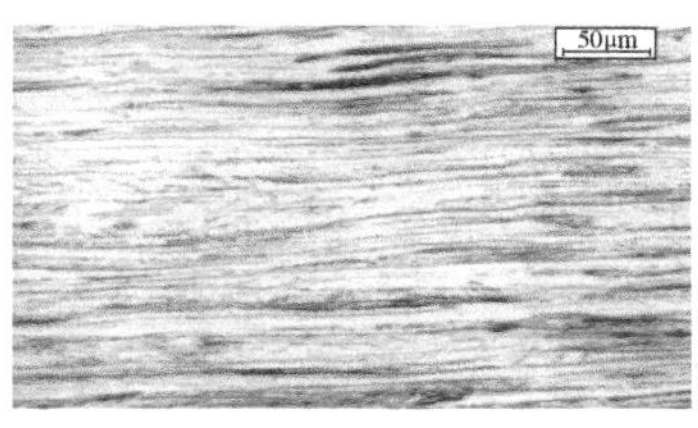

图 2-22　纤维组织的形成过程

当金属中有夹杂或第二相质点时，则它们会沿变形方向拉长成细带状（对塑性杂质而言）或粉碎成链状（对脆性杂质而言），这时在光学显微镜下很难分辨出晶粒和杂质。

2. 亚结构的产生

由前述内容已知，金属的塑性变形主要是因位错运动而发生的。在塑性变形过程中，晶体内的位错不断增殖，经很大的冷变形后，位错密度可从原先退火状态的 $10^6 \sim 10^7 cm^{-2}$ 增加到 $10^{11} \sim 10^{12} cm^{-2}$。冷形变过程中，位错密度和分布的变化如图 2-23 所示。形变开始之前，位错是一根一根成单体存在，并排列成网络，如图 2-23a 所示。随着形变的增加，变形量达到 0.1（10%），位错“浓缩”成许多缠结，形成胞状亚结构（胞状结构），如图 2-23b 所示。其胞壁由位错缠结组成，胞内的位错高度很低。形变再增加，胞壁的位错缠结变厚、密度增加，胞壁之间的距离变小，即胞状结构的平均尺寸减小，如图 2-23c、d 所示。

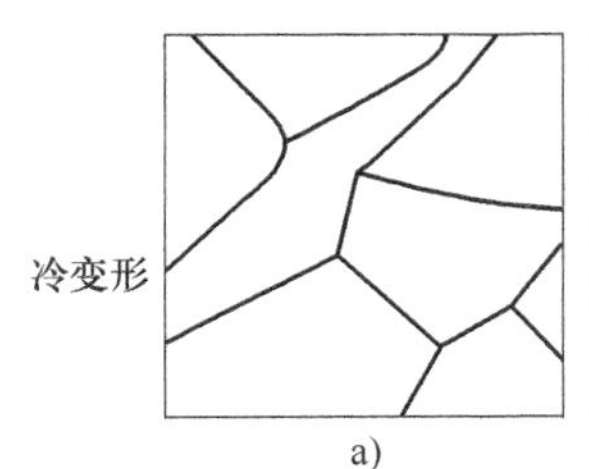

a)
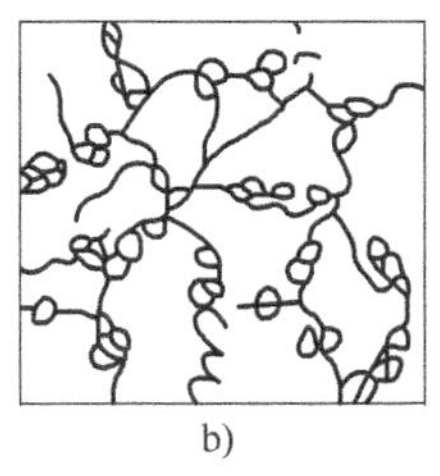
b)
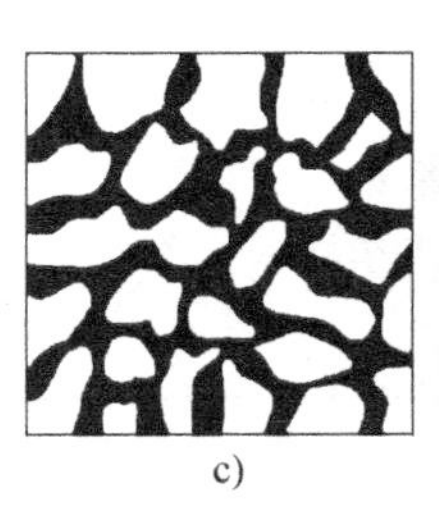
c)
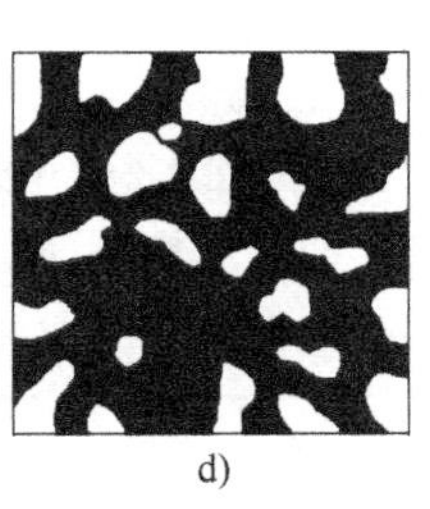
d)

图 2-23　冷形变过程中位错密度和分布变化

a）无变形单个位错　b）变形量达到 0.1，胞状结构

c）变形量达到 0.5，薄的胞壁　d）变形量达到 2.0，胞壁变厚

随着变形量进一步增大，胞的数量会增多、尺寸减小，胞壁的位错更加稠密，胞间的取向差也增大。当经过很大的冷轧或冷拉拔变形后，不但胞的尺寸很小，而且其形状还会随着晶粒外形的改变而变化，形成排列甚密的呈长条状的“形变胞”。

上述关于形成胞状亚结构的分析，主要是针对高层错能一类的金属（如铝及铝合金、铁素体钢及密排六方的金属等）。对于层错能较低的金属（如奥氏体钢、铜及铜合金等），变形后位错的分布会比较均匀和分散，构成复杂的网络，尽管位错密度增加了，但不倾向于形成胞状亚结构。

3. 晶粒位向改变（变形织构）

多晶体塑性变形时伴随有晶粒的转动，尽管这种转动不像单晶体的转动那样自由。当变形量很大时，多晶体中原为任意取向的各个晶粒，会逐渐调整其取向而彼此趋于一致。这种由于塑性变形的结果而使晶粒具有择优取向的组织，称为“变形织构”。

金属或合金经冷挤压、拉拔、轧制和锻造后，都可能产生变形织构。不同的塑性加工方式，会出现不同类型的织构。

通常，将变形织构分为丝织构和板织构两种。

（1）丝织构　丝织构是在拉拔、挤压和旋转锻造中形成的。这种加工都是轴对称变形，其主应变为两向压缩、一向拉伸，变形后各个晶粒都有一个共同的晶向与最大主应变方向趋于平行，如图 2-24 所示。丝织构以此晶向表示，体心立方晶格金属的丝织构为<110>，面心立方晶格金属的丝织构为<100>和<111>。

（2）板织构　板织构是在轧制或宽展很小的矩形件镦粗时形成的。其特征是各个晶粒的某一晶向趋向于与轧制方向平行，而某一晶面趋向于与轧制平面平行，如图 2-25 所示。板织构以其晶面和晶向共同表示，体心立方晶格金属的板织构为｛100｝<011>；面心立方晶格金属的板织构依层错能的高低而不同，层错能低的面心立方晶格金属的板织构为｛110｝<112>。常见金属的织构类型见表 2-4。

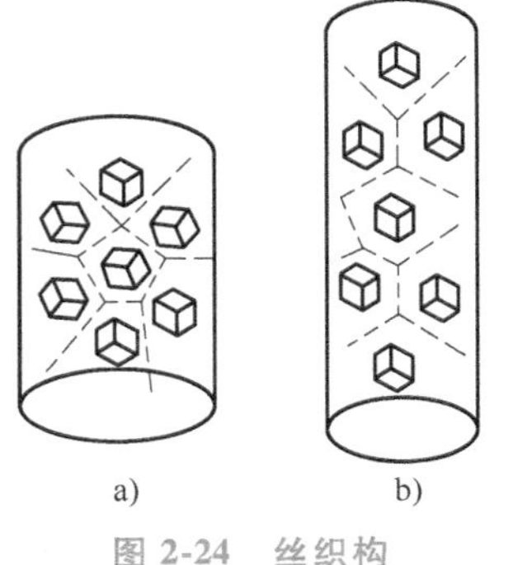

图 2-24　丝织构

a）拉拔前　b）拉拔后

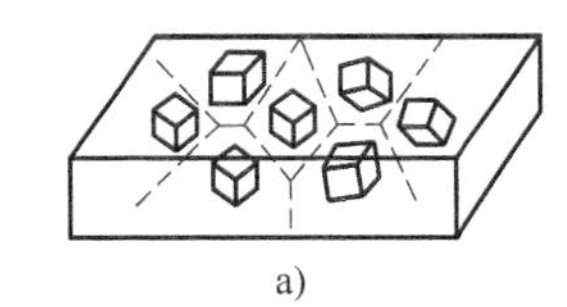

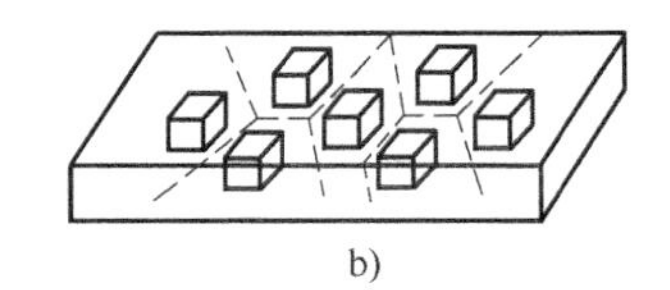

图 2-25　板织构

a）轧制前　b）轧制后

表 2-4　常见金属的织构

晶体或合金	晶体结构	丝织构	板织构
α-Fe、Mo、W	BCC	<110>	{100}<011>+{111}<112>+{112}<110>
Al、Cu、Ni	FCC	<111>+<100>	{112}<111>+{110}<112>
镁合金、Zn	HCP	<2130>	{0001}<1010>

织构不是描述晶粒的形状，而是描述多晶体中晶粒取向的特征。应当指出，使变形金属中的每个晶粒都转到上述所给出的织构晶面和晶向，这只是一种理想情况。实际上，变形金属的晶粒取向只能是趋向于这种取向，一般是随着变形程度的增加，趋向于这种取向的晶粒就越多，织构特征就越明显。

由于变形织构的形成，金属的性能将显示各向异性，且经退火后，织构和各向异性仍然存在。例如，深拉延用的铜板，在 90%的轧制变形和 800℃退火后，由于板材存在织构，顺轧制方向和垂直轧制方向的伸长率 A 均为 40%，而与轧制方向成±45°的方向，A 却为 75%。用这种板材冲出的拉延件，壁厚不均、沿口不齐，出现所谓“制耳”，如图 2-26 所示。制耳的凸部分布在与轧制方向成±45°的方位上，而谷部则位于与轧制方向相同和相垂直的方位上。拉延件形成“制耳”，会影响工件的质量和材料利用率。生产中为减小“制耳”现象，可采用带圆角的正方形板坯来拉延圆筒形件，板坯的排样应合理。

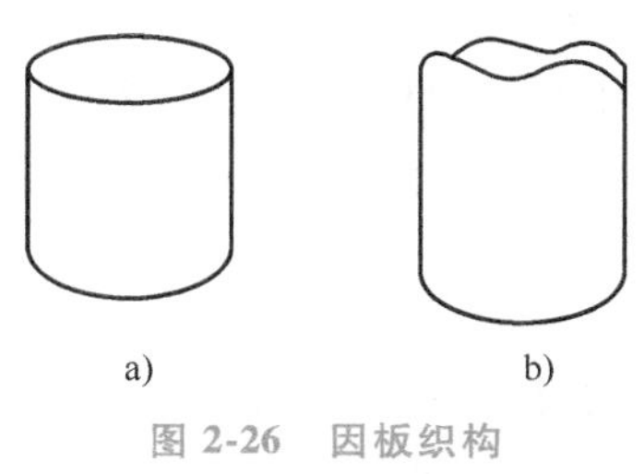

图 2-26　因板织构所造成的“制耳”

a）无制耳　b）有制耳

（二）性能变化

1. 力学性能的改变

变形中产生晶格畸变、晶粒的拉长和细化，出现亚结构以及产生不均匀变形等，使金属的变形抗力指标（比例极限、弹性极限、屈服极限、强度极限、硬度等），随变形程度的增加而升高。又由于变形中产生晶内和晶间的破坏以及不均匀变形等，会使如伸长率、断面收缩率等金属塑性指标随变形程度的增加而降低。

图 2-27 是 45 钢经不同程度的冷拔变形后，制成拉伸试样所测出的力学性能与冷拔变形程度的关系曲线。由图可见，随着预先冷变形程度的增加，强度、硬度增加越多，而塑性指标降低越甚，也即加工硬化越严重。

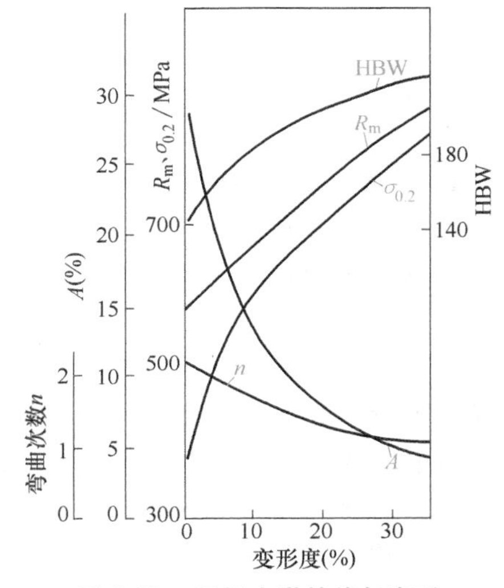

图 2-27　45 钢力学性能与变形程度的关系曲线

2. 物理及物理-化学性质的改变

1）在冷变形过程中，由于晶内和晶间物质的破碎，在变形金属内产生大量的微小裂纹和空隙，使变形金属的密度降低。例如，退火状态钢的密度为 7.865g/cm³，而经冷变形后则降低至 7.78g/cm³。

2）金属的导电性一般是随变形程度的改变而变化，特别是当变形程度不大时尤为显著。例如，赤铜的拉伸变形程度为 4%时，其单位电阻增加 1.5%，而当拉伸变形程度达 40%时，单位电阻增加 2%，继续增大拉伸变形程度至 85%时，此数值变化甚小。

3）冷变形使导热性降低，如铜的晶体在冷变形后，其导热性降低达 78%。

4）冷变形可改变金属的磁性。磁饱和基本上不变，矫顽力和磁滞可因冷变形而增加 2~3 倍，而金属的最大磁导率则降低了。对于某些抗磁性金属，如铜、银、铅及黄铜等，冷变形可提高其对磁化的敏感性，这时铜及黄铜甚至可由抗磁状态转变为顺磁状态。对顺磁金属，则冷变形将降低其磁化的敏感性。而对于像金、锌、钨、钼、锌白钢这样一些金属的磁性，实际上不受冷变形的影响。

5）冷变形会使金属的溶解性增加和耐蚀性降低。例如，黄铜经冷变形后，在空气中被阿摩尼亚气体的侵蚀加速。关于耐蚀性降低的原因，有人认为是由于残余应力的影响，残余应力越大，则金属的溶解性越大，耐蚀性越低。有人认为，溶解性变大，耐蚀性变小，是由于原子处于畸变状态，原子势能增加的缘故。

6）金属与合金经冷变形后所出现的纤维组织及织构，皆会使变形后的金属与合金产生各向异性，即材料的不同方向上具有不同的性能。

对于纤维组织，如前所述，由于晶粒及晶间物质（杂质及夹杂）沿着变形的方向被拉长，如图2-28所示，使轧件于横向（垂直于纤维方向）的力学性能低于其纵向（平行于纤维方向）。当金属与合金产生织构时，也会出现各向异性。由于钢冷轧后出现了织构和退火后出现了再结晶立方织构，使钢板产生各向异性。还可以看出，由于织构成分不同，弹性模量也有差异。

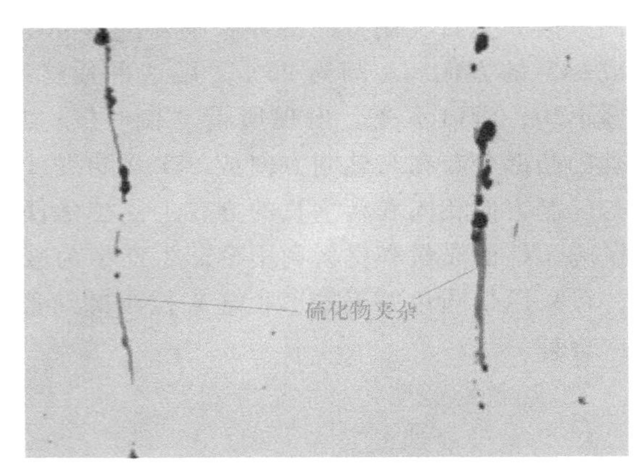

图2-28 钢中硫化物沿着变形的方向被拉长

模块二 金属热态下的塑性变形

学习目标

1. 掌握回复与再结晶过程。
2. 掌握热塑性变形机理。
3. 熟悉热塑性变形对金属组织和性能的影响。

热加工与冷加工的区别就是变形温度不同。从金属学的角度看，在再结晶温度以上进行的塑性变形，称为热塑性变形或热塑性加工。生产实际中的热塑性加工，为了保证再结晶过程的顺利完成以及操作上的需要等，其变形温度通常远比再结晶温度高，材料成形中广泛采用的热锻、热轧和热挤压等即属于这一类加工。

在热塑性变形过程中，回复、再结晶与加工硬化同时发生，加工硬化不断被回复或再结晶所抵消，而使金属处于高塑性、低变形抗力的软化状态。

一、热塑性变形时的软化过程

热塑性变形时的软化过程比较复杂，它与变形温度、应变速率、变形程度以及金属本身的性质等因素密切相关。按其性质可分为以下几种：动态回复、动态再结晶、静态回复、静态再结晶、亚动态再结晶等。动态回复和动态再结晶是在热塑性变形过程中发生的；而静态回复、静态再结晶和亚动态再结晶则是在热变形的间歇期间或热变形后，利用金属的高温余热进行的。图2-29给出热轧和热挤时，动、静态回复和再结晶的示意图。其中图2-29a表示高层错能金属在热轧变形程度较小（50%）时，只发生动态回复，随后发生静态回复；图2-29b表示低层错能金属在热轧变形程度较小（50%）时，只发生动态回复，随后发生静态回复和静态再结晶；图2-29c表示高层错能金属在热挤压变形程度很大（99%）时，发生动态回复，出模孔后发生静态回复和静态再结晶；图 2-29d 表示低层错能金属在热挤压变形程度很大（99%）时，发生动态再结晶，出模孔后发生亚动态再结晶。

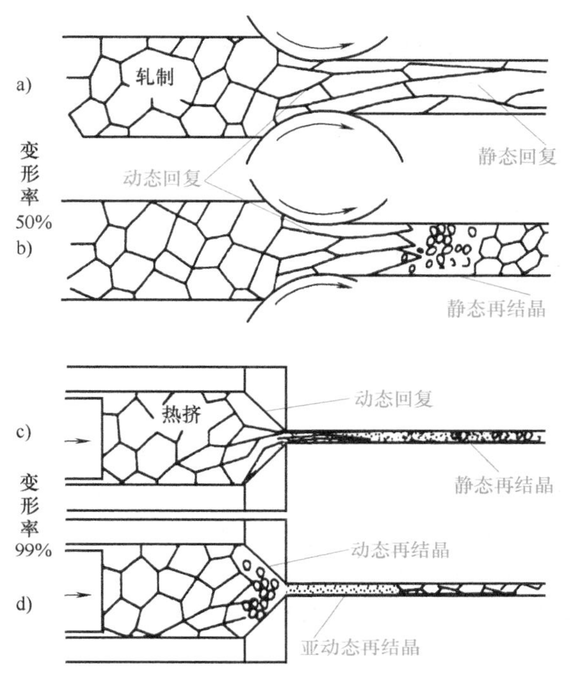

图 2-29　动、静态回复和再结晶过程

1. 静态回复和再结晶

根据热加工条件，即应变速率、应变量和变形温度，在热加工道次之间停留或热加工冷却时可能出现中断后三种软化过程：静态回复、静态再结晶和亚动态再结晶，如图 2-30 所示。

静态回复和静态再结晶是金属在热变形后或热变形间隙之间，在一定的温度和一定的持续时间所产生的软化过程。金属于冷变形后加热时所产生的回复和再结晶也属于静态回复和静态再结晶。

（1）静态回复　它是依靠变形金属所具有的热量，使其原子运动的动能增加而恢复到稳定位置上。回复的结果是部分地恢复由变形所改变的力学、物理及物理-化学性质，如电阻大部分得到恢复，强度和硬度等力学性能部分地恢复（降低 20%～30%）等。X 射线衍射分析结果显示：静态回复可消除第一种和大

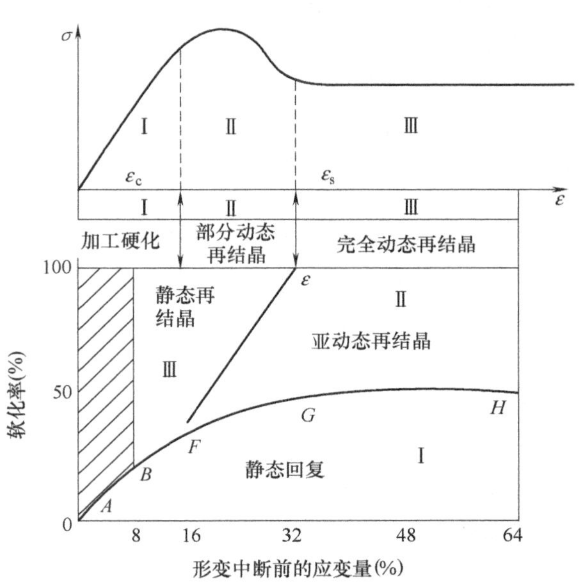

图 2-30　热加工中断后的三种软化过程

部分的第二种残余应力；对第三种残余应力也有减弱。由于静态回复的温度不高，原子不能产生很大的位移，因此金属的显微组织（晶粒的外形）尚不能改变，也不能恢复晶粒内部和晶间上所产生的破坏。

热变形后或热变形间隙发生的静态回复与冷变形后加热时所产生的回复和再结晶机制基本相同，是由于晶体中点缺陷和位错发生运动而使其数量和分布发生变化的结果。金属由于变形而使其位错密度增大，在加热过程中，部分位错排列成为整齐的小角度晶界，形成完整的亚结构，即亚晶粒。

产生静态回复的温度为

$$T_{回复}=(0.25\sim0.30)T_{熔点}$$

式中　$T_{熔点}$——该金属的熔点温度（K）。

静态回复亦即热处理中的低温退火，在工业生产中被广泛应用。例如，冷变形后的机械零件由于存在内应力，使用时易因工作应力与内应力叠加而断裂；精密零件由于内应力的长期作用，易引起尺寸的不稳定等，均可利用回复效应消除这些不良影响。这样既消除了内应力，又保持了形变强化所获得的高硬度和高强度。例如，导电材料冷变形后，获得了必要的强度，但电阻亦显著增大，此时亦可利用回复效应，在保持其强度的同时恢复其导电性。

（2）静态再结晶　金属经塑性变形后，在较高的温度下出现新的晶核，这些新晶核逐渐长大代替了原来的晶体，此过程称为静态再结晶。再结晶完全消除了加工硬化所引起的一切后果，使拉长的晶粒变成等轴形，消除了由晶粒拉长所形成的纤维组织及与其有关的方向性，消除在回复后尚遗留在物体内的第二种和第三种残余应力，使势能降低，消除了某些晶内和晶间破坏，加强了变形的扩散机制的进行，使金属化学成分的分布更为均匀，恢复了金属的力学性能（变形抗力降低、塑性升高）和物理、物理化学性质。

静态再结晶的温度通常定义为：经过70%变形量变形的金属，在均匀温度中保持1h能完成静态再结晶过程的最低温度。通常可认为工业用纯金属静态再结晶的温度为

$$T_{再}=(0.35\sim0.40)T_{熔点}$$

（3）亚动态再结晶　在形变中形核，在形变结束后再长大的再结晶，这种过程称为亚动态再结晶。亚动态再结晶也同样会引起金属的软化，因为这类再结晶是在热变形中已形成晶核和没有孕育期，所以在变形停止后进行得非常迅速，比传统的静态再结晶要快一个数量级。

工程应用

去应力退火是回复在金属加工中的应用之一。它既可基本保持金属的加工硬化性能，又可消除残余应力，从而避免工件的畸变或开裂，改善耐蚀性。例如，经冷冲挤加工制成的黄铜（$w_{Sn}=30\%$）弹壳，由于内部有残余应力，再加上外界气氛对晶界的腐蚀，在放置一段时间后会自动发生晶间开裂（又称应力腐蚀开裂）。通过对冷加工后的黄铜弹壳进行260℃左右温度的去应力退火，就不会再发生应力腐蚀开裂了。

2. 动态回复

动态回复是在热塑性变形过程中发生的回复，在它未被人们认识之前，一直错误地认为再结晶是热变形过程中唯一的软化机制；而事实上，金属即使在远高于静态再结晶温度下塑性加工时，一般也只发生动态回复，且对于有些金属甚至其变形程度很大，也不发生动态再结晶。因此可以说，动态回复在热塑性变形的软化过程中占有很重要的地位。

（1）真实应力-应变曲线 动态回复的机制位错的攀移，攀移在动态回复中起主要作用。层错能的高低是决定动态回复进行充分与否的关键因素。动态回复易在层错能高的金属中发生，比如铝及铝合金、铁素体钢以及密排六方晶格的金属锌、镁等。

金属在热变形时，若只发生动态回复的软化过程，其真实应力-应变曲线如图 2-31 所示。

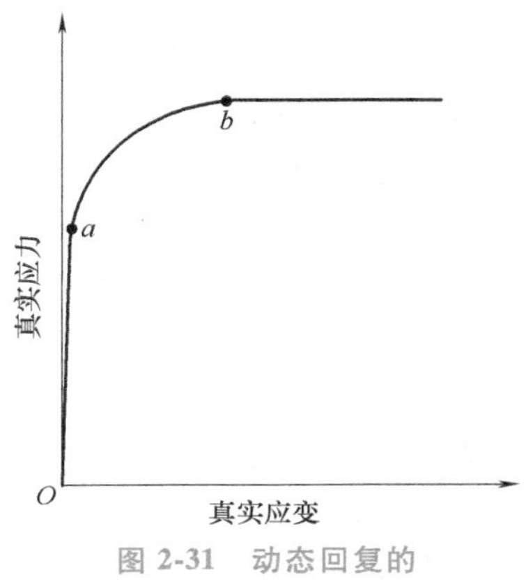

图 2-31 动态回复的真实应力-应变曲线

第Ⅰ阶段：为微变形阶段，此时应变速率从零增加到试验所要求的恒定应变速率，随着变形进行，位错密度将不断增加，产生加工硬化，且加工硬化速率较快，其真实应力-应变曲线呈直线状。

第Ⅱ阶段：当达到屈服点后（图 2-31 中的 a 点），变形进入第Ⅱ阶段。由于变形在高温下进行，位错在变形过程中通过交滑移和攀移的方式运动，使部分位错相互抵消，使材料得到回复。当位错排列并发展到一定程度后，形成清晰的亚晶，称之为动态多边形化。动态回复和动态多边化使加工硬化的材料发生软化。随着变形量的增加，位错密度增大，位错消失的速度也加快，反映在真应力-真应变曲线上，就是随变形量的增加，加工硬化逐渐减弱。

第Ⅲ阶段：从图 2-31 中的 b 点起为稳定变形阶段，此时，加工硬化被动态回复所引起的软化过程所消除，即由变形所引起的位错增加的速率和动态回复所引起的位错消失的速率几乎相等，达到了动态平衡，因此这段曲线接近于一水平线。

对于给定的金属，当变形温度和应变速率不同时，上述示意曲线的形状走向亦会有所不同。随着变形温度的升高或应变速率的降低，曲线的应力值减小，第二段曲线的斜率和对应于 b 点的应变值也都减小，也即越早进入稳定变形阶段。

对于层错能较低的金属的热变形，实验表明，如果变形程度较小时，通常也只发生动态回复。总之，金属在热塑性变形时，动态再结晶是很难发生的。

（2）组织结构变化 当高温变形金属只发生动态回复时，其组织仍为亚晶组织，金属中的位错密度还相当高。若变形后立即进行热处理，则能获得变形强化和热处理强化的双重效果，使工件具有较之变形和热处理分开单独进行时更为良好的综合力学性能。这种把热变形和热处理结合起来的方法，称为高温形变热处理。例如，钢在高温变形时，合理控制其变形温度、应变速率和变形程度，使其只发生动态回复，随后即进行淬火而获得马氏体组织，此马氏体组织由于继承了动态回复中奥氏体的亚晶组织和较高位错密度的特征而细化，淬火后再加以适当的回火处理，这样就可以使钢在提高强度的同时，仍然保持良好的塑性和韧性，从而提高零件在复杂强载荷下的工作可靠性，而不像一般的淬火回火处理那样，总是伴随着塑性的显著下降。这种形变热处理称为高温形变淬火，是高温形变热处理中的一种。高温形变淬火工艺过程，如图 2-32 所示。

3. 动态再结晶

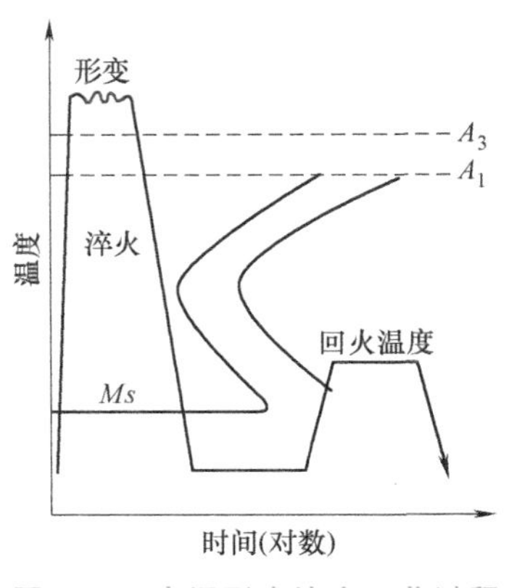

图 2-32 高温形变淬火工艺过程

动态再结晶是在热塑性变形过程中发生的再结晶。动态再结晶和静态再结晶基本一样，也是通过形核和长大来完成，其机理也如前述，是大角度晶界（或亚晶界）向高位错密度区域的迁移。

动态再结晶容易发生在层错能较低的金属，且当热加工变形量很大时。这是因为层错能低，其扩展位错宽度就大，集束成特征位错困难，不易进行位错的交滑移和攀移；而已知动态回复主要是通过位错的交滑移和攀移来完成的，这就意味着这类材料动态回复的速率和程度都很低，材料中的一些局部区域会积累足够高的位错密度差（畸变能差），且由于动态回复的不充分，所形成的胞状亚组织的尺寸较小、边界不规整，胞壁还有较多的位错缠结，这种不完整的亚组织正好有利于再结晶形核，所有这些都有利于动态再结晶的发生。

在动态再结晶过程中，由于塑性变形还在进行，生长中的再结晶晶粒随即发生变形，而静态再结晶的晶粒却是无应变的。因此，动态再结晶晶粒与同等大小的静态再结晶晶粒相比，具有更高的强度和硬度。

动态再结晶后的晶粒度与变形温度、应变速率和变形程度等因素有关。降低变形温度、提高应变速率和变形程度，会使动态再结晶后的晶粒变小，而细小的晶粒组织具有更高的变形抗力。因此，通过控制热加工变形时的温度、速度和变形量，就可以调整成形件的晶粒组织和力学性能。

金属在热塑性变形过程中发生动态再结晶时，其真实应力-应变曲线如图 2-33 所示，对应的材料为 w_C = 0.25%的普通碳素钢，变形温度为 1100℃，属于奥氏体型钢。

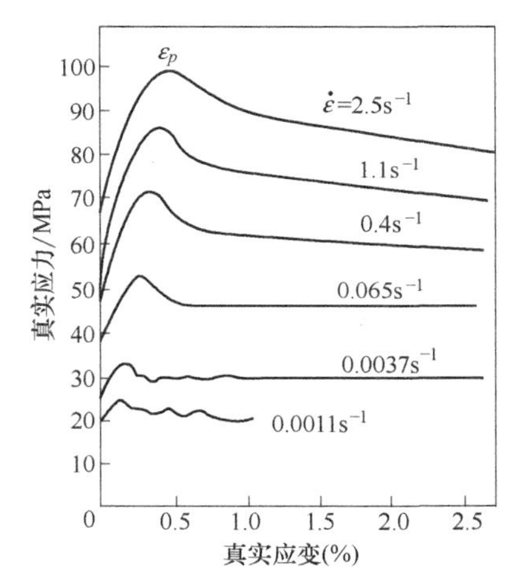

图 2-33 发生动态再结晶时的真实应力-应变曲线

（w_C = 0.25%的普通碳素钢，变形温度 1100℃）

由图 2-33 可见，曲线的基本特征与只发生动态回复时的曲线（图 2-31）不同。在变形初期，曲线迅速升到一个峰值，其相应的应变为 ε_p，表明在此变形程度以下，材料只发生动态回复，该 ε_p 相当于动态再结晶的临界变形程度。随着变形程度的继续增加，发生了动态再结晶，材料软化，因此真实应力下降，最后达到稳定值，此时，由变形引起的硬化过程和由动态再结晶引起的软化过程相互平衡。由图 2-33 中还可以看出，在低应变速率情况下，曲线呈波浪形。这是由于在再结晶形核长大期间还进行着塑性变形，新形成的再结晶晶粒都是处于变形状态，其畸变能由晶粒中心向边缘逐渐减小，当晶粒中心的位错密度积累到足以发生另一轮再结晶时，则新一轮的再结晶便开始。如此反复地进行。对应于新一轮再结晶开始时的应力值为波浪形的峰值，随后由于软化作用大于硬化作用，应力值便下降至波谷值，表明该轮再结晶已结束。以后另一轮再结晶又开始，先是硬化作用大于软化作用，所以曲线又上升至峰值，依次重复上述过程。但当应变速率较大时，其再结晶晶粒内的畸变能变化梯度较之低应变速率时的大，在再结晶尚未完成时，晶粒中心的位错密度就已经达到足以激发另一轮再结晶的程度。于是，新的晶核又开始生成和长大，虽然只能有限地长大。正由于各轮再结晶紧密连贯进行，所以在真实应力-应变曲线上表现不出波浪形。最终获得的再结晶晶粒组织比较细小，真实应力也保持较高的水平。

图 2-33 还表明，随着应变速率的降低，除了应力水平降低外，ε_p 也减小，即能更早地发生动态再结晶；提高变形温度，也有类似的影响。

4. 热变形后的软化过程

在热变形的间歇时间或者热变形完成之后，由于金属仍处于高温状态，一般会发生以下三种软化过程：静态回复、静态再结晶和亚动态再结晶。

由前述已知，金属热变形时除少数发生动态再结晶情况外，会形成亚晶组织，使内能提高，处于热力学不稳定状态。因此在变形停止后，若热变形程度不大，将会发生静态回复；若热变形程度较大，且热变形后金属仍保持在再结晶温度以上时，则将发生静态再结晶。静态再结晶进行得比较缓慢，需要有一定的孕育期才能完成，在孕育期内发生静态回复。静态再结晶完成后，重新形成无畸变的等轴晶粒。这里所说的静态回复、静态再结晶，其机理均与金属冷变形后加热时所发生的回复和再结晶的一样。

对于层错能较低在热变形时发生动态再结晶的金属，热变形后则迅即发生亚动态再结晶。所谓亚动态再结晶，是指热变形过程中已经形成的、但尚未长大的动态再结晶晶核，以及长大到中途的再结晶晶粒被遗留下来，当变形停止后而温度又足够高时，这些晶核和晶粒会继续长大，此软化过程即称为亚动态再结晶。由于这类再结晶不需要形核时间，没有孕育期，所以热变形后进行得很迅速。由此可见，在工业生产条件下，要把动态再结晶组织保留下来是很困难的。

上述三种软化过程均与热变形时的变形温度、应变速率和变形程度，以及材料的成分和层错能的高低等因素有关。但不管怎样，变形后的冷却速度，也即变形后金属所具备的温度条件却是非常重要的，它会部分甚至全部地抑制静态软化过程，借助这一点就有可能来控制产品的性能。

二、热塑性变形机理

金属热塑性变形机理主要有晶内滑移、晶内孪晶、晶界滑移和扩散蠕变等。一般来说，晶内滑移是最主要和常见的；孪晶多在高温高速变形时发生，但对于六方晶系金属，这种机理也起重要作用；晶界滑移和扩散蠕变只在高温变形时才发挥作用。随着变形条件（如变形温度、应变速率、三向压应力状态等）的改变，这些机理在塑性变形中所占的分量和所起的作用也会发生变化。

1. 晶内滑移

在通常条件下（一般晶粒大于 10μm 以上时），热变形的主要机理仍然是晶内滑移。这是由于高温时原子间距加大，原子的热振动及扩散速度增加，位错的滑移、攀移、交滑移及位错结点脱锚比低温时来得容易；滑移系增多，滑移的灵便性提高，改善了各晶粒之间变形的协调性；晶界对位错运动的阻碍作用减弱，且位错有可能进入晶界。

2. 晶界滑移

热塑性变形时，由于晶界强度低于晶内，使得晶界滑动易于进行；又由于扩散作用的增强，及时消除了晶界滑动所引起的破坏。因此，与冷变形相比，晶界滑动的变形量要大得多。此外，降低应变速率和减小晶粒尺寸，有利于增大晶界滑动量；三向压应力的作用会通过“塑性粘焊”机理及时修复高温晶界滑动所产生的裂缝，故能产生较大的晶间变形。

尽管如此，在常规的热变形条件下，晶界滑动相对于晶内滑移变形量还是小的。只有在微细晶粒的超塑性变形条件下，晶界滑动机理才起主要作用，并且晶界滑动是在扩散蠕变调节下进行的。

3. 扩散性蠕变

扩散性蠕变是在应力场作用下，由空位的定向移动所引起的。在应力场作用下，受拉应力的晶界（特别是与拉应力相垂直的晶界）的空位浓度高于其他部位的晶界。由于各部位空位的化学势能差，引起空位的定向移动，即空位从垂直于拉应力的晶界放出，而被平行于拉应力的晶界所吸收。

图 2-34a 中虚箭头方向表示空位移动的方向，实箭头方向表示原子的移动方向。空位移动的实质就是原子的定向转移，从而发生了物质的迁移，引起晶粒形状的改变，产生了塑性变形。

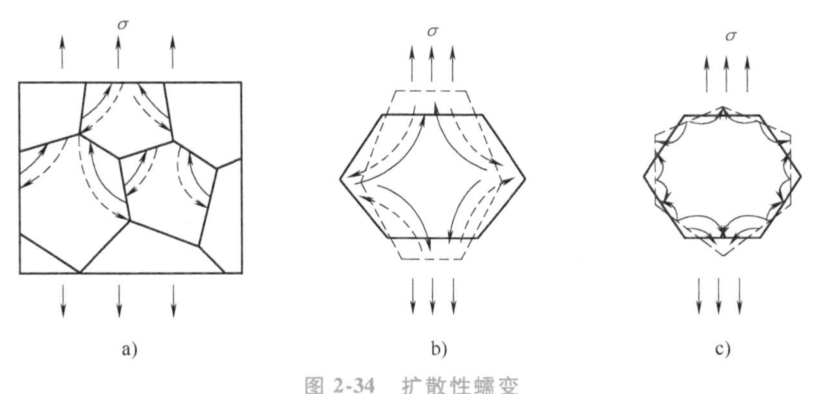

图 2-34　扩散性蠕变

a）空位和原子的移动方向　b）晶内扩散　c）晶界扩散

三、热塑性变形对金属组织和性能的影响

1. 改善晶粒组织

对于铸态金属，粗大的树枝状晶经塑性变形及再结晶而变成等轴（细）晶粒组织；对于经轧制、锻造或挤压的钢坯或型材，在以后的热加工中通过塑性变形与再结晶，其晶粒组织一般也可得到改善。

晶粒的大小对金属的力学性能有很大的影响。晶粒越细小均匀，金属的强度和塑、韧性指标均越高。尽管锻件的晶粒度还可以通过锻后的热处理来改善，但如果锻件的晶粒过于粗大，则这种改善也不可能很彻底。生产中曾发生由 45 钢锻制的汽车转向节（控制汽车方向系统的一个受力零件），由于晶粒粗大在使用中折断，造成汽车控制失灵的严重事故。至于那些无固态相变、不能通过热处理来改善其晶粒度的金属（如奥氏体不锈钢、铁素体不锈钢和一些耐热合金等），控制其塑性变形再结晶晶粒度就更具有十分重要的意义。

锻件的晶粒大小直接取决于热塑性变形时的动态回复和动态再结晶的组织状态，以及随后的三种静态软化机理的作用，特别是其中的静态再结晶和亚动态再结晶。而所有这些，又都与金属的性质、变形温度、应变速率和变形程度，以及变形后的冷却速度等因素有密切关系，情况比较复杂。

热变形时的变形不均匀，会导致再结晶晶粒大小的不均匀，特别是在变形程度过小而落入临界变形程度的区域，再结晶后的晶粒会很粗大。在实际的成形加工中，这种再结晶晶粒的大小不均往往很难避免。对于大型自由锻，可以通过改进工艺操作规程来改善这种不均匀性；但在热模锻时，由于模锻件形状往往很复杂，而所用原毛坯的形状又比较简单，这样变形分布就可能很不均匀，而出现局部粗晶现象。

在热塑性变形时，当变形程度过大（大于90%）且温度很高时，还会出现再结晶晶粒的相互吞并而异常长大，此称二次再结晶。

将不同变形温度和在此温度下的不同变形程度，以及发生再结晶后空冷所得的晶粒大小，画成立体图，称为第二类再结晶图或动态再结晶图。这类再结晶图比起金属学中通常介绍的第一类再结晶图（又称静态再结晶图），更接近于热成形加工的生产实际，它是制订热加工工艺规程的重要参考资料，用以控制热成形件的晶粒大小。图2-35为GH4037镍基高温合金的动态再结晶图。

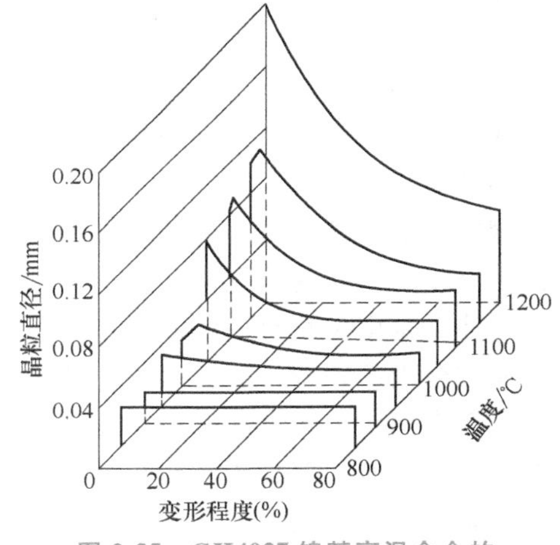

图2-35　GH4037镍基高温合金的动态再结晶图

由图可见，在800~900℃时，对于各种变形程度，晶粒直径都保持原来的大小，表明再结晶还不能开始。950℃时开始有再结晶发生，高于1000℃时则有明显再结晶。因此，终锻温度应选在1000℃以上，以保证由变形引起的加工硬化能被再结晶软化消除，使热加工得以顺利进行。从图中还可以看出，在1200℃变形时，晶粒急剧长大，所以锻造温度不应超过1150℃。同时，为了获得理想的晶粒组织，最后一、二次的变形程度应避免落入临界变形区，即变形程度应大于25%。

2. 锻合内部缺陷

铸态金属中的疏松、空隙和微裂纹等缺陷被压实，从而提高了金属的致密度。通过对2.2t重的40钢锭的拔长试验表明，原始铸造状态时的密度$\rho=7.819g/cm^3$，当锻造比（即拔长前后毛坯的横断面积比）为1.5时，$\rho=7.824g1cm^3$；当锻造比增至10时，$\rho=7.826g/cm^3$，锻造比再增加时，密度不再提高。

内部缺陷的锻合效果，与变形温度、变形程度和三向压应力状态及缺陷表面的纯洁度等因素有关。宏观缺陷的锻合通常经历两个阶段：首先是缺陷区发生塑性变形，使孔隙变形、两壁靠合，此时称闭合阶段；然后在三向压应力作用下，加上高温条件，使空隙两壁金属焊合成一体，此称焊合阶段。如果没有足够大的变形程度，不能实现空隙的闭合，则虽有三向压应力的作用，也很难达到宏观缺陷的焊合。对于微观缺陷，只要有足够大的三向压应力，就能实现锻合。

使钢坯表面温度迅速降至700~800℃，然后立即进行锻造。这时心部的温度仍然很高，内外温差可达250~350℃，钢坯表层犹如一层“硬壳”，变形抗力大、不易变形；而被“硬壳”包围的心部，温度高、变形抗力小、容易变形。当对钢坯沿其轴线方向锻压时，心部处在强烈的三向压应力作用下，得到类似于闭式模锻一样的锻造效果，从而有利于锻合中心区域形成疏松、孔隙缺陷。钢坯经过中心压实后，再进行加热和以后的锻造工序。图2-36为中心压实示意图。

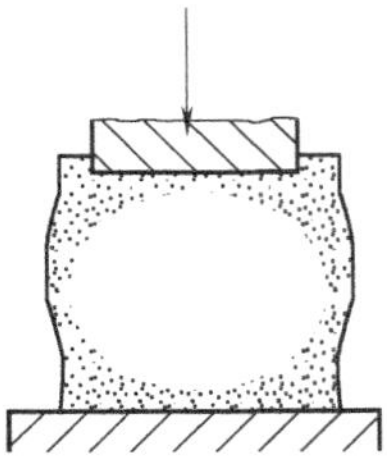

图2-36 中心压实示意图

3. 破碎并改善碳化物和非金属夹杂物在钢中的分布

对于高速钢、高铬钢、高碳工具钢等，其内部含有大量的碳化物。这些碳化物有的呈粗大的鱼骨状，有的呈网状包围在晶粒的周围。通过锻造或轧制，可使这些碳化物被打碎、并均匀分布，从而改善它们对金属基体的削弱作用，并使由这类钢锻制的工件在以后的热处理时硬度分布均匀，提高工件的使用性能和寿命。为了使碳化物能被充分击碎并均匀分布，通常采用“变向锻造”，即沿毛坯的三个方向上反复进行镦拔。

对于已经轧制的这类钢的棒材，如果其断面直径较大，内部的碳化物仍可能呈不同程度的带状或断续网状分布。在由这种棒材锻制工件时，除了具有“成形”的目的外，还应考虑改善其碳化物偏析。

钢锭内部通常还存在各种非金属夹杂物，它们会破坏基体金属的连续性。含有夹杂物的零件在服役时，容易引起应力集中，促使裂纹的产生，因而是有害的，许多大型锻件的报废，往往就是由夹杂物引起的。

通过合理的锻造，可使这些夹杂物变形或破碎，加之高温下的扩散溶解作用，使其较均匀地分布在钢中。根据断裂力学原理，如果把夹杂物作为一种裂纹来看待，则当夹杂物被击碎和均匀分布时，就相当于减小裂纹的尺寸和改善其分布，从而能大大降低其有害作用。关于非金属夹杂物在变形过程中的变化情况，还将在“形成”中介绍。

4. 形成纤维组织

在热塑性变形过程中，随着变形程度的增大，钢锭内部粗大的树枝状晶逐渐沿主变形方向伸长，与此同时，晶间富集的杂质和非金属夹杂物的走向也逐渐与主变形方向一致，其中脆性夹杂物（如氧化物、氮化物和部分硅酸盐等）被破碎呈链状分布；而塑性夹杂物（如硫化物和多数硅酸盐等）则被拉长呈条带状、线状或薄片状。于是在磨面腐蚀的试样上便可以看到顺主变形方向上一条条断断续续的细线，称为“流线”，具有流线的组织就称为“纤维组织”。

显然，形成纤维组织的内因是金属中存在杂质或非金属夹杂物，外因是变形沿某一方向达到一定的程度，且变形程度越大，纤维组织越明显。图2-37为钢锭锻造时随变形程度增大（图2-37a~d为变形程度逐渐增大）形成纤维组织的示意图。

纤维组织的形成，使金属的力学性能呈现各向异性，沿流线方向较之垂直于流线方向具有较高的力学性能。图2-38给出45钢锭经不同锻造比拔长后，室温力学性能的变化曲线。由图可以看出，随着锻造比K的增加，钢锭内部的疏松、气孔、微裂纹等缺陷逐渐被压实和焊合，晶界的夹杂物和碳化物逐渐被打碎和改善分布，粗大的铸造晶粒组织逐渐转变为锻造细晶组织，因此钢的力学性能不论是纵向还是横向的都有显著提高。但是，当锻造比达到

2~5 时，由于铸造组织已完全转变为锻造组织，所以纵向的力学性能基本上不再随锻造比的增大而增加，而横向的力学性能，在强度指标方面也基本不变。但由于此时已形成纤维组织，力学性能出现各向异性，因此沿纵向和横向的塑性、韧性指标有明显的差别。以后，随着锻造比的继续增大，横向的塑性、韧性指标显著下降，金属的各向异性也越加严重。因此，在钢锭锻造时，为使锻件具有较高的力学性能，锻造应达到一定的锻造比，并控制在一定的范围内，大型锻件的锻造比一般为 2~6。

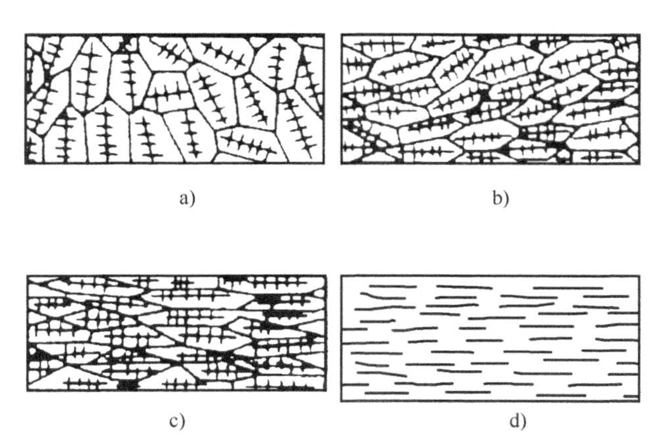

图 2-37　钢锭锻造过程中纤维组织形成示意

金属纤维组织的形成

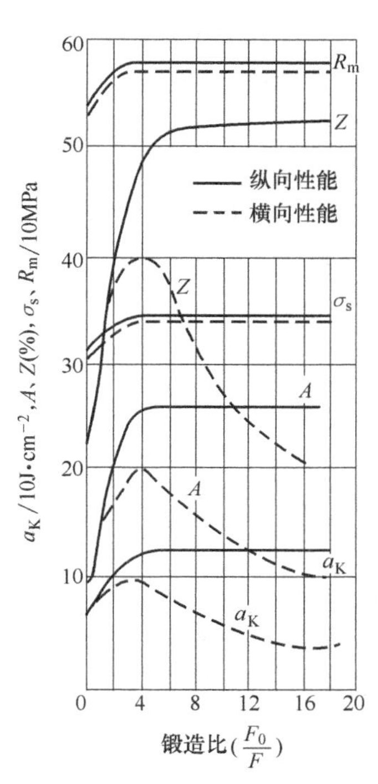

图 2-38　中碳钢锭不同锻造比对力学性能的影响

顺纤维方向的塑性、韧性指标之所以远比垂直于纤维方向的高，是因为前者试样承受拉伸时，在流线处所产生的显微空隙不易扩大和贯穿到整个试样的横截面上，而后者情况下显微空隙的排列和纤维方向趋于一致，因此容易导致试样的断裂。还要指出，在零件工作表面如果纤维（流线）露头，则对零件的疲劳强度很不利。因为纤维露头的地方本身就是一个微观缺陷，在重复和交变载荷作用下容易造成应力集中，成为疲劳源而使零件破坏。再者，纤维露头的地方耐蚀性也较差，因为该处有大量杂质裸露在外，且原子排列紊乱，易受腐蚀。

由于纤维组织对金属的性能具有上述的影响，因此，在制订热成形工艺时，应根据零件的服役条件，正确控制金属的变形流动和流线在锻件中的分布。

5. 改善偏析

在一定程度上改善铸造组织的偏析是由于热变形破碎枝晶和加速扩散所致。其中枝晶偏析（或显微偏析）改善较大，区域性偏析改善不明显。

工程应用

对于受力比较简单的零件，如立柱、曲轴等，在锻造时应尽量避免切断纤维，控制流线分布与零件几何外形相符，并使流线方向与最大拉应力方向一致。大型曲轴的全纤维锻造就是其中的一个实例。

对于容易疲劳剥损的零件，如轴承套圈、热锻模、搓丝板等，应尽量使流线与工作表面平行。轴承套圈的精密辗扩即是其中的一个实例，套圈上的沟槽用辗扩成形，使纤维的走向基本上与沟槽面相平行；若用切削方法加工沟槽，则该部位的纤维会被切断而露头。

对于受力比较复杂的零件，如发电机的主轴及锤头等，因为各个方向的性能都有要求，所以不希望锻件具有明显的流线分布。这类锻件多采用镦粗和拔长相结合的方法成形，镦粗的变形程度和拔长的变形程度合理组合，并使总锻造比达到最佳值。

模块三　加 工 硬 化

学习目标

1. 知道加工硬化的概念和现象。
2. 掌握单晶体和多晶体加工硬化的产生机理和区别。
3. 掌握加工硬化的原因和利弊。

一、加工硬化的概念

金属在变形过程中，为了继续变形必须增加应力。这种金属因变形而使强度升高、塑性降低的性质称为加工硬化。加工硬化可以使金属得到截面均匀一致的冷变形，这是因为哪里有变形，哪里就有硬化，从而使变形分布到其他暂时没有变形的部位上去。这样反复交替的结果，就使产品截面的变形趋于均匀。加工硬化可以改善金属材料性能，特别是对那些用一般热处理手段无法使其强化的无相变的金属材料，加工硬化是更加重要的强化手段。但加工硬化会使冷加工过程中由于变形抗力的升高和塑性的下降，往往使继续加工发生困难，需在工艺过程中增加退火工序，如冷轧、冷拔等。

加工硬化程度可以用金属在塑性变形过程中，变形抗力与变形程度之间的关系曲线，即加工硬化曲线来反映。变形抗力一般皆用真应力来表示。因此，加工硬化曲线也称为真应力曲线。曲线的斜率表示加工硬化程度，也称为加工硬化率。斜率越大，加工硬化程度越大。

二、单晶体的加工硬化

金属的加工硬化特征可以从应力-应变曲线反映出来。图 2-39 所示为几种典型金属单晶体的加工硬化曲线，可见，不同的晶体结构其加工硬化曲线有明显的区别。密排六方晶格的金属单晶体只能沿一组滑移面进行滑移，加工硬化曲线的斜率很小，也就是加工硬化率很低；立方类金属可以同时开动多个滑移系统，呈现较强的加工硬化效应。因此，显著的加工硬化的根源在于位错在相交的滑移面上滑移的相互干扰作用。

图 2-40 所示为概括了大量试验结果而得出的面心立方晶格金属单晶体的加工硬化曲线，整个加工硬化可以分为以下三个阶段：

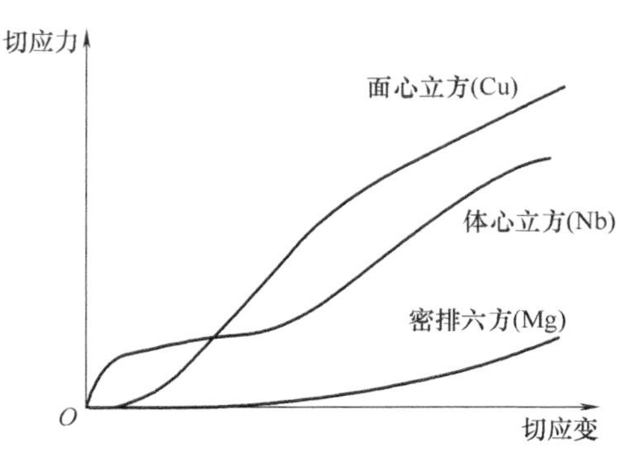

图 2-39　几种典型金属单晶体的加工硬化曲线

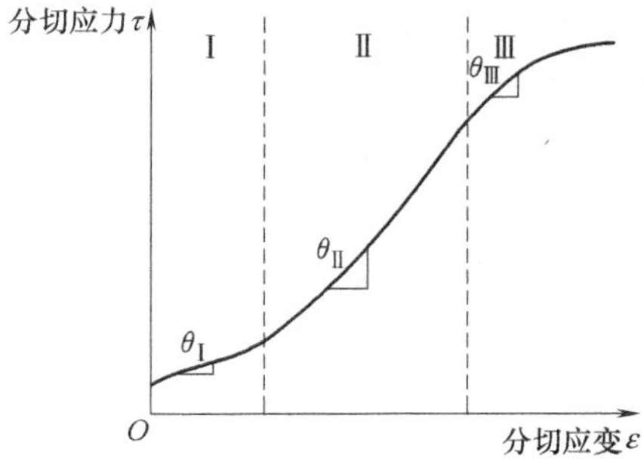

图 2-40　面心立方晶格金属单晶体的加工硬化曲线

阶段Ⅰ：易滑移阶段。此时硬化率很低，与密排六方晶格金属的硬化率相近，可发生较大的塑性变形，位错间交互作用很小，滑移距离长。本阶段紧接在屈服之后发生。

阶段Ⅱ：线性硬化阶段。本阶段的特点是加工硬化迅速增加，其曲线斜率与外加应力、取向等的关系不大。实验观察表明，位错一般是以缠结的形式出现，且主、次滑移系统中有位错交互作用的迹象。在本阶段后期出现不规则的胞状组织，滑移线很短。

阶段Ⅲ：抛物线硬化阶段。此时胞状组织明显出现，本阶段的起点明显依赖于温度。滑移线变成滑移带，且滑移带发生碎化。螺型位错发生交滑移，使塞积位错得以松弛，加工硬化程度减弱。

三、多晶体的加工硬化

多晶体与单晶体相比，出现了大面积的晶界，由于晶界的作用，多晶体的加工硬化不同于单晶体。晶界对塑性变形的作用表现如下。

1）阻碍晶内滑移的进行。

2）为了保持晶界上不出现裂纹，被迫在小变形时局部区域产生多滑移。

多晶体由于晶界的约束，塑性变形没有与单晶体类似的第Ⅰ阶段硬化，而是一开始就进入第Ⅱ阶段，且不久就进入第Ⅲ阶段。

多晶体加工硬化的位错组织具有与单晶体大致相同的金相组织。原始的位错与次滑移的位错交互作用，可以产生偶极位错和位错环，发生局部位错缠结区，并逐步发展成为亚晶界的三维网络。亚晶胞的尺寸随着应变的增加而减小。各类金属间的结构差别主要在于亚晶界的显著程度不同。在具有高层错能的体心立方晶格和面心立方晶格的金属中，位错缠结区重新排列为明显的亚晶界。但是，在具有低层错能的金属中，位错因扩散而使交滑移受到限制，即使在很大应变时，也不能形成明显的亚晶界。

当滑移从某晶粒转入相邻晶粒时，晶界起着障碍物作用，所以，晶界必然对加工硬化产生影响。此外，由于多晶体的连续性，使得在晶界附近区域内随着变形的增加而产生复杂的滑移。当伸长率较小时，加工硬化是与晶粒尺寸相关的，随着伸率增大，加工硬化逐渐不再依赖于晶粒尺寸。

四、加工硬化的原因及利弊

根据前述内容并结合近年来的研究成果，归纳出加工硬化产生的原因为：晶粒内产生滑移带和孪晶带；因滑移面转向引起晶粒旋转；变形程度很大时，形成纤维组织；晶粒被破碎而形成亚结构；当变形程度很大时，各晶粒位向趋于一致，形成形变织构；由于晶间变形而在晶界造成许多破损；由于变形不均匀而引起各种内应力；因位错密度增加，位错间的交互作用增强，相互缠结，造成位错运动阻力增大等。

加工硬化现象的发生使金属后续塑性加工难度加大，亦或使产品的力学和理化性能受到不良影响，这是其不利的一面，通常采用退火处理来加以消除。但事物总有其两面性，加工硬化现象也有其有利的一面，就是可用来作为强化金属的工艺措施。

工程应用

大型发电机上的护环零件，其材料是不能用热处理强化的无磁钢，生产上常采用液压胀形、楔块扩孔、芯轴扩孔、爆炸成形等工艺，即利用加工硬化来提高其强度。另如用Q355（16Mn）钢板冲裁制成的自行车链条的链片，若经五道冷轧，厚度由3.5mm减至1.2mm，其强化效果明显，材料的硬度、抗拉强度可成倍提高，且重量亦有所减轻。加工硬化还有利于金属进行均匀变形，因为金属变形部分得到强化时，后续变形将向未变形部分转移，可防止变形集中而引起塑性失稳，这对板材的深冲成形很有利。

拓展练习

一、填空题

1. 金属和合金材料大都由________（多/单）晶体构成。

2. 滑移系多的金属要比滑移系少的金属，变形协调性________（好/差）、塑性________（高/低）。

3. 屈服效应在金属外观上的反映，就是当金属变形量恰好处在屈服延伸范围时，金属表面会出现粗糙不平、变形不均的痕迹，称为________，它是一种外观表面缺陷。

4. 加工硬化程度可以用金属在塑性变形过程中，________与________之间的关系曲线，即加工硬化曲线来反映。

5. 晶粒越细小均匀，金属的强度和塑、韧性指标均越________（高/低）。

6. 一般地说，滑移总是沿着原子密度________（最大/最小）的晶面和晶向发生。

7. 内部缺陷的锻合效果，与________、________和三向压应力状态及缺陷表面的纯洁度等因素有关。

8. 静态回复、静态再结晶和亚动态再结晶是在热变形的________期间或________后，利用金属的高温余热进行的。

9. 金属冷变形后加热时所产生的回复和再结晶也属于________（静/动）态回复和

________（静/动）态再结晶。

10. 金属热塑性变形机理主要有________、晶内孪晶、________和扩散蠕变等。

二、判断题

1. 晶间变形的主要方式是晶粒之间相互滑动和转动。（　　）

2. 密排六方晶格的金属单晶体只能沿一组滑移面进行滑移，加工硬化曲线的斜率很小，也就是加工硬化率很低。（　　）

3. 动态回复和动态再结晶是在热塑性变形过程中发生的。（　　）

4. 晶粒细化对提高塑性成形件的表面质量是不利的。（　　）

5. 在热塑性变形过程中，回复、再结晶与加工硬化同时发生，加工硬化不断被回复或再结晶所抵消，而使金属处于高塑性、低变形抗力的软化状态。（　　）

6. 在体心立方晶格的金属、特别是密排六方晶格的金属中，孪晶变形起着重要作用。（　　）

7. 合金的相结构有固溶体和化合物两类。（　　）

8. 晶粒的大小对金属的力学性能没有影响。（　　）

9. 在实际的成形加工中，再结晶晶粒的大小很容易解决。（　　）

10. 溶质原子在位错区域的分布，通常称为“溶质气团”或“柯氏气团”，它们都会使位错能降低，位错比没有“气团”时更加稳定。（　　）

三、名词解释

位错；滑移；加工硬化

四、分析题

1. 金属热塑性变形机理是什么？

2. 宏观缺陷的锻合通常需要经历哪几个阶段？

3. 加工硬化的发生分为哪几个阶段？

4. 金属的塑性变形按照变形温度的不同可分为哪几个阶段？分别有什么特点？

【大国重器】

国之重器 8 万 t——金属塑性成形的“神器”

国之重器 8 万 t——金属塑性成形的“神器”

2013 年 4 月 10 日，由中国二重（中国第二重型机械集团有限公司的简称）自主设计、自己制造、自己安装、自主调试投用的 800MN（以下简称 8 万 t）大型模锻压机（图 2-41）正式投入运行。该设备地上高 27m、地下高 15m，总高 42m，设备总重 2.2 万 t，仅单个零件超过 75t 的就有 68 个，一举打破了苏联保持了 51 年的世界纪录，使我国成为拥有世界最高等级模锻装备的国家。

中国二重研制的 8 万 t 大型模锻压机，采用世界先进的操作控制技术，可在 8 万 t 压力以内任意吨位无级实施锻造，最大模锻压制力可达 10 万 t。该 8 万 t 大型模锻压机投产以来，为国产大飞机 C919、大运工程、无人机、新型海陆直升机、航空发动机、燃气轮机等国家重点项目建设提供了有力支撑。

特别是在国产大飞机 C919 项目中，中国二重 8 万 t 大型模锻压机制造的航空模锻件比

图 2-41 8 万 t 模锻压机（图片来源：万航模锻公司）

例超过 70%。大型模锻液压机，是象征重工业实力的国宝级战略装备，目前世界上，中国、美国、法国和俄罗斯是少数几个具备 4 万 t 级别以上大型模锻液压机生产实力的国家。

大型模锻压机是生产大型锻件特别是大型航空锻件的必备装备。而航空模锻件是飞机的钢筋铁骨，关键核心技术买不来、也买不到，需要大型的模锻设备才能高质量批量锻制。C919 大飞机起落架、上下缘条、发动机吊挂、垂尾等 130 余种锻件都是通过 8 万 t 模锻压机完成锻制的。

8 万 t 模锻压机属于静压力设备，能够完成难变形材料（比如高温合金、钛合金、高强度钢等）大结构件的塑性变形加工，克服了以往大型锻件锻不透、设备压力不够等缺陷，可谓是金属塑性变形的“神器”。

第三篇

金属塑性变形的力学基础

模块一　应力分析

学习目标

1. 掌握应力相关的名词概念。
2. 能识别主应力图类别。
3. 了解等效应力的表示方法和工程含义。

一、外力和应力

（一）外力

塑性成形是利用金属的塑性，在外力的作用下使其成形的一种加工方法。作用于金属的外力可以分为两类：一类是作用在金属表面上的力，称为面力或接触力，它可以是集中力，但更一般的是分布力；第二类是作用在金属物体每个质点上的力，称为体积力。

1. 面力

面力可分为作用力、反作用力和摩擦力。

作用力是由塑性加工设备提供的，用于使金属坯料产生塑性变形。在不同的塑性加工工序中，作用力可以是压力、拉力或剪切力。

反作用力是工具反作用于金属坯料的力。一般情况下，作用力与反作用力互相平行，并组成平衡力系，如图 3-1 中 $P=P'$（P——作用力，P'——反作用力）。

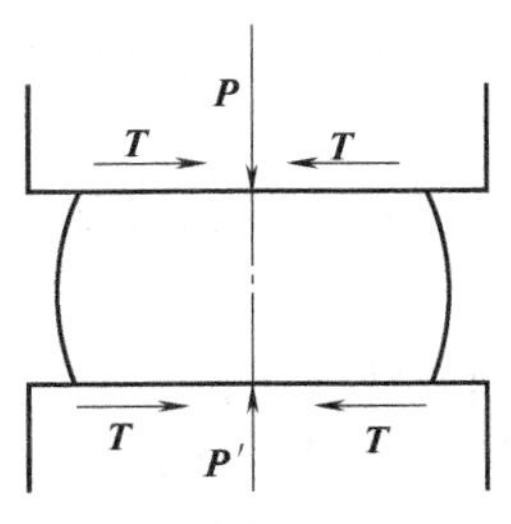

图 3-1　镦粗时受力分析

摩擦力是金属在外力作用下产生塑性变形时，在金属与工具的接触面上产生阻止金属流动的力。摩擦力的方向与金属质点移动的方向相反，如图 3-1 中 T。摩擦力的最大值不应超过金属材料的抗剪强度。摩擦力的存在往往引起变形力的增加，对金属的塑性变形往往是有害的。

2. 体积力

体积力是与变形体内各质点的质量成正比的力，如重力、磁力和惯性力等。对一般的塑性成形过程，由于体积力与面力相比要小得多，可以忽略不计，因此，一般都假定是在面力作用下的静力平衡力系。

但是在高速成形时，如高速锤锻造、爆炸成形等，惯性力不能忽略。在锤上模锻时，坯料受到由静到动的惯性力作用，惯性力向上，有利于金属填充上模，故锤上模锻通常将形状复杂的部位设置在上模。

（二）应力

1. 单向受力下的应力及其分量

在外力作用下，物体内各质点之间就会产生相互作用的力，称为内力。单位面积上的内力称为应力。图 3-2a 表示一物体受外力系 P_1、P_1 的作用而处于平衡状态。设 Q 为物体内任意一点，过 Q 点作一法线为 N 的截面 C-C，面积为 A。此截面将该物体分为两部分并移去上半部分。这样，截面 C-C 可看成是物体下半部的外表面，作用在 C-C 截面上的内力就变成外力，并与作用在下半部分的外力保持平衡。这样，内力问题就可转化为外力问题来处理。

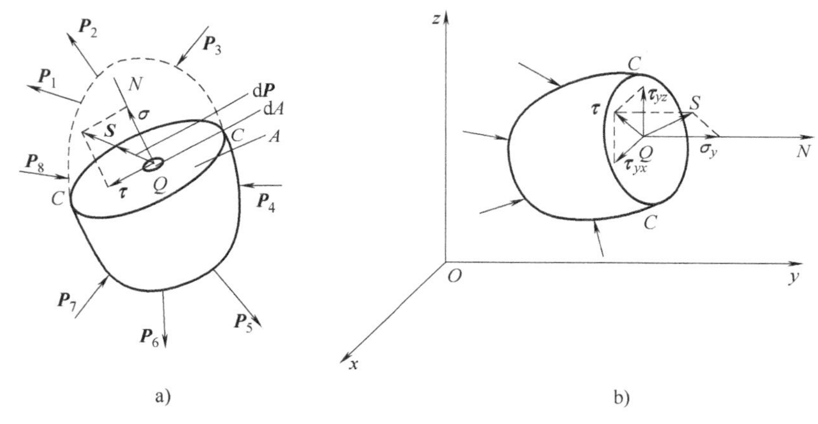

图 3-2 面力、内力、应力

在 C-C 截面上围绕 Q 点切取一很小的面积 ΔA，设该面积上内力的合力为 $\Delta \boldsymbol{P}$，则定义

$$\boldsymbol{S}=\lim_{\Delta A\to 0}\frac{\Delta \boldsymbol{P}}{\Delta A}=\frac{\mathrm{d}\boldsymbol{P}}{\mathrm{d}A}$$

为截面 C-C 上 Q 点的全应力。全应力是个矢量，可以分解成两个分量：一个垂直于截面 C-C，即 C-C 截面外法线 N 上的分量，称为正应力，一般用 σ 表示；另一个平行于截面 C-C，称为切应力，用 τ 表示。显然

$$S^2=\sigma^2+\tau^2 \tag{3-1}$$

微小面积 dF 可叫做过 Q 点在 N 方向的微分面，用其外法线方向命名。若将截面 C-C 截得的下半部分放在空间直角坐标系 $Oxyz$ 中，使 C-C 截面垂直于某坐标轴，如 y 轴，即 C-C 截面外法线方向 N 平行于 y 轴，则过 Q 点的微分面称为 y 面。将 Q 点的全应力 $\boldsymbol{S}$ 在三个坐标轴上的投影称为应力分量，如图 3-2b 所示。每个应力分量可用带两个下角标的符号来表示，第一个下角标表示该应力分量所在之微分面，第二个下角标表示其作用方向。

通过 Q 点可以作无限多的切面，在不同方位的切面上，同一 Q 点的应力分量显然是不同的。因此，在一般情况下，变形体内一点的全应力 $\boldsymbol{S}$ 的大小和方向取决于过该点所切取截面的方位。现以单向均匀拉伸为例进行分析。

如图 3-3 所示，过试棒内一点 Q 并垂直于拉伸轴线横截面 C-C 上的应力为

$$\begin{cases} S_0=\dfrac{\mathrm{d}P}{\mathrm{d}A}=\dfrac{P}{A_0}=\sigma_0 \\ \tau_0=0 \end{cases} \tag{3-2}$$

式中　P——轴向拉力；

A_0——过 Q 点的试棒横截面 C-C 的面积。

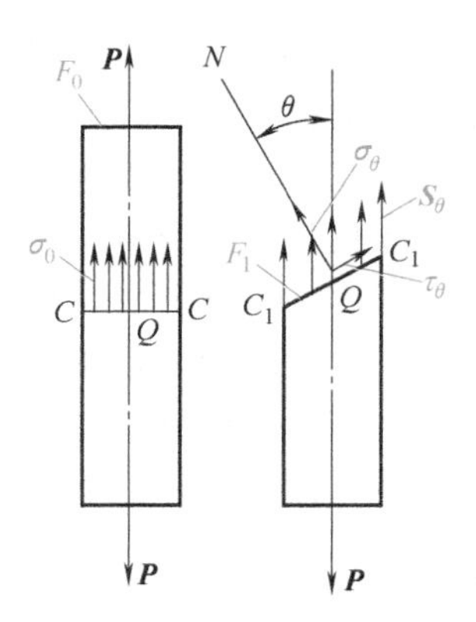

图 3-3　单向均匀拉伸时任意截面上的应力

若过 Q 点作任意切面 C_1-C_1，其法线 $\boldsymbol{N}$ 与拉伸轴成 θ 角，面积为 A_1。由于是均匀拉伸，故截面 C_1-C_1 上的应力是均布的。此时，C_1-C_1 截面上 Q 点的全应力 S_θ、正应力 σ_θ、切应力 τ_θ 分别为

$$\begin{cases} S_\theta=\dfrac{P}{A_1}=\dfrac{P}{A_0}\cos\theta=\sigma_0\cos\theta \\ \sigma_\theta=S_\theta\cos\theta=\sigma_0\cos^2\theta \\ \tau_\theta=S_\theta\sin\theta=\dfrac{1}{2}\sigma_0\sin2\theta \end{cases} \tag{3-3}$$

式（3-3）表明，过 Q 点任意切面上的全应力及其分量随其法线的方向角 θ 的改变而变化，即是 θ 角的函数。故对于单向均匀拉伸，只要确定出 σ_0，则过 Q 点任意切面上的应力也就可以确定。因此，在单向均匀拉伸条件下，可用一个 σ_0 来表示其一点的应力状态，称为单向应力状态。

2. 多向受力下的应力分量

塑性成形时，变形体一般是多向受力，显然不能只用一点某切面上的应力求得该点其他方位切面上的应力，也就是说，仅仅用某一方位切面上的应力还不足以全面地表示出一点的受力情况。为了全面地表示一点的受力情况，就需引入单元体及点的应力状态的概念。

设在直角坐标系 $Oxyz$ 中有一承受任意力系的物体，物体内有任意点 Q，过 Q 点可作无限多个微分面，不同方位的微分面上都有其不同的应力分量。在这无限多的微分面中，总可找到三个互相垂直的微分面组成无限小的平行六面体，称为单元体，其棱边分别平行于三根坐标轴。由于各微分面上的全应力都可以按坐标轴方向分解为一个正应力分量和两个切应力分量，这样，三个互相垂直的微分面上共有九个应力分量，其中三个正应力分量，六个切应力分量，如图 3-4 所示。

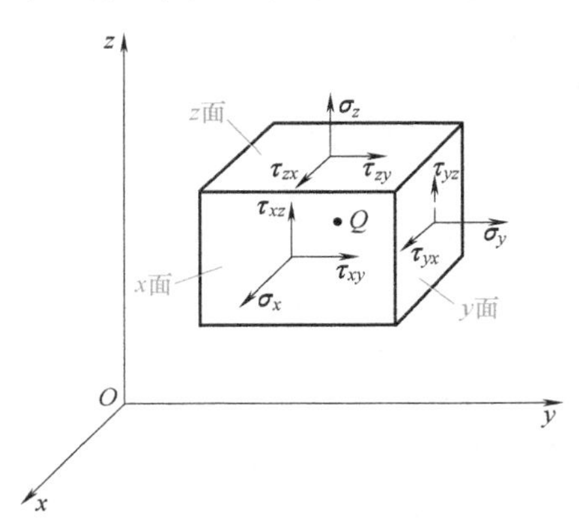

图 3-4　直角坐标系中单元体上的应力分量

按应力分量符号的规定，很明显，两个下角标相同的是正应力分量，例如 $\boldsymbol{\sigma}_{xx}$ 即表示 x 面上平行于 x

轴的正应力分量，一般简写为$\boldsymbol{\sigma}_x$；两个下角标不同的是切应力分量，例如$\boldsymbol{\tau}_{xy}$即表示x面上平行于y轴的切应力分量。为了清楚起见，可将九个应力分量写成图3-5所示的矩阵形式。

应力分量的正、负号规定如下：在单元体上，外法线指向坐标轴正向的微分面称为正面，反之称为负面；在正面上，指向坐标轴正向的应力分量取正号，反之取负号；在负面上，指向坐标轴负向的应力分量取正号，反之取负号。按此规定，正应力分量以拉为正，以压为负。图3-4中画出的切应力分量都是正的，这与材料力学中关于切应力分量正、负号的规定是不同的。

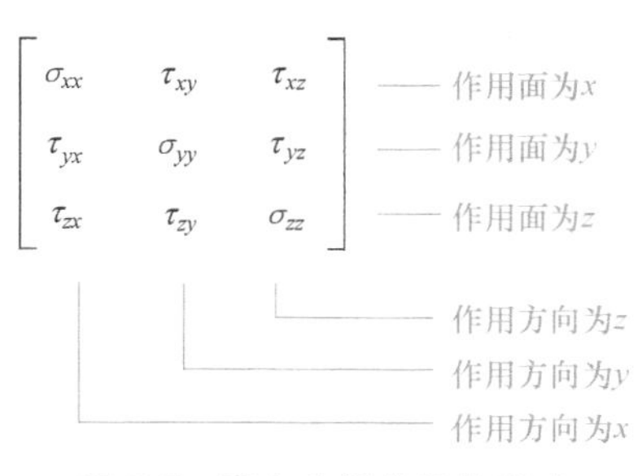

图3-5　应力分量的矩阵形式

由于单元体处于静力平衡状态，故绕单元体各轴的合力矩必须等于零，由此可以导出切应力互等定理

$$\tau_{xy}=\tau_{yx};\tau_{yz}=\tau_{zy};\tau_{zx}=\tau_{xz} \tag{3-4}$$

因此，这九个应力分量只有六个是独立的。

二、点的应力状态

物体变形时的应力状态是表示物体内所承受应力的情况。只有了解变形体内任意一点的应力状态，才可能推断出整个变形体的应力状态。点的应力状态是指受力物体内一点任意方位微分面上所受的应力情况。

这里要说明如何完整地表示受力物体内一点的应力状态，亦将证明若已知过一点的三个互相垂直的微分面上的九个应力分量，则可求出过该点任意微分面上的应力分量，这就表明该点的应力状态完全被确定。

如图3-6所示，已知过点三个互相垂直坐标微分面上的九个应力分量。现设过O点任一方位的斜切微分面ABC与三个坐标轴相交于A、B、C。这样，过O点的四个微分面组成一个微小四面体$QABC$。设斜微分面ABC的外法线方向为N，其方向余弦为l、m、n，即$l=\cos(N,x)$；$m=\cos(N,y)$；$n=\cos(N,z)$。若斜微分面ABC的面积为$\mathrm{d}A$，微分面QBC（即x面）、QCA（即y面）、QAB（即z面）的面积分别为$\mathrm{d}A_x$、$\mathrm{d}A_y$、$\mathrm{d}A_z$，则

$$\mathrm{d}A_x=l\mathrm{d}A;\mathrm{d}A_y=m\mathrm{d}A;\mathrm{d}A_z=n\mathrm{d}A$$

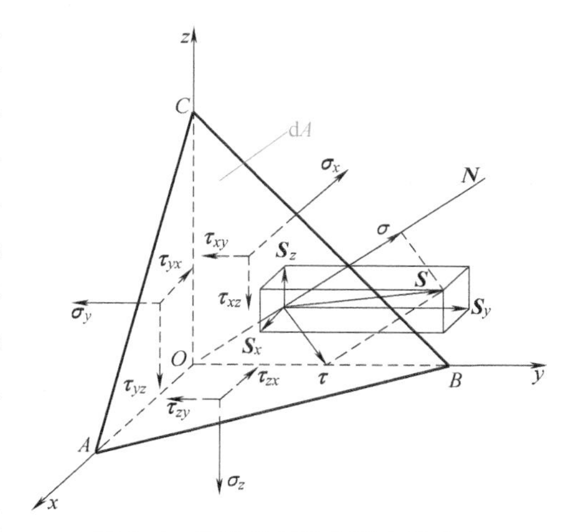

图3-6　任意斜切微分面上的应力

现设斜微分面ABC上的全应力为S，它在三个坐标轴方向上的分量为S_x、S_y、S_z。由于四面体无限小，可以认为在四个微分面上的应力分量是均布的，并且微小四面体$QABC$处于静力平衡状态，由静力平衡条件$P=0$，可得

$$S_x\mathrm{d}A-\sigma_x\mathrm{d}A_x-\tau_{xy}\mathrm{d}A_y-\tau_{zx}\mathrm{d}A_z=0$$

整理得

$$\begin{cases} S_x = \sigma_x l + \tau_{xy} m + \tau_{zx} n \\ S_y = \tau_{xy} l + \sigma_y m + \tau_{zy} n \\ S_z = \tau_{xz} l + \tau_{yz} m + \sigma_z n \end{cases} \tag{3-5}$$

于是可求得全应力为

$$S^2 = S_x^2 + S_y^2 + S_z^2 \tag{3-6}$$

全应力 $\boldsymbol{S}$ 在法线 $\boldsymbol{N}$ 上的投影就是斜微分面上的正应力 σ，它等于 S_x、S_y、S_z 在 N 上的投影之和，即

$$\begin{aligned} \sigma &= S_x l + S_y m + S_z n \\ &= \sigma_x l^2 + \sigma_y m^2 + \sigma_z n^2 + 2(\tau_{xy} lm + \tau_{yz} mn + \tau_{zx} nl) \end{aligned} \tag{3-7}$$

斜切微分面上的切应力为

$$\tau^2 = S^2 - \sigma^2 \tag{3-8}$$

因此，用过受力物体内一点互相正交的三个微分面上的九个应力分量来表示该点的应力状态。由于切应力互等，故一点的应力状态取决于六个独立的应力分量。

如果质点处于受力物体的边界上，则斜切微分面 ABC 即为物体的外表面，作用在其上的表面力（外力）T 沿坐标轴的分量为 T_x、T_y、T_z，式（3-5）仍能成立。根据式（3-5）即可得到

$$\begin{cases} T_x = \sigma_x l + \tau_{xy} m + \tau_{zx} n \\ T_y = \tau_{xy} l + \sigma_y m + \tau_{zy} n \\ T_z = \tau_{xz} l + \tau_{yz} m + \sigma_z n \end{cases} \tag{3-9}$$

式（3-9）称为应力边界条件。

一点应力状态的表达方法除用上述式（3-7）、式（3-8）表达外，还有张量表达（应力张量）、几何表达（应力莫尔圆、应力椭球面）。同时，在表示一点应力状态的单元体中存在 26 个特殊的微分面（6 个主平面、12 个主切应力平面、8 个八面体平面）及相应的应力（主应力、主切应力、八面体应力）。

三、张量和应力张量

（一）张量的基本知识

1. 角标符号

带有下角标的符号称为角标符号，可用来表示成组的符号或数组，例如，直角坐标系的三根轴 x、y、z 可写成 x_1、x_2、x_3，于是就可用角标符号简记为 $x_i(i=1, 2, 3)$；空间直线的方向余弦 l、m、n 可写成 l_x、l_y、l_z，用角标符号记为 $l_i(i=x, y, z)$；表示一点应力状态的九个应力分量 σ_{xx}、σ_{xy} 可记为 $\sigma_{ij}(i, j=x, y, z)$，等等。如果一个角标符号带有 m 个角标，每个角标取 n 个值，则该角标符号代表 n^m 个元素，例如 $\sigma_{ij}(i, j=x, y, z)$ 就有 $3^2=9$ 个元素（即 9 个应力分量）。

2. 求和约定

在运算中常遇到对几个数组各元素乘积求之和，例如空间中的平面方程为

$$A_x + B_y + C_z = p$$

采用角标符号，将 A、B、C 写成 a_1、a_2、a_3，并记为 $a_i(i=1, 2, 3)$，将 x、y、z 记为

$x_i(i=1, 2, 3)$，于是上式可写成

$$a_1x_1+a_2x_2+a_3x_3=\sum_{i=1}^{3}a_ix_i=p$$

为了省略求和记号Σ，可以引入如下的求和约定：在算式的某一项中，如果有某个角标重复出现，就表示要对该角标自 1~n 的所有元素求和。这样，上式即可简记为

$$a_ix_i=p(i=1,2,3)$$

3. 张量的基本概念

有些简单的物理量，例如距离、时间、温度等，只需用一个标量就可以表示出来，它的量值为一个实数。有些物理量，例如位移、速度、力等空间矢量，则需要用空间坐标系中的三个分量来表示。有些复杂的物理量，例如应力状态、应变状态等，需要用空间坐标系中的三个矢量，也即 9 个分量才能完整地表示出来，这就需引入张量。

张量是矢量的推广，与矢量相类似，可以定义由若干个当坐标系改变时满足转换关系的分量所组成的集合为张量。

现设某个物理量 P，它关于 $x_i(i=1, 2, 3)$ 的空间坐标系存在 9 个分量 $P_{ij}(i, j=1, 2, 3)$。若将 x_i 空间坐标系的坐标轴绕原点 O 旋转一个角度，则得新的空间坐标系 $x_k(k=1', 2', 3')$，如图 3-7 所示。

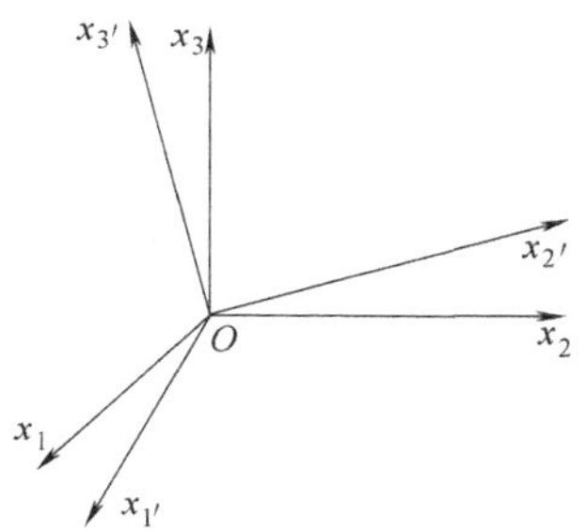

图 3-7 空间坐标系 x_i 和 x_k

新的空间坐标系 x_k 的坐标轴在原坐标系 x_i 中的方向余弦列表，见表 3-1。

表 3-1 新、旧坐标轴间的方向余弦

x_k	x_i		
	x_1	x_2	x_3
$x_{1'}$	$l_{1'1}$	$l_{1'2}$	$l_{1'3}$
$x_{2'}$	$l_{2'1}$	$l_{2'2}$	$l_{2'3}$
$x_{3'}$	$l_{3'1}$	$l_{3'2}$	$l_{3'3}$

上表中的 9 个方向余弦可记为 l_{ki} 或 $l_{rj}(i, j=l, 2, 3; k, r=1', 2'. 3')$。因为 $\cos(x_k、x_i)=\cos(x_i、x_k)$，所以 $l_{ki}=l_{ik}$；$l_{rj}=l_{jr}$。

上述这个物理量 P 对于新的空间坐标系 x_k 的 9 个分量为 P_{kr}（$k, r=1', 2', 3'$）。若这个物理量 P 在坐标系 $x_{i'}$ 中的 9 个分量 P_{ij} 与在坐标系 x_k 中的 9 个分量 P_{kr} 之间存在下列线性变换关系

$$P_{kr}=P_{ij}l_{ki}l_{rj}(i,j=1,2,3;k,j=1',2',3') \tag{3-10}$$

这个物理量则为张量，用矩阵表示为

$$P_{ij}=\begin{bmatrix}P_{11} & P_{12} & P_{13}\\ P_{21} & P_{22} & P_{23}\\ P_{31} & P_{32} & P_{33}\end{bmatrix}$$

张量所带的下角标的数目称为张量的阶数。P_{ij} 是二阶张量，矢量是一阶张量，而标量则是零阶张量。式（3-10）为二阶张量的判别式。

4. 张量的某些基本性质

（1）存在张量不变量　张量的分量一定可以组成某些函数 $f(P_{ij})$，这些函数值与坐标的选取无关，即不随坐标而变，这样的函数就称为张量的不变量。对于二阶张量，存在三个独立的不变量。

（2）张量可以叠加和分解　几个同阶张量各对应的分量之和或差定义为另一同阶张量。两个相同的张量之差定义为零张量。

（3）张量可分对称张量、非对称张量、反对称张量　若 $P_{ij}=P_{ji}$，则为对称张量；若 $P_{ij}\neq P_{ji}$，则为非对称张量；若 $P_{ij}=-P_{ji}$，则为反对称张量。

（4）二阶对称张量存在三个主轴和三个主值　如取主轴为坐标轴，则两个下角标不同的分量都将为零，只留下两个下角标相同的三个分量，称为主值。

（二）应力张量

在一定的外力条件下，受力物体内任意点的应力状态已被确定，如果取不同的坐标系，则表示该点应力状态的九个应力分量将有不同的数值，而该点的应力状态并没有变化。因此，在不同坐标系中的应力分量之间应该存在一定的关系。

现设受力物体内一点的应力状态在 $x_i(i=x,\ y,\ z)$ 坐标系中的 9 个应力分量为 $\sigma_{ij}(i,\ j=x,\ y,\ z)$，当 x_i 坐标系转换到另一坐标系 $x_k(k=x',\ y',\ z')$，其应力分量为 $\sigma_{kr}(k,\ r=x',\ y',\ z')$，$\sigma_{ij}$ 与 σ_{kr} 之间的关系符合数学上张量之定义，即存在线性变换关系式（3-10），则有

$$\sigma_{kr}=\sigma_{ij}l_{ki}l_{rj}(i,k=x,y,z;k,r=x',y',z')$$

因此，表示点应力状态的 9 个应力分量构成一个二阶张量，称为应力张量，可用张量符号 σ_{ij} 表示，即

$$\sigma_{ij}=\begin{bmatrix}\sigma_x & \tau_{xy} & \tau_{xz}\\ \tau_{yx} & \sigma_y & \tau_{yz}\\ \tau_{zx} & \tau_{zy} & \sigma_z\end{bmatrix} \tag{3-11}$$

由于切应力互等，所以应力张量是二阶对称张量，可以简写为

$$\sigma_{ij}=\begin{bmatrix}\sigma_x & \tau_{xy} & \tau_{xz}\\ \cdot & \sigma_y & \tau_{yz}\\ \cdot & \cdot & \sigma_z\end{bmatrix} \tag{3-11a}$$

每一分量称为应力张量之分量。

根据张量的基本性质，应力张量可以叠加和分解，存在三个主轴（主方向）和三个主值（主应力）以及三个独立的应力张量不变量。

四、主应力、应力不变量和应力椭圆球面

1. 主应力

由式（3-7）和式（3-8）可知，如果表示一点应力状态的 9 个应力分量已知，则过该点的斜微分面上的正应力 σ 和切应力 τ 都将随外法线 N 的方向余弦 l、m、n 的变化而变化。当 l、m、n 在某一组合情况下，斜微分面上的全应力 S 和正应力 σ 重合，而切应力 $\tau=0$。这种切应力为零的微分面称为主平面。主平面上的正应力称为主应力。主平面的法线方向，

也就是主应力方向，称为应力主方向或应力主轴。

现设图 3-8 中的斜微分面 ABC 是待求的主平面，面上的切应力 $\tau=0$，因而正应力就是全应力，即 $\sigma=S$。于是全应力 S 在三个坐标轴上的投影为

$$\begin{cases}S_x=Sl=\sigma l\\S_y=Sm=\sigma m\\S_z=Sn=\sigma n\end{cases}$$

将 S_x、S_y、S_z 的值代入式（3-5），整理后得

$$\begin{cases}(\sigma_x-\sigma)l+\tau_{yx}m+\tau_{zx}n=0\\\tau_{xy}l+(\sigma_y-\sigma)m+\tau_{zy}n=0\\\tau_{xz}l+\tau_{yz}m+(\sigma_z-\sigma)n=0\end{cases}\tag{3-12}$$

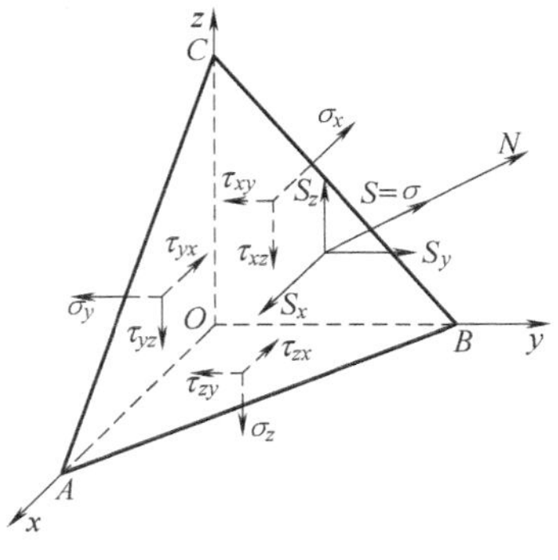

图 3-8 主平面上的应力

式（3-12）是以 l、m、n 为未知数的齐次线性方程组，其解就是应力主轴的方向，此方程组的一组解是 $l=m=n=0$。但由解析几何可知，方向余弦之间必须满足一下关系

$$l^2+m^2+n^2=1\tag{3-13}$$

即 l、m、n 不可能同时为零，所以必须寻求非零解。根据线性方程理论，只有在齐次线性方程组式（3-12）的系数组成的行列式等于零的条件下，该方程组才有非零解。所以必有

$$\begin{vmatrix}(\sigma_x-\sigma)&\tau_{yx}&\tau_{zx}\\\tau_{xy}&(\sigma_y-\sigma)&\tau_{zy}\\\tau_{xz}&\tau_{yz}&(\sigma_z-\sigma)\end{vmatrix}=0$$

展开行列式，整理后并设

$$\begin{cases}J_1=\sigma_x+\sigma_y+\sigma_z\\J_2=-(\sigma_x\sigma_y+\sigma_y\sigma_z+\sigma_z\sigma_x)+\tau_{xy}^2+\tau_{yz}^2+\tau_{zx}^2\\J_3=\sigma_x\sigma_y\sigma_z+2\tau_{xy}\tau_{yz}\tau_{zx}-(\sigma_x\tau_{yz}^2+\sigma_y\tau_{zx}^2+\sigma_z\tau_{xy}^2)\end{cases}\tag{3-14}$$

于是有

$$\sigma^3-J_1\sigma^2-J_2\sigma-J_3=0\tag{3-15}$$

式（3-15）称为应力状态特征方程。可以证明，该方程必然有三个实根，也就是三个主应力，一般用 σ_1、σ_2、σ_3 表示。将解得的每一个主应力代入式（3-12）中的任意两式，并与式（3-13）联解，便就求出三个互相垂直的主方向。

2. 应力不变量

根据应力状态特征方程式（3-15）可解得一点的主应力大小。在推导式（3-15）过程中，坐标系是任意选取的，说明求得的三个主应力的大小与坐标系的选择无关，这说明对于一个确定的应力状态，主应力只能有一组值，即主应力具有单值性。因此，应力状态特征方程式（3-15）中的系数 J_1、J_2、J_3，也应该是单值的，不随坐标而变。于是可以得出如下的重要结论：尽管应力张量的各分量随坐标而变，但按式（3-14）的形式组成的函数值是不变的，所以将 J_1、J_2、J_3 分别称为应力张量的第一、第二、第三不变量。

若取三个应力主方向为坐标轴，则一点的应力状态只有三个主应力，应力张量为

$$\sigma_{ij}=\begin{bmatrix}\sigma_1 & 0 & 0\\ 0 & \sigma_2 & 0\\ 0 & 0 & \sigma_3\end{bmatrix} \tag{3-16}$$

在主轴坐标系中斜微分面上应力分量的公式可以简化为下列表达式

$$S_1=\sigma_1 l;S_2=\sigma_2 m;S_3=\sigma_3 n \tag{3-17}$$

$$S^2=\sigma_1^2 l^2+\sigma_2^2 m^2+\sigma_3^2 n^2 \tag{3-18}$$

$$\sigma=\sigma_1 l^2+\sigma_2 m^2+\sigma_3 n^2 \tag{3-19}$$

$$\tau^2=S^2-\sigma^2=\sigma_1^2 l^2+\sigma_2^2 m^2+\sigma_3^2 n^2-(\sigma_1 l^2+\sigma_2 m^2+\sigma_3 n^2)^2 \tag{3-20}$$

应力张量的三个不变量为

$$\begin{cases}J_1=\sigma_1+\sigma_2+\sigma_3\\ J_2=-(\sigma_1\sigma_2+\sigma_2\sigma_3+\sigma_3\sigma_1)\\ J_3=\sigma_1\sigma_2\sigma_3\end{cases} \tag{3-21}$$

利用应力张量不变量，可以判别应力状态的异同。现举例说明，设有以下两个应力张量

$$\sigma_{ij}^1=\begin{bmatrix}a & 0 & 0\\ 0 & b & 0\\ 0 & 0 & 0\end{bmatrix};\sigma_{ij}^2=\begin{bmatrix}\frac{a+b}{2} & \frac{a-b}{2} & 0\\ \frac{a-b}{2} & \frac{a+b}{2} & 0\\ 0 & 0 & 0\end{bmatrix}$$

上述两个应力张量是否表示同一应力状态，可以通过求得的应力张量不变量是否相同来判别。按式（3-14）计算，上述两个应力状态的应力张量不变量相等，均为

$$J_1=a+b;\ J_2=-ab;\ J_3=0$$

所以，上述两个应力状态相同。

3. 应力椭圆球面

应力椭圆球面是在主轴坐标系中点应力状态的几何表达。

由式（3-17）可得

$$l=\frac{S_1}{\sigma_1};\ m=\frac{S_2}{\sigma_2};\ n=\frac{S_3}{\sigma_3}$$

由于

$$l^2+m^2+n^2=1$$

于是可得

$$\frac{S_1^2}{\sigma_1^2}+\frac{S_2^2}{\sigma_2^2}+\frac{S_3^2}{\sigma_3^2}=1 \tag{3-22}$$

式（3-22）是椭球面方程，其主半轴的长度分别等于 σ_1、σ_2、σ_3。这个椭球面称为应力椭球面，如图 3-9 所示。

对于一个确定的应力状态，任意斜切面上全应力矢量 $\boldsymbol{S}$ 的端点必然在椭球面上。

人们常常根据三个主应力的特点来区分各种应力状态，如图 3-10 所示。若 $\sigma_1\neq\sigma_2\neq\sigma_3\neq0$，称为三向应力状态，如图 3-10a 所示。在锻造、挤压、轧钢等工艺中，大多是这种应力状态。$\sigma_1\neq\sigma_2\neq\sigma_3=0$，称为两向应力状态（或平面应力状态），如图 3-10b 所示。此

时应力椭球面变为在某个平面上的椭圆轨迹。在弯曲、扭转等工艺中就属于这种应力状态。若 $\sigma_1 \neq \sigma_2 = \sigma_3 \neq 0$，称为圆柱应力状态，如图 3-10c 所示。此时应力椭球面变成为旋转椭球面，该点的应力状态对称于主轴 O_1。若 $\sigma_1 \neq \sigma_2 = \sigma_3 = 0$，称为单向应力状态，也属于圆柱应力状态。在这种状态下，与 σ_1 轴垂直的所有方向都是主方向，而且这些方向上的主应力都相等。若 $\sigma_1 = \sigma_2 = \sigma_3$，称为球应力状态，如图 3-10d 所示。根据式（3-20）可知，这时 $\tau \equiv 0$，即所有方向都没有切应力，所以都是主方向，而且所有方向的应力都相等，此时应力椭球面变成了球面。

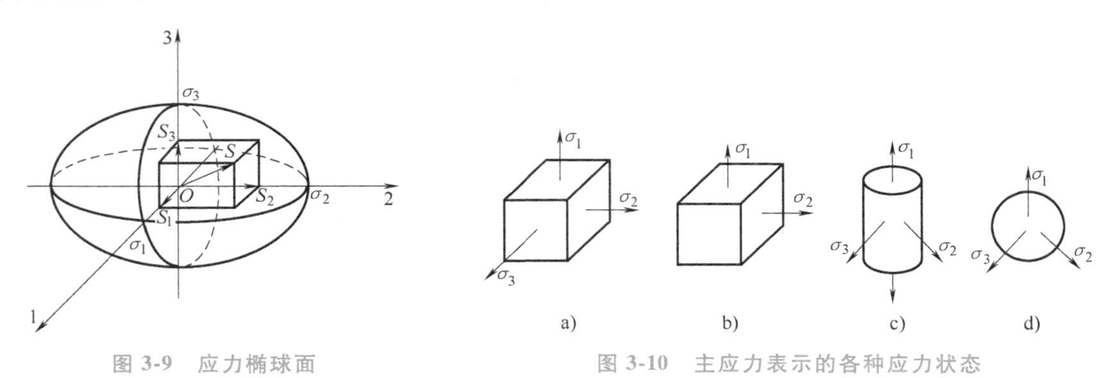

图 3-9　应力椭球面　　　图 3-10　主应力表示的各种应力状态

五、主应力图

受力物体内一点的应力状态，可用作用在应力单元体上的主应力来描述，只用主应力的个数及符号来描述一点应力状态的简图称为主应力图。一般地，主应力图只表示出主应力的个数及正、负号，并不表明所作用应力的大小。

主应力图共有 9 种，其中三向应力状态的 4 种，两向应力状态的 3 种，单向应力状态的 2 种，如图 3-11 所示。在两向和三向主应力图中，各向主应力符号相同时，称为同号主应力图，符号不同时，称为异号主应力图。根据主应力图，可定性比较某一种材料采用不同的塑性成形工序加工时，塑性和变形抗力的差异。

六、主切应力和最大切应力

与分析斜微分面上的正应力一样，切应力也随斜微分面的方位而改变。切应力达到极值的平面称为主切应力平面，其面上作用的切应力称为主切应力。

取应力主轴为坐标轴，则任意斜微分面上的切应力可由式（3-20）求得，即

$$\tau^2 = \sigma_1^2 l^2 + \sigma_2^2 m^2 + \sigma_3^2 n^2 - (\sigma_1 l^2 + \sigma_2 m^2 + \sigma_3 n^2)^2 \tag{a}$$

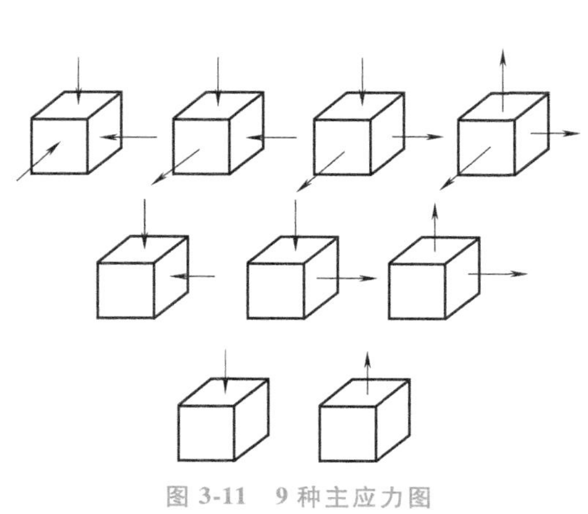

图 3-11　9 种主应力图

以 $n^2 = 1 - l^2 - m^2$ 代入式（a）消去 n，可得

$$\tau^2 = (\sigma_1^2 - \sigma_3^2) l^2 + (\sigma_2^2 - \sigma_3^2) m^2 + \sigma_3 - [(\sigma_1 - \sigma_3) l^2 + (\sigma_2 - \sigma_3) m^2 + \sigma_3] \tag{b}$$

为求切应力的极值，将式（a）分别对 l、m 求偏导并令其为零，经简化后得

$$\begin{cases}[(\sigma_1-\sigma_3)-2(\sigma_1-\sigma_3)l^2-2(\sigma_2-\sigma_3)m^2](\sigma_1-\sigma_3)l=0\\ [(\sigma_2-\sigma_3)-2(\sigma_1-\sigma_3)l^2-2(\sigma_2-\sigma_3)m^2](\sigma_2-\sigma_3)m=0\end{cases} \tag{c}$$

现对式（c）进行讨论：

1）式（c）一组解为 $l=m=0$，$n=\pm1$，这是一对主平面，切应力为零，不是所需的解。

2）若 $\sigma_1=\sigma_2=\sigma_3$，则式（c）无解，因为这时是球应力状态，$\tau\equiv0$。

3）若 $\sigma_1\neq\sigma_2=\sigma_3$，则从式（c）中第一式解得 $l=\pm\dfrac{1}{\sqrt{2}}$。这是圆柱应力状态，这时，与 σ_1 轴成45°（或135°）的所有平面都是主切应力平面，单向拉伸就是如此。

4）一般情况 $\sigma_1\neq\sigma_2\neq\sigma_3$，这里又有下列情况：

① 若 $l\neq0$，$m\neq0$，则式（c）必将有 $\sigma_1=\sigma_2$，这与前提条件 $\sigma_1\neq\sigma_2\neq\sigma_3$ 不符，故这时式（c）无解。

② 若 $l=0$，$m\neq0$，即斜微分面始终垂直于1主平面（图3-12a），这时由式（c）中第二式解得 $m=\pm\dfrac{1}{\sqrt{2}}$，则解得此斜微分面（即主切应力平面）的方向余弦为

$$l=0,m=n=\pm\frac{1}{\sqrt{2}}$$

如图3-12b所示。

③ 若 $l\neq0$，$m=0$，即此斜微分面始终垂直于2主平面，这时由式（c）第一式解得 $l=\pm\dfrac{1}{\sqrt{2}}$，则解得此斜微分面（也即主切应力平面）的方向余弦为

$$m=0,l=n=\pm\frac{1}{\sqrt{2}}$$

如图3-12c所示。

按同样的方法，从式（a）中消去 l 或 m，则可分别求得三组方向余弦值，除去重复的解，还可得到一组主切应力平面的方向余弦值

$$n=0,l=m=\pm\frac{1}{\sqrt{2}}$$

如图3-12d所示。

将上列三组方向余弦值分别代入式（3-19）和（3-20）中，可解出这些主切应力平面上的正切应力和主切应力值，即

$$\begin{cases}\sigma_{23}=\dfrac{\sigma_2+\sigma_3}{2}\tau_{23}=\pm\dfrac{\sigma_2-\sigma_3}{2}\\ \sigma_{31}=\dfrac{\sigma_3+\sigma_1}{2}\tau_{23}=\pm\dfrac{\sigma_3-\sigma_1}{2}\\ \sigma_{12}=\dfrac{\sigma_1+\sigma_2}{2}\tau_{23}=\pm\dfrac{\sigma_1-\sigma_2}{2}\end{cases} \tag{3-23}$$

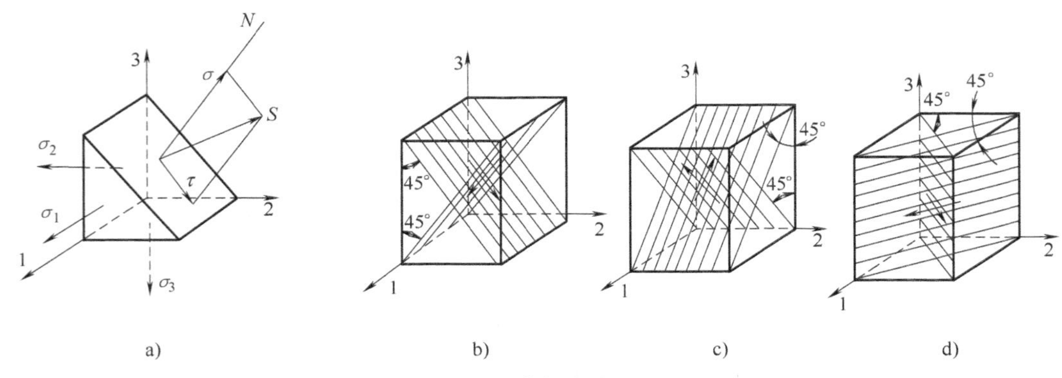

图 3-12　主切应力平面

将上面解得的结果列于表 3-2。

表 3-2　主平面、主切应力平面及其面上的正应力和切应力

符号	应力值					
l	0	0	±1	0	$\pm\frac{1}{\sqrt{2}}$	$\pm\frac{1}{\sqrt{2}}$
m	0	±1	0	$\pm\frac{1}{\sqrt{2}}$	0	$\pm\frac{1}{\sqrt{2}}$
n	±1	0	0	$\pm\frac{1}{\sqrt{2}}$	$\pm\frac{1}{\sqrt{2}}$	0
切应力 τ	0	0	0	$\pm\frac{\sigma_2-\sigma_3}{2}$	$\pm\frac{\sigma_3-\sigma_1}{2}$	$\pm\frac{\sigma_1-\sigma_2}{2}$
正应力 σ	σ_3	σ_2	σ_1	$\frac{\sigma_2+\sigma_3}{2}$	$\frac{\sigma_3+\sigma_1}{2}$	$\frac{\sigma_1+\sigma_2}{2}$

显然，表 3-2 中前三组微分面上的切应力为极小值（$\tau=0$），这些微分面即为主平面。后三组微分面上的切应力有极大值，这些微分面为主切应力平面。三组主切应力平面分别与一个主平面垂直，与另外两个主平面交成 45°角，如图 3-12 所示。

七、应力偏张量和应力球张量

一个物体受力作用后就要发生变形。变形可分为两部分：体积的改变和形状的改变。单位体积的改变为

$$\theta=\frac{1-2\nu}{E}(\sigma_1+\sigma_2+\sigma_3)$$

式中　ν——材料的泊松比；

E——材料的弹性模量；

现设 σ_m 为三个正应力分量的平均值，称平均应力（或静水应力），即

$$\sigma_m=\frac{1}{3}(\sigma_1+\sigma_2+\sigma_3)=\frac{1}{3}(\sigma_x+\sigma_y+\sigma_z)=\frac{1}{3}J_1 \tag{3-24}$$

由式（3-24）可知，σ_{m} 是不变量，与所取的坐标无关，即对于一个确定的应力状态，它为单值。说明受力物体体积的改变与平均应力有关。

于是可将三个正应力分量写成

$$\sigma_x=(\sigma_x-\sigma_{\mathrm{m}})+\sigma_{\mathrm{m}}=\sigma_x'+\sigma_{\mathrm{m}}$$
$$\sigma_y=(\sigma_y-\sigma_{\mathrm{m}})+\sigma_{\mathrm{m}}=\sigma_y'+\sigma_{\mathrm{m}}$$
$$\sigma_x=(\sigma_z-\sigma_{\mathrm{m}})+\sigma_{\mathrm{m}}=\sigma_z'+\sigma_{\mathrm{m}}$$

根据张量可叠加和分解的基本性质，将上式代入应力张量表达式（3-11），即可将应力张量分解成两个张量，既有

$$\sigma_{ij}=\begin{bmatrix}\sigma_x & \tau_{xy} & \tau_{xz}\\ \tau_{yx} & \sigma_y & \tau_{yz}\\ \tau_{zx} & \tau_{zy} & \sigma_z\end{bmatrix}=\begin{bmatrix}\sigma_x-\sigma_{\mathrm{m}} & \tau_{xy} & \tau_{xz}\\ \tau_{yx} & \sigma_y-\sigma_{\mathrm{m}} & \tau_{yz}\\ \tau_{zx} & \tau_{zy} & \sigma_z-\sigma_{\mathrm{m}}\end{bmatrix}+\begin{bmatrix}\sigma_{\mathrm{m}} & 0 & 0\\ 0 & \sigma_{\mathrm{m}} & 0\\ 0 & 0 & \sigma_{\mathrm{m}}\end{bmatrix}=\sigma_{ij}'+\delta_{ij}\sigma_{\mathrm{m}} \quad (3\text{-}25)$$

式中　δ_{ij}——克氏符号，也称单位张量，当 $i=j$ 时，$\delta_{ij}=1$；当 $i\neq j$ 时，$\delta_{ij}=0$，则

$$\delta_{ij}=\begin{bmatrix}1 & 0 & 0\\ 0 & 1 & 0\\ 0 & 0 & 1\end{bmatrix}$$

使用克氏符号可以将角标不同的元素去掉。

若取主轴坐标系，则式（3-25）为

$$\delta_{ij}=\begin{bmatrix}\sigma_1 & 0 & 0\\ 0 & \sigma_2 & 0\\ 0 & 0 & \sigma_3\end{bmatrix}=\begin{bmatrix}\sigma_1-\sigma_{\mathrm{m}} & 0 & 0\\ 0 & \sigma_2-\sigma_{\mathrm{m}} & 0\\ 0 & 0 & \sigma_3-\sigma_{\mathrm{m}}\end{bmatrix}+\begin{bmatrix}\sigma_{\mathrm{m}} & 0 & 0\\ 0 & \sigma_{\mathrm{m}} & 0\\ 0 & 0 & \sigma_{\mathrm{m}}\end{bmatrix}=\sigma_{ij}'+\delta_{ij}\sigma_{\mathrm{m}}$$

（3-25a）

应力张量的分解也可用图 3-13 表示。

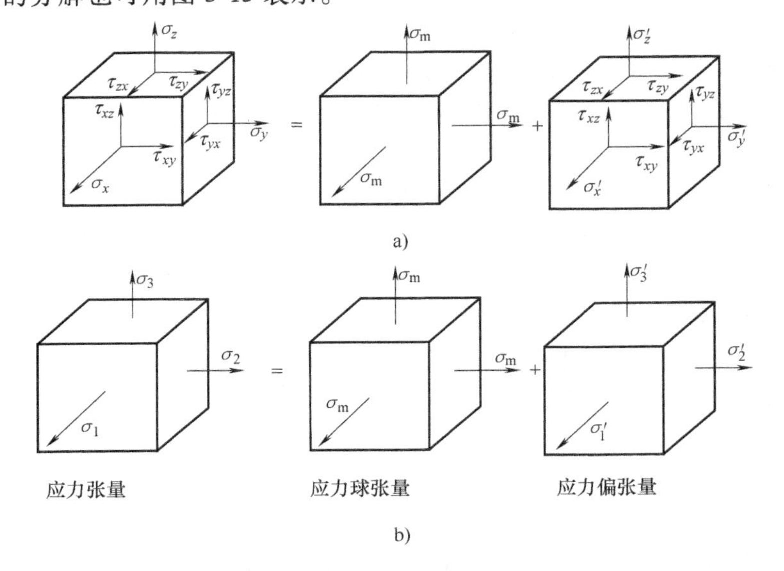

图 3-13　应力张量的分解

式（3-25）中，$\delta_{ij}\sigma_m$ 表示球应力状态，也称静水应力状态，称为应力球张量，其任何方向都是主方向，且主应力相同，均为平均应力 σ_m。球应力状态在任何斜微分面上都没有切应力，而从塑性变形机理可知，无论是滑移还是孪晶或晶界滑移，都主要是与切应力有关，所以应力球张量不能使物体产生形状变化（塑性变形），只能使物体产生体积变化。

式（3-25）中，σ'_{ij}称为应力偏张量，它是由原应力张量分解出球张量后得到的，即

$$\sigma'_{ij}=\sigma_{ij}-\delta_{ij}\sigma_m \tag{3-25b}$$

由于被分解出的应力球张量没有切应力，任意方向都是主方向且主应力相等，因此，应力偏张量 $\sigma'_{ij}\sigma'_{ij}$的切应力分量、主切应力、最大切应力以及应力主轴等都与原应力张量相同。因而应力偏张量只能使物体产生形状变化，而不能使物体产生体积变化，即材料的塑性变形是由应力偏张量引起的。

应力偏张量是二阶对称张量，因此，它同样存在三个不变量，分别用 J'_1、J'_2、J'_3表示。将应力偏张量的分量代入式（3-14），可得

$$\begin{cases} J'_1=\sigma_x{}'+\sigma_y{}'+\sigma_z{}'=(\sigma_x-\sigma_m)+(\sigma_y-\sigma_m)+(\sigma_z-\sigma_m)=0 \\ J'_2=-(\sigma_x{}'\sigma_y{}'+\sigma_y{}'\sigma_z{}'+\sigma_z{}'\sigma_x{}')+\tau_{xy}^2+\tau_{yz}^2+\tau_{zx}^2 \\ \quad =\dfrac{1}{6}[(\sigma_x-\sigma_y)^2+(\sigma_y-\sigma_z)^2+(\sigma_z-\sigma_x)^2+6(\tau_{xy}^2+\tau_{yz}^2+\tau_{zx}^2)] \end{cases} \tag{3-26}$$

$$J'_3=\begin{bmatrix} \sigma_x{}' & \tau_{xy} & \tau_{xz} \\ \tau_{yx} & \sigma_y{}' & \tau_{yz} \\ \tau_{zx} & \tau_{zy} & \sigma_z{}' \end{bmatrix}$$

对于主轴坐标系，则

$$\begin{cases} J'_1=0 \\ J'_2=\dfrac{1}{6}[(\sigma_1-\sigma_2)^2+(\sigma_2-\sigma_3)^2+(\sigma_3-\sigma_1)^2] \\ J'_3=\sigma_1{}'\sigma_2{}'\sigma_3{}' \end{cases} \tag{3-26a}$$

应力偏张量第一不变量 $J'_1=0$，表明应力分量中已经没有静水应力成分。第二不变量 J'_2与屈服准则有关。第三不变量 J'_3决定了应变的类型，即 $J'_3>0$ 属伸长类应变；$J'_3=0$ 属平面应变；$J'_3<0$ 属压缩类应变。

应力偏张量对塑性加工来说是一个十分重要的概念。图 3-14 中 a、b、c 分别表示为简单拉伸、拉拔、挤压变形区中典型部位的应力状态及其分解后的应力球张量和应力偏张量。由图可以看出，尽管主应力的数目不等（简单拉伸是单向应力，拉拔及挤压都是三向应力），且符号不一（简单拉伸只有拉应力，挤压只有压应力，拉拔则有拉有压），但它们的应力偏张量相似，所以产生类似的变形，即轴向伸长，横向收缩，同属于伸长类应变。因此，根据应力偏量可以判断变形的类型。

八、八面体应力和等效应力

1. 八面体应力

以受力物体内任意点的应力主轴为坐标轴，在无限靠近该点作等倾斜的微分面，其法线与三个主轴的夹角都相等，如图 3-15a 所示。

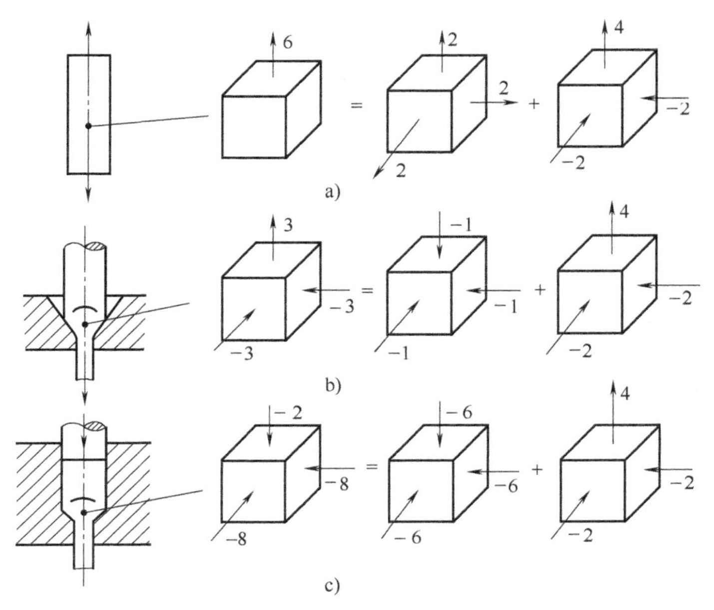

图 3-14　应力状态分析

在主轴坐标系空间八个象限中的等倾微分面构成一个正八面体，如图 3-15b 所示。正八面体的每个平面称为八面体平面，八面体平面上的应力称为八面体应力。

八面体平面的方向余弦为

$$l=m=n=\pm\frac{1}{\sqrt{3}}$$

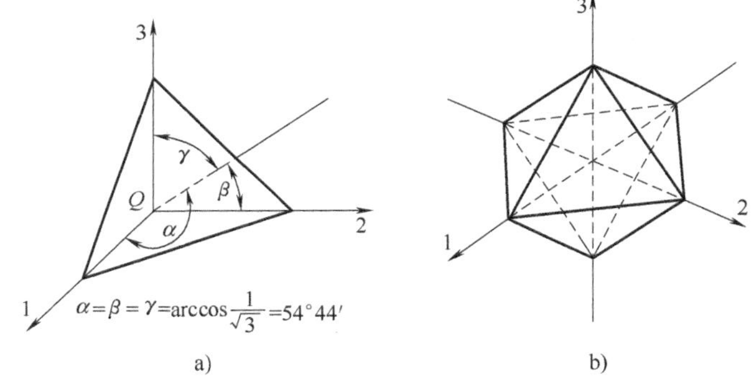

图 3-15　八面体平面和正八面体

将上列方向余弦代入式（3-19）和式（3-20），可求得八面体正应力 σ_8 和八面体切应力 τ_8：

$$\sigma_8=\frac{1}{3}(\sigma_1+\sigma_2+\sigma_3)=\sigma_m=\frac{1}{3}J_1 \tag{3-27}$$

$$\begin{aligned}\tau_8&=\pm\frac{1}{3}\sqrt{(\sigma_1-\sigma_2)^2+(\sigma_2-\sigma_3)^2+(\sigma_3-\sigma_1)^2}\\&=\pm\frac{2}{3}\sqrt{\tau_{12}{}^2+\tau_{23}{}^2+\tau_{31}{}^2}=\pm\sqrt{\frac{2}{3}J_2'}\end{aligned} \tag{3-28}$$

由式（3-27）可看出，σ_8 就是平均应力，即球张量，是不变量。τ_8 则是与应力球张量无关的不变量，反映了三个主应力的综合效应，与应力偏张量第二不变量 J_2' 有关。若式（3-27）中的 J_1 和式（3-28）中的 J_2' 分别用任意坐标系的应力分量代入，即可得到任意坐标系中八面体应力表达式：

$$\sigma_8=\frac{1}{3}(\sigma_x+\sigma_y+\sigma_z) \tag{3-27a}$$

$$\tau_8=\pm\frac{1}{3}\sqrt{(\sigma_x-\sigma_y)^2+(\sigma_y-\sigma_z)^2+(\sigma_z-\sigma_x)^2+6(\tau_{xy}^2+\tau_{yz}^2+\tau_{zx}^2)} \tag{3-28a}$$

主应力平面、主切应力平面和八面体平面都是一点应力状态的特殊平面，这些平面上的应力值，对研究一点的应力状态有重要作用。

2. 等效应力

将八面体切应力绝对值的$\frac{3}{\sqrt{2}}$倍所得之参量称为等效应力，也称为广义应力或应力强度，用$\bar{\sigma}$表示。对主轴坐标系

$$\bar{\sigma}=\frac{3}{\sqrt{2}}|\tau_8|=\frac{1}{\sqrt{2}}\sqrt{(\sigma_1-\sigma_2)^2+(\sigma_2-\sigma_3)^2+(\sigma_3-\sigma_1)^2}=\sqrt{3J_2'} \tag{3-29}$$

对任意坐标系

$$\bar{\sigma}=\frac{1}{\sqrt{2}}\sqrt{(\sigma_x-\sigma_y)^2+(\sigma_y-\sigma_z)^2+(\sigma_z-\sigma_x)^2+6(\tau_{xy}^2+\tau_{yz}^2+\tau_{zx}^2)} \tag{3-29a}$$

等效应力有如下特点。

1） 等效应力是一个不变量。

2） 等效应力在数值上等于单向均匀拉伸（或压缩）时的拉伸（或压缩）应力σ_1，即$\bar{\sigma}=\sigma_1$。

3） 等效应力并不代表某一实际平面上的应力，因而不能在某一特定的平面上表示出来。

4） 等效应力可以理解为代表一点应力状态中应力偏张量的综合作用。

等效应力是研究塑性变形的一个重要概念，它是与材料的塑性变形有密切关系的参数。

模块二 应变分析

学习目标

1. 熟悉应变的概念和表达方法。
2. 认识常见类型的主应变简图。
3. 了解等效应变的表示方法和工程含义。

一个物体受作用力后，其内部质点不仅要发生相对位置的改变（产生了位移），而且要产生形状的变化，即产生了变形。

应变是表示变形大小的一个物理量。

物体变形时，其体内各质点在各方向上都会有应变，与应力分析一样，同样需引入“点应变状态”的概念。

点应变状态也是二阶对称张量，故与应力张量有许多相似的性质。

一、位移

图 3-16 表示一受力物体内部质点发生的位置移动（由 M 移至 M_1），这种移动只能靠弹

性变形或塑性变形来实现。

变形体内任一点变形前后的直线距离称位移，如图 3-16a 中 MM_1。位移是个矢量。在坐标系中，一点的位移矢量在三个坐标轴上的投影称为该点的位移分量，一般用 u、v、w 或角标符号 u_i 来表示，如图 3-16b 所示。

变形体内不同点的位移分量也是不同的。根据连续性基本假设，位移分量应是坐标的连续函数，而且一般都有连续的二阶偏导数，即

$$\begin{cases} u=u(x,y,z) \\ v=v(x,y,z) \\ w=w(x,y,z) \end{cases} \tag{3-30}$$

$$u_i=u_i(x,y,z) \tag{3-30a}$$

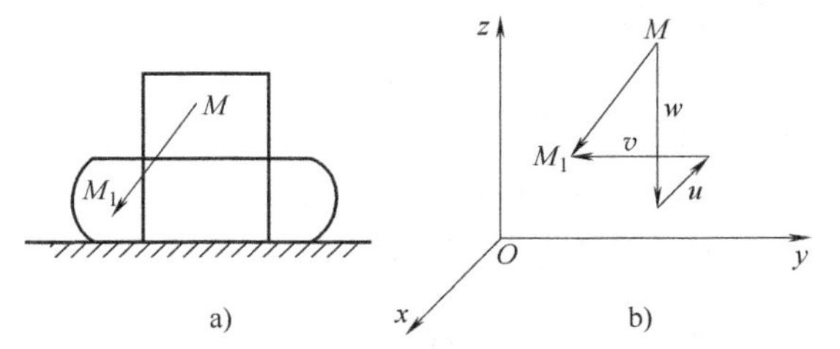

图 3-16　受力物体内一点的位移及其分量

现在来研究变形体内无限接近两点的位移分量之间的关系。设受力物体内任一点 M，其坐标为 (x, y, z)，小变形后移至 M_1，其位移分量为 $u_i(x, y, z)$。与 M 点无限接近的一点 M'点，其坐标为 $(x+\mathrm{d}x, y+\mathrm{d}y, z+\mathrm{d}z)$，小变形后移至 M_1'，其位移分量为 $u_i'(x+\mathrm{d}x, y+\mathrm{d}y, z+\mathrm{d}z)$，如图 3-17 所示。将 u_i'函数按泰勒级数展开，并略去二阶以上的高阶微量，并利用求和约定，则得

$$u_i'=u_i+\frac{\partial u_i}{\partial x_i}\mathrm{d}x_i=u_i+\delta_{u_i} \tag{3-31}$$

式中，$\delta_{u_i}=\dfrac{\partial u_i}{\partial x_i}\mathrm{d}x_i$ 称为 M'点相对于 M 点的位移增量。δ_{u_i} 可写成

$$\begin{cases} \delta_u=\dfrac{\partial u}{\partial x}\mathrm{d}x+\dfrac{\partial u}{\partial y}\mathrm{d}y+\dfrac{\partial u}{\partial z}\mathrm{d}z \\ \delta_v=\dfrac{\partial v}{\partial x}\mathrm{d}x+\dfrac{\partial v}{\partial y}\mathrm{d}y+\dfrac{\partial v}{\partial z}\mathrm{d}z \\ \delta_w=\dfrac{\partial w}{\partial x}\mathrm{d}x+\dfrac{\partial w}{\partial y}\mathrm{d}y+\dfrac{\partial w}{\partial z}\mathrm{d}z \end{cases} \tag{3-32}$$

若无限接近两点 MM'的连线平行于某坐标轴，例如 MM'平行于 x 轴，则式 (3-32) 中 $\mathrm{d}x\neq0$，$\mathrm{d}y=\mathrm{d}z=0$，此时，式 (3-32) 变为

$$\begin{cases} \delta_u=\dfrac{\partial u}{\partial x}\mathrm{d}x \\ \delta_v=\dfrac{\partial v}{\partial x}\mathrm{d}x \\ \delta_w=\dfrac{\partial w}{\partial x}\mathrm{d}x \end{cases} \tag{3-33}$$

式 (3-33) 说明，若已知变形物体内一点 M 的位移分量，则与其邻近一点 M'的位移分量可以用 M 点的位移分量及其增量来表示。

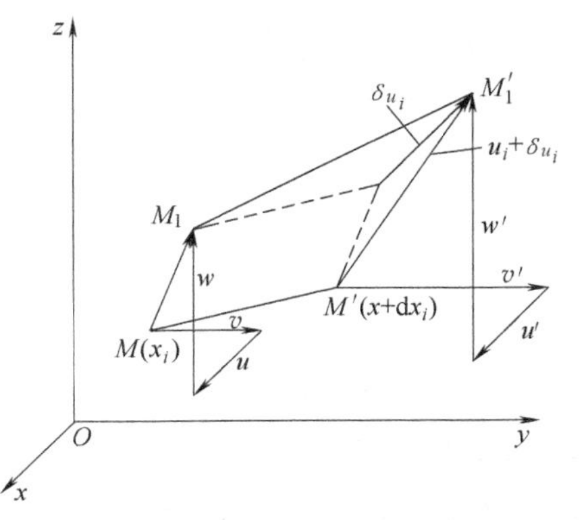

图 3-17　变形体内无限接近两点的位移分量及位移增量

1. 应变分量

应变（或称变形的大小描述）是指物体变形时任意两质点的相对位置随时间发生变化。

对于一个宏观物体来说，在物体上任取两质点，放在空间坐标系中，连接两点构成一个向量，当物体发生变形时，向量的长短及方位发生变化，此时描述变形的大小可用线尺寸的变化与方位上的改变来表示，即线应变（正应变）与切应变（剪应变）。

与分析一点的应力状态一样，为了研究一点的变形情况，也需取单元体。单元体的变形可分棱边长度的变化（伸长或缩短）及每两棱边所夹直角的变化这两种情况。

图 3-18a 表示平行于 xOy 坐标平面的单元体一个面 $PABC$ 在 xOy 坐标平面内发生了很小的变形，同时也产生了很小的位移。表明变形后，不仅棱长（PA、PC）发生了变化，而且两棱边 PA 与 PC 所夹的直角发生了改变。平行于 x 轴的棱边 PA 由原来的长度 r_x，变成了 $r_1=r_x+\delta_r$。于是将单元体棱长的伸长或缩短称为线变形 δ_r，将单位长度上的线变形称为线应变，也称正应变，一般用 ε 表示，则棱边 PA 的线应变为 $\varepsilon=\dfrac{r_1-r_x}{r_x}=\dfrac{\delta_r}{r_x}$。线元伸长时的线应变为正，缩短时为负。棱边 PA 在 x、y 和 z 轴方向上的线应变分别为

$$\begin{cases}\varepsilon_x=\dfrac{\delta_{r_x}}{r_x}\\[2ex]\varepsilon_y=\dfrac{\delta_{r_y}}{r_y}\\[2ex]\varepsilon_z=\dfrac{\delta_{r_z}}{r_z}\end{cases}\tag{3-34}$$

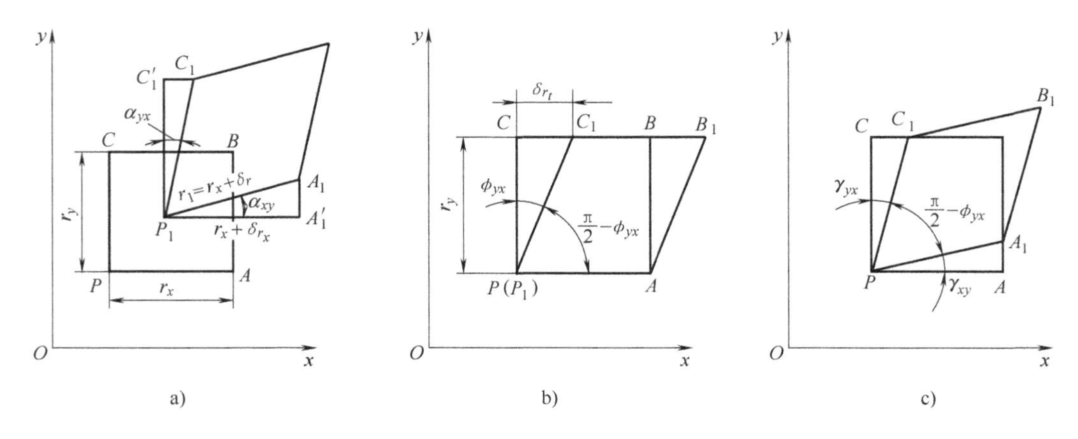

图 3-18 单元体在 xOy 坐标平面内的应变

若将图 3-18a 中 P 与 P_1 点重合，且两棱边 PA、PC 所偏转角度 α_{yx}、α_{xy} 合在一起考虑，如图 3-18b 所示，这相当于 C 点在垂直于 PC 方向偏移了 δ_{r_t}，说明变形后，两棱边所夹的直角 $\angle CPA$ 减小了（$\alpha_{yx}+\alpha_{xy}$）。将单位长度上的偏移量或两棱边所夹直角的变化量称为相对切应变，也称工程切应变，即

$$\frac{\delta_{r_t}}{r_y}=\tan\phi_{yx}\approx\phi_{yx}=\alpha_{yx}+\alpha_{xy} \tag{3-35}$$

直角∠CPA 减小时，ϕ_{yx} 取正号，增大时取负号。由于变形很小，可以近似认为 PC 偏转时长度不变。

图 3-18b 中的 ϕ_{yx} 是发生在 xOy 坐标平面内，同理，单元体在 yOz 坐标平面内及 zOx 坐标平面内同样有工程切应变。显然，$\phi_{yx}=\phi_{xy}$，$\phi_{zx}=\phi_{xz}$，$\phi_{zy}=\phi_{yz}$。

ϕ_{yx} 可看成由棱边 PA 和 PC 同时向内偏转相同的角度 γ_{yx} 和 γ_{xy} 而成，如图 3-18c 所示，这样所产生的塑性变形效果是一样的。定义

$$\gamma_{yx}+\gamma_{xy}=\frac{1}{2}\phi_{yx} \tag{3-36}$$

为切应变。角标的意义是：第一个角标表示线元（棱边）的方向，第二个角标表示线元偏转的的方向。如 γ_{yx} 表示 y 方向的线元向 x 方向偏转的角度。这样，变形单元体有三个线应变和三组切应变，即

$$\begin{cases}\varepsilon_x=\dfrac{\delta_{r_x}}{r_x};\varepsilon_y=\dfrac{\delta_{r_y}}{r_y};\varepsilon_z=\dfrac{\delta_{r_z}}{r_z}\\ \gamma_{xy}+\gamma_{yx}=\dfrac{1}{2}\phi_{xy}=\dfrac{1}{2}\phi_{yx}=\dfrac{1}{2}(\alpha_{yx}+\alpha_{xy})\\ \gamma_{yz}+\gamma_{zy}=\dfrac{1}{2}\phi_{yz}=\dfrac{1}{2}\phi_{zy}=\dfrac{1}{2}(\alpha_{yz}+\alpha_{zy})\\ \gamma_{zx}+\gamma_{xz}=\dfrac{1}{2}\phi_{zx}=\dfrac{1}{2}\phi_{xz}=\dfrac{1}{2}(\alpha_{zx}+\alpha_{xz})\end{cases} \tag{3-37}$$

ε_x、ε_y、ε_z、γ_{xy}、γ_{yx}、γ_{yz}、γ_{zy}、γ_{zx}、γ_{xz} 统称为应变分量。

在实际变形时，线元 PA 和线元 PC 偏转的角度不一定相同，即图 3-18a 中 $\alpha_{yx}\neq\alpha_{xy}$，但偏转的结果仍能使直角∠$CPA$ 缩小了 ϕ_{yx}。

图 3-19a 所示情况相当于单元体的线元 PA 和 PC 同时偏转 γ_{xy} 和 γ_{yx}（图 3-19b），然后整个单元体绕 z 轴转动一个角度 ω_z（图 3-19c）。由几何关系有

$$\begin{cases}\alpha_{xy}=\gamma_{xy}-\omega_z\\ \alpha_{yx}=\gamma_{yx}+\omega_z\\ \omega_z=\dfrac{1}{2}(\alpha_{yx}-\alpha_{xy})\end{cases} \tag{3-38}$$

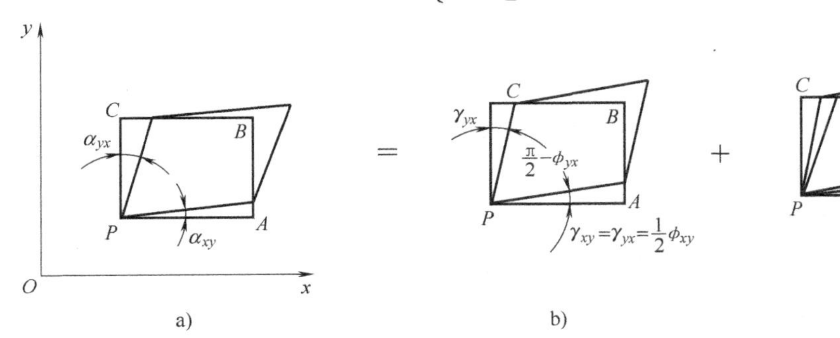

图 3-19　切应变和刚性转动

ω_z 称为绕 z 轴的刚体转动角。显然，α_{yx} 和 α_{xy} 中包含了刚体转动的成分，在研究应变时，应把刚体转动部分去掉，而 γ_{xy} 和 γ_{yx} 则是排除刚体转动之后的纯切应变。

这样，与一点的九个应力分量相似，过一点三个互相垂直的方向上有 9 个应变分量，可用角标符号 ε_{ij} 表示。由于 $\gamma_{xy}=\gamma_{yx}$、$\gamma_{yz}=\gamma_{zy}$、$\gamma_{zx}=\gamma_{xz}$，因此，过一点有 6 个独立的应变分量。

2. 对数应变

假设物体内两质点相距为 l_0，经变形后距离为 l_n，则相对线应变为

$$\varepsilon=\frac{l_n-l_0}{l_0}$$

这种相对线应变一般用于小应变情况。在大的塑性变形过程中，相对线应变不足以反映实际的变形情况。因为 $\varepsilon=\dfrac{l_n-l_0}{l_0}$ 中的基长 l_0 是不变的，而在实际变形过程中，长度 l_0 经过无穷多个中间的数值逐渐变成 l_n，如 l_0，l_1，…，l_{n-1}，l_n，其中相邻两长度相差均极微小，由 l_0-l_n 的总的变形程度，可以近似地看作是各个阶段相对应变之和，即

$$\frac{l_1-l_0}{l_0}+\frac{l_2-l_1}{l_1}+\frac{l_3-l_2}{l_2}+\cdots+\frac{l_n-l_{n-1}}{l_{n-1}}$$

或用微分概念，设 dl 是每一变形阶段的长度增量，则物体的总的变形程度为

$$\epsilon=\int_{l_0}^{l_n}\frac{\mathrm{d}l}{l}=\ln\frac{l_n}{l_0} \tag{3-39}$$

ϵ 反映了物体变形的实际情况，故称为自然应变或对数应变。式（3-39）是在应变主轴方向不变的情况下才能进行的。因此，对数应变可定义为：塑性变形过程中，在应变主轴方向保持不变的情况下应变增量的总和。

1）对数应变能真实地反映变形的积累过程，所以也称真实应变，简称为真应变。因此，在大的塑性变形问题中，只有用对数应变才能得出合理的结果，这是因为：相对应变不能表示变形的实际情况，而且变形程度越大，误差也越大。如将对数应变以相对应变表示，并按泰勒级数展开，则有

$$\epsilon=\ln\frac{l_n}{l_0}=\ln(1+\varepsilon)=\varepsilon-\frac{\varepsilon^2}{2}+\frac{\varepsilon^3}{3}-\frac{\varepsilon^4}{4}+\cdots \tag{3-40}$$

由此可见，只有当变形程度很小时，ε 才能近似等于 ϵ。变形程度越大，误差也越大。图 3-20 所示为用 ε 与 ϵ 计算变形程度的结果。当变形程度小于 10%时，ε 与 ϵ 的数值比较接近，但当变形程度大于 10%以后，误差逐渐增加。

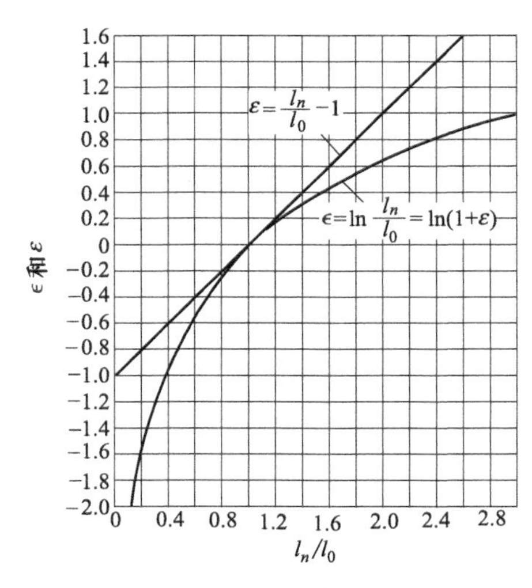

图 3-20 ε、ϵ 与 $\dfrac{l_n}{l_0}$ 的关系

2）对数应变为可加应变，而相对应变为不可加应变。假设某物体的原长为 l_0 经历 l_1、l_2 变为 l_3，总的相对应变为

$$\varepsilon_{03}=\frac{l_3-l_0}{l_0}$$

各阶段的相对应变为

$$\varepsilon_{01}=\frac{l_1-l_0}{l_0}$$

$$\varepsilon_{12}=\frac{l_2-l_1}{l_1}$$

$$\varepsilon_{23}=\frac{l_3-l_2}{l_2}$$

显然 $\varepsilon_{03}\neq\varepsilon_{01}+\varepsilon_{12}+\varepsilon_{23}$

而用对数应变，则无上述问题，因为各阶段的对数应变为

$$\epsilon_{01}=\ln\frac{l_1}{l_0};\epsilon_{12}=\ln\frac{l_2}{l_1};\epsilon_{23}=\ln\frac{l_3}{l_2}$$

$$\epsilon_{01}+\epsilon_{12}+\epsilon_{23}=\ln\frac{l_1}{l_0}+\ln\frac{l_2}{l_1}+\ln\frac{l_3}{l_2}=\ln\frac{l_3}{l_0}=\epsilon_{03}$$

所以对数应变又称可加应变。

3）对数应变为可比应变，相对应变为不可比应变。假设某物体由 l_0 拉长 1 倍后，尺寸为 $2l_0$，其相对应变为

$$\varepsilon^+=\frac{2l_0-l_0}{l_0}=1$$

如果缩短 1/2，尺寸变为 $0.5l_0$，则其相对应变为

$$\varepsilon^-=\frac{0.5l_0-l_0}{l_0}=-0.5$$

当物体拉长 1 倍与缩短 1/2 时，物体的变形程度应该是一样的。然而如用相对应变表示拉压的变形程度则数值相差悬殊，失去可以比较的性质。

而用对数应变表示拉、压两种不同性质的变形程度时，并不失去可以比较的性质。例如在上例中，物体拉长 1 倍的对数应变为

$$\epsilon^+=\ln\frac{2l_0}{l_0}=\ln2$$

物体缩短 1/2 的对数应变为

$$\epsilon^-=\ln\frac{0.5l_0}{l_0}=\ln\frac{1}{2}$$

二、点的应变状态和应变张量

1. 点的应变状态

在应力状态分析中，由一点三个互相垂直的微分面上 9 个应力分量可求得过该点任意方位斜微分面上的应力分量，则该点的应力状态即可确定。与此相似，根据质点三个互相垂直方向上的 9 个应变分量，也可求出过该点任意方向上的应变分量，则该点的应变状态即可确定。

现设变形体内任一点 $a(x, y, z)$，其应变分量为 ε_{ij}。由 a 引一任意方向线元 ab，其长度为 r，方向余弦为 l, m, n，小变形前，b 点可视为 a 点无限接近的一点，其坐标为（x+dx，y+dy，z+dz），则 ab 在三个坐标轴上的投影为 dx、dy、dz，方向余弦及 r 分别为

$$l=\frac{\mathrm{d}x}{r};m=\frac{\mathrm{d}y}{r};n=\frac{\mathrm{d}z}{r}$$

$$r^2=\mathrm{d}x^2+\mathrm{d}y^2+\mathrm{d}z^2$$

小变形后，线元 ab 移至 a_1b_1，其长度为 $r_1=r+\delta_r$，同时偏转角度为 α_r，如图 3-21 所示。

现求 ab 方向上的线应变 ε_r。为求得 r_1，可将 ab 平移至 a_1N，构成三角形 a_1Nb_1，由解析几何可知，三角形一边在三个坐标轴上的投影将分别等于另外两边在坐标轴上的投影之和。在这里，Na_1 的三个投影即为 dx、dy、dz，而 Nb_1 的投影（即为 b 点相对 a 点的位移增量）为 δ_u、δ_v、δ_w，因为线元 a_1b_1 的三个投影为

$$(\mathrm{d}x+\delta_u),(\mathrm{d}y+\delta_v),(\mathrm{d}z+\delta_w)$$

于是 a_1b_1 的长度 r_1 为

$$r_1^2=(r+\delta_r)^2=(x+\delta_u)^2+(y+\delta_v)^2+(z+\delta_w)^2$$

整理后可得

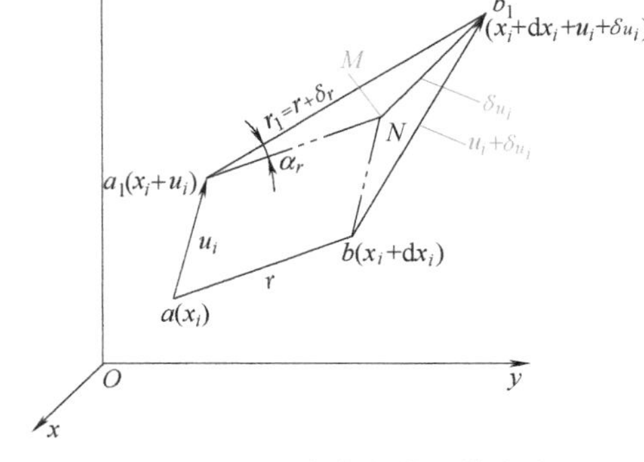

图 3-21　任意方向线元的应变

$$\varepsilon_r=l\frac{\delta_u}{r}+m\frac{\delta_v}{r}+n\frac{\delta_w}{r}$$

将式（3-32）代入上式后整理得到

$$\varepsilon_r=\varepsilon_x l^2+\varepsilon_y m^2+\varepsilon_z n^2+2(r_{xy}lm+r_{yz}mn+r_{zx}nl) \tag{3-41}$$

下面求线元 ab 变形后的偏转角，即图 3-21 中的 a_1。为了推导方便，可设 $r=1$。由 N 点引 $MN\perp a_1b_1$ 按直角三角形 NMb_1 有

$$NM^2=Nb_1^2-Mb_1^2=(\delta_{u_i})^2-Mb_1^2$$

由于 $a_1M\approx a_1N=r=1$，故

$$\tan a_r\approx a_r=\frac{NM}{a_1M}=NM$$

$$\varepsilon_r=\frac{\delta_r}{r}=\delta_r$$

$$Mb_1=a_1b_1-a_1M\approx\delta_r=\varepsilon_r$$

于是得到

$$a_r^2=NM^2=Nb_1^2-Mb_1^2=(\delta_{u_i})^2-\varepsilon_r^2$$

如果没有刚体转动，则求得的 a_r 就是切应变 γ_r。为了除去刚体转动的影响，即只考虑纯剪切变形，可将式（3-32）改写为

$$\delta_{u_i}=\frac{\partial u_i}{\partial x_j}\mathrm{d}x_j=\left[\frac{\partial u_i}{\partial x_j}+\frac{1}{2}\left(\frac{\partial u_j}{\partial x_i}-\frac{\partial u_j}{\partial x_i}\right)\right]\mathrm{d}x_j$$

$$=\frac{1}{2}\left(\frac{\partial u_i}{\partial x_j}+\frac{\partial u_j}{\partial x_i}\right)\mathrm{d}x_j+\frac{1}{2}\left(\frac{\partial u_i}{\partial x_j}-\frac{\partial u_j}{\partial x_i}\right)\mathrm{d}x_j$$

显然，上式后面的第二项是由于刚性转动引起的位移增量分量，而第一项才是由纯剪切变形引起的相对位移增量分量，若以 δ'_{w_i} 表示，则

$$\delta'_{w_i}=\frac{1}{2}\left(\frac{\partial u_i}{\partial x_j}+\frac{\partial u_j}{\partial x_i}\right)\mathrm{d}x_j=\varepsilon_{ij}\mathrm{d}x_j$$

可求得切应变的表达式为

$$\gamma_r^2=(\delta'_{ui})^2-\varepsilon_r^2 \tag{3-42}$$

式（3-41）和式（3-42）说明，若已知一点互相垂直的三个方向上的 9 个应变分量，则可求出过该点任意方向上的应变分量，则该点的应变状态即可确定。所以，一点的应变状态可用该点三个互相垂直方向上的 9 个应变分量来表示。这与一点的应力状态可用过该点三个互相垂直微分面上的 9 个应力分量来表示完全相似，因求 ε_r 及 γ_r 的公式式（3-41）和式（3-42）与求斜微分面上的应力 σ 及 τ 的表达式式（3-7）、式（3-8）在形式上是一样的。

这里应注意到，在导出式（3-41）和式（3-42）过程中，将小变形时 δ_r、δ_{u_i} 等的平方项可视为高阶微量而略去不计。如果变形相当大，这些平方项就不能忽略。对于大变形时的全量应变，需要用有限应变来分析。

2. 应变张量

应变张量是应变状态的数学表示，应变为二阶张量，在三维空间中则需用 9 个应变分量来描述，即 3 个线应变分量和 6 个剪应变分量。应变张量是一个对称张量，记为

$$\varepsilon_{ij}=\begin{bmatrix}\varepsilon_x & \gamma_{xy} & \gamma_{xz}\\ \gamma_{yx} & \varepsilon_y & \gamma_{yz}\\ \gamma_{zx} & \gamma_{zy} & \varepsilon_z\end{bmatrix}=\begin{bmatrix}\varepsilon_x & \gamma_{xy} & \gamma_{xz}\\ \cdot & \varepsilon_y & \gamma_{yz}\\ \cdot & \cdot & \varepsilon_z\end{bmatrix} \tag{3-43}$$

因此，若已知应变张量的分量，则该点的应变状态就可以被确定。

三、主应变、应变不变量

1. 主应变

过变形体内一点存在有三个相互垂直的应变主方向（也称应变主轴），该方向上线元没有切应变，只有线应变，称为主应变，用 ε_1、ε_2、ε_3 表示。对于各向同性材料，可以认为小应变主方向与应力主方向重合。若取应变主轴为坐标轴，则应变张量为

$$\varepsilon_{ij}=\begin{bmatrix}\varepsilon_1 & 0 & 0\\ 0 & \varepsilon_2 & 0\\ 0 & 0 & \varepsilon_3\end{bmatrix} \tag{3-44}$$

2. 应变张量不变量

若已知一点的应变张量来求过该点的三个主应变，也存在一个应变状态的特征方程

$$\varepsilon^3-I_1\varepsilon^2+I_2\varepsilon-I_3=0 \tag{3-45}$$

对于一个确定了的应变状态，三个主应变具有单值性，故在求主应变大小的应变状态特征方程式（3-45）中的系数 I_1、I_2、I_3 也应具有单值性，即为应变张量不变量。其计算公式为

$$\begin{cases}I_1=\varepsilon_x+\varepsilon_y+\varepsilon_z=\varepsilon_1+\varepsilon_2+\varepsilon_3=常数\\I_2=-(\varepsilon_x\varepsilon_y+\varepsilon_y\varepsilon_z+\varepsilon_z\varepsilon_x)+(\gamma_{xy}^2+\gamma_{yz}^2+\gamma_{zx}^2)=-(\varepsilon_1\varepsilon_2+\varepsilon_2\varepsilon_3+\varepsilon_3\varepsilon_1)=常数\\I_3=\varepsilon_y\varepsilon_z+2\gamma_{xy}\gamma_{xy}\gamma_{xy}-(\varepsilon_x\gamma_{yz}^2+\varepsilon_y\gamma_{zx}^2+\varepsilon_z\gamma_{xy}^2)=\varepsilon_1\varepsilon_2\varepsilon_3=常数\end{cases} \tag{3-46}$$

已知三个主应变，同样可画出三向应变莫尔圆。为了方便，应变莫尔圆与应力莫尔圆配合使用时，应变莫尔圆的纵轴向下为正，如图 3-22 所示。

3. 主切应变和最大切应变

在与应变主方向成±45°角的方向上存在三对各自相互垂直的线元，它们的切应变有极值，称为主切应变。参照式（3-23），主切应变的计算公式为

$$\begin{cases}\gamma_{12}=\pm\dfrac{1}{2}(\varepsilon_1-\varepsilon_2)\\\gamma_{23}=\pm\dfrac{1}{2}(\varepsilon_2-\varepsilon_3)\\\gamma_{31}=\pm\dfrac{1}{2}(\varepsilon_3-\varepsilon_1)\end{cases} \tag{3-47}$$

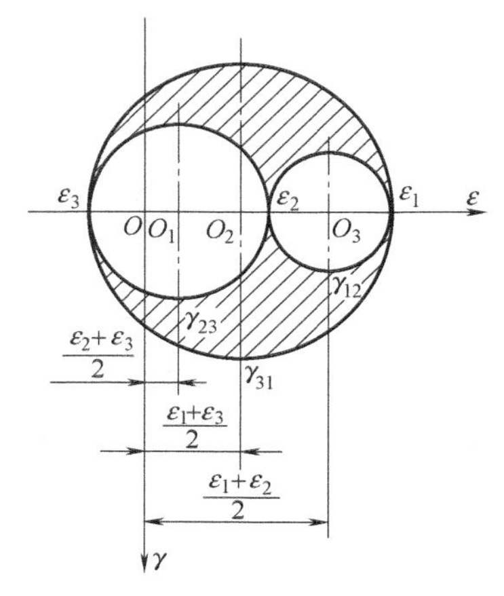

图 3-22 应变莫尔圆

三对主切应变中，绝对值最大的主切应变称为最大切应变。若 $\varepsilon_1\gg\varepsilon_2\gg\varepsilon_3$，则最大切应变为

$$\gamma_{\max}=\pm\frac{1}{2}(\varepsilon_1-\varepsilon_3) \tag{3-48}$$

4. 主应变简图

用主应变的个数和符号来表示应变状态的简图称为主应变状态图，简称为主应变简图或主应变图。

三个主应变中绝对值最大的主应变，反映了该工序变形的特征，称为特征应变。如用主应变简图来表示应变状态，根据体积不变条件和特征应变，则塑性变形只能有三种变形类型，如图 3-23 所示。

1）压缩类变形。如图 3-23a 所示，特征应变为负应变（即 $\varepsilon_1<0$），另两个应变为正应变，$\varepsilon_2+\varepsilon_3=-\varepsilon_1$。

2）剪切类变形（平面变形）如图 3-23b 所示，一个应变为零，其他两个应变大小相等，方向相反，$\varepsilon_2=0$，$\varepsilon_1=-\varepsilon_1$。

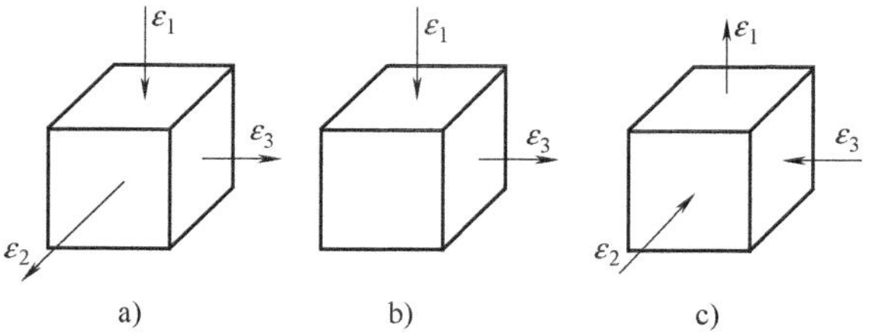

3）伸长类变形。如图图 3-23c 所示，特征应变为正应变，另两个应变为负应变，$\varepsilon_1=-(\varepsilon_2+\varepsilon_3)$。

图 3-23 三种变形类型

因此，根据体积不变条件可知，特征应变等于其他两个应变之和，但方向相反。

主应变简图对于分析塑性变形的金属流动具有极其重要意义，它可以断定塑性变形类型。

四、八面体应变和等效应变

1. 八面体应变

以三个应变主轴为坐标轴的主应变空间中，同样可做出正八面体，八面体平面的法线方向线元的应变称为八面体应变。

八面体线应变为

$$\varepsilon_8=\frac{1}{3}(\varepsilon_x+\varepsilon_y+\varepsilon_z)=\frac{1}{3}(\varepsilon_1+\varepsilon_2+\varepsilon_3)=\varepsilon_m=\frac{1}{3}I_1 \tag{3-49}$$

八面体切应变为

$$\begin{aligned}\gamma_8&=\pm\frac{1}{3}\sqrt{(\varepsilon_x-\varepsilon_y)^2+(\varepsilon_y-\varepsilon_z)^2+(\varepsilon_z-\varepsilon_x)^2+6(\gamma_{xy}^2+\gamma_{yz}^2+\gamma_{zx}^2)}\\&=\pm\frac{1}{3}\sqrt{(\varepsilon_1-\varepsilon_2)^2+(\varepsilon_2-\varepsilon_3)^2+(\varepsilon_3-\varepsilon_1)^2}\end{aligned} \tag{3-50}$$

2. 等效应变

取八面体切应变绝对值的$\sqrt{2}$倍所得之参量称为等效应变，也称广义应变或应变强度，记为

$$\begin{aligned}\bar{\varepsilon}&=\sqrt{2}\,|\gamma_8|=\frac{\sqrt{2}}{3}\sqrt{(\varepsilon_x-\varepsilon_y)^2+(\varepsilon_y-\varepsilon_z)^2+(\varepsilon_z-\varepsilon_x)^2+6(\gamma_{xy}^2+\gamma_{yz}^2+\gamma_{zx}^2)}\\&=\frac{\sqrt{2}}{3}\sqrt{(\varepsilon_1-\varepsilon_2)^2+(\varepsilon_2-\varepsilon_3)^2+(\varepsilon_3-\varepsilon_1)^2}\end{aligned} \tag{3-51}$$

等效应变有如下特点。

1）等效应变是一个不变量。

2）在塑性变形时，其数值等于单向均匀拉伸或均匀压缩方向上的线应变 ε_1。因单向应力状态时，其主应变为 ε_1，$\varepsilon_2=\varepsilon_3$，由体积不变条件可得 $\varepsilon_2=\varepsilon_3=-\frac{1}{2}\varepsilon_1$，代入式(3-51)，得

$$\bar{\varepsilon}=\frac{\sqrt{2}}{3}\sqrt{\left(\frac{3}{2}\varepsilon_1\right)^2+\left(-\frac{3}{2}\varepsilon_1\right)^2}=\varepsilon_1 \tag{3-52}$$

五、变形连续条件

小应变几何方程

$$\begin{cases}\varepsilon_x=\dfrac{\partial u}{\partial x} & \gamma_{xy}=\gamma_{yx}=\dfrac{1}{2}\left(\dfrac{\partial u}{\partial y}+\dfrac{\partial v}{\partial x}\right)\\ \varepsilon_y=\dfrac{\partial v}{\partial y} & \gamma_{yz}=\gamma_{zy}=\dfrac{1}{2}\left(\dfrac{\partial v}{\partial z}+\dfrac{\partial w}{\partial y}\right)\\ \varepsilon_z=\dfrac{\partial w}{\partial z} & \gamma_{zx}=\gamma_{xz}=\dfrac{1}{2}\left(\dfrac{\partial w}{\partial x}+\dfrac{\partial u}{\partial z}\right)\end{cases} \tag{3-53}$$

由小应变几何方程可知，六个应变分量取决于三个位移分量，很显然，这六个应变分量不应是任意的，其间必存在一定的关系，才能保证变形物体的连续性，应变分量之间的关系

称为变形连续方程或变形协调方程。变形连续方程可分为两组共六个方程式。

一组为每个坐标平面内应变分量之间应满足的关系。如在 xOy 坐标平面内，将几何方程式（3-53）中的 ε_x、ε_y，分别对 y、x，求两次偏导数，可得

$$\frac{\partial^2 \varepsilon_x}{\partial y^2}=\frac{\partial^2}{\partial x \partial y}\left(\frac{\partial u}{\partial y}\right) \tag{a}$$

$$\frac{\partial^2 \varepsilon_y}{\partial x^2}=\frac{\partial^2}{\partial x \partial y}\left(\frac{\partial v}{\partial x}\right) \tag{b}$$

式（a)+式（b)，得

$$\frac{\partial^2 \varepsilon_x}{\partial y^2}+\frac{\partial^2 \varepsilon_y}{\partial x^2}=\frac{\partial^2}{\partial x \partial y}\left(\frac{\partial u}{\partial y}+\frac{\partial v}{\partial x}\right)=2\frac{\partial^2 \gamma_{xy}}{\partial x \partial y}$$

用同样的方法可得其他两个关系式，连同上式综合可得下列三个方程式：

$$\begin{cases}\dfrac{\partial^2 \gamma_{xy}}{\partial x \partial y}=\dfrac{1}{2}\left(\dfrac{\partial^2 \varepsilon_x}{\partial y^2}+\dfrac{\partial^2 \varepsilon_y}{\partial x^2}\right)\\[2ex]\dfrac{\partial^2 \gamma_{yz}}{\partial y \partial z}=\dfrac{1}{2}\left(\dfrac{\partial^2 \varepsilon_y}{\partial z^2}+\dfrac{\partial^2 \varepsilon_z}{\partial y^2}\right)\\[2ex]\dfrac{\partial^2 \gamma_{zx}}{\partial z \partial x}=\dfrac{1}{2}\left(\dfrac{\partial^2 \varepsilon_z}{\partial x^2}+\dfrac{\partial^2 \varepsilon_x}{\partial z^2}\right)\end{cases} \tag{3-54}$$

式（3-54）表明，在每个坐标平面内，两个线应变分量一经确定，则切应变分量随之被确定。

另一组为不同坐标平面内应变分量之间应满足的关系。将式（3-54）中的 ε_x 对 y、z，ε_y 对 z、x，ε_z 对 x、y 分别求偏导，并将切应变分量 γ_{xy}、γ_{yz}、γ_{zx} 分别对 z、y、x 求偏导，最后整理得到

$$\begin{cases}\dfrac{\partial}{\partial y}\left(\dfrac{\partial \gamma_{xy}}{\partial z}+\dfrac{\partial \gamma_{yz}}{\partial x}-\dfrac{\partial \gamma_{zx}}{\partial y}\right)=\dfrac{\partial^2 \varepsilon_y}{\partial z \partial x}\\[2ex]\dfrac{\partial}{\partial z}\left(\dfrac{\partial \gamma_{yz}}{\partial x}+\dfrac{\partial \gamma_{zx}}{\partial y}-\dfrac{\partial \gamma_{xy}}{\partial z}\right)=\dfrac{\partial^2 \varepsilon_z}{\partial x \partial y}\\[2ex]\dfrac{\partial}{\partial x}\left(\dfrac{\partial \gamma_{zx}}{\partial y}+\dfrac{\partial \gamma_{xy}}{\partial z}-\dfrac{\partial \gamma_{yz}}{\partial x}\right)=\dfrac{\partial^2 \varepsilon_x}{\partial y \partial z}\end{cases} \tag{3-55}$$

式（3-55）表明，在三维空间内，三个切应变分量一经确定，则线应变分量随之被确定。

六、塑性变形体积不变条件

由基本假设，塑性变形时，变形物体变形前后的体积保持不变，可用数学式子表达。

设单元体初始边长为 dx、dy、dz，则变形前的体积为 $V_0=\mathrm{d}x\mathrm{d}y\mathrm{d}z$。

考虑到小变形，切应变引起的边长变化及体积的变化都是高阶微量，可以忽略，则体积的变化只是由线应变引起，如图 3-24 所示。在 x 方向上的线应变为

$$\varepsilon_x=\frac{r_x-\mathrm{d}x}{\mathrm{d}x}$$

所以

$$\begin{cases} r_x = \mathrm{d}x(1+\varepsilon_x) \\ r_y = \mathrm{d}y(1+\varepsilon_y) \\ r_z = \mathrm{d}z(1+\varepsilon_z) \end{cases}$$

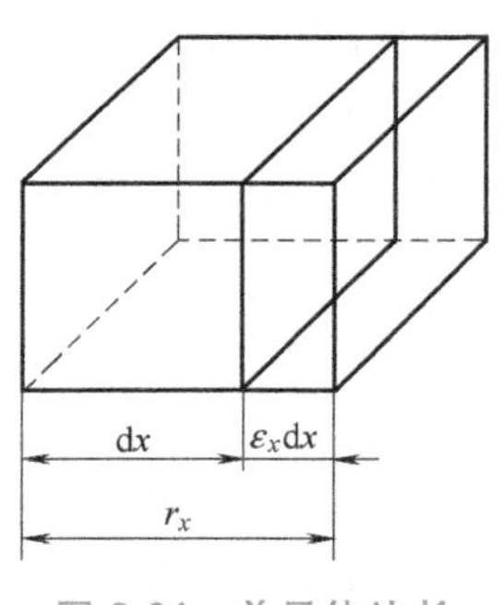

图 3-24　单元体边长的线变形

变形后单元体的体积为

$$V_1 = r_x r_y r_z = \mathrm{d}x\mathrm{d}y\mathrm{d}z(1+\varepsilon_x)(1+\varepsilon_y)(1+\varepsilon_z)$$

将上式展开，并略去二阶以上的高阶微量，于是得单元体单位体积的变化（单位体积变化率）

$$\theta = \frac{V_1 - V_0}{V_0} = \varepsilon_x + \varepsilon_y + \varepsilon_z = 0 \tag{3-56}$$

在塑性变形时，由于材料内部质点连续且致密，体积变化很微小，因此由体积不变假设，得式中 ε_x、ε_y、ε_z 为塑性变形时的三个线应变分量。式（3-56）称为塑性变形时的体积不变条件。

体积不变条件用对数应变表示更为准确。设变形体的原始长、宽、高分别为 l_0、b_0、h_0，变形后为 l_1、b_1、h_1，则体积不变条件可表示为

$$\epsilon_l + \epsilon_b + \epsilon_h = \ln\frac{l_1}{l_0} + \ln\frac{b_1}{b_0} + \ln\frac{h_1}{h_0} = 0 \tag{3-57}$$

由式（3-56）可以看出，塑性变形时，三个线应变分量不可能全部同号，绝对值最大的应变分量永远和另外两个应变分量的符号相反。

在金属塑性成形过程中，体积不变条件是一项很重要的原则，有些问题可根据几何关系直接利用体积不变条件来求解。此外，体积不变条件还用于塑性成形过程的坯料或工件半成品的形状和尺寸的计算。

模块三　平面问题和轴对称问题

学习目标

1. 了解平面应力状态特点。
2. 了解轴对称应力状态特点。

一、平面应力问题

若变形体内与某方向轴垂直的平面上无应力存在，并所有应力分量与该方向轴无关，则这种应力状态即为平面应力状态，如图 3-25 所示。

平面应力状态特点是：

1）变形体内各质点在与某方向轴（如 z 轴）垂直的平面上没有应力作用，即 $\sigma_z = \tau_{zx} = \tau_{zy} = 0$，$z$ 轴为主方向，只有 σ_x、σ_y、τ_{xy} 三个独立的应力分量。

2）σ_x、σ_y、τ_{xy} 沿 z 轴方向均匀分布，即应力分量与 z 轴无关，对 z 轴的偏导数为零。

在工程实际中，薄壁管扭转、薄壁容器承受内压、板料成形中的一些工序等，由于厚度

方向的应力相对很小而可以忽略，一般均作为平面应力状态来处理。

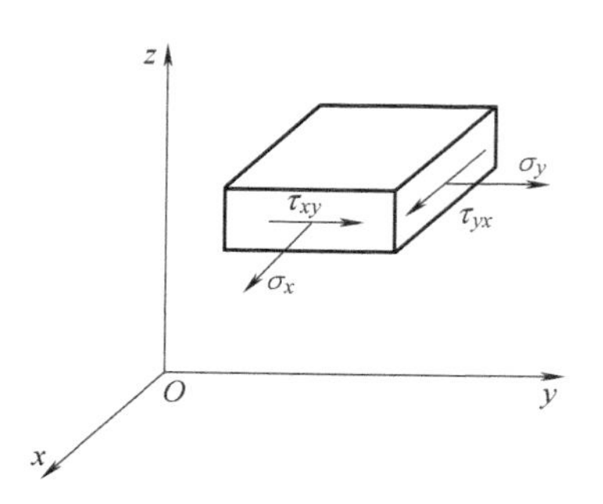

图 3-25 平面应力状态

平面应力状态的应力张量为

$$\sigma_{ij}=\begin{bmatrix}\sigma_x & \tau_{xy} & 0\\ \tau_{yx} & \sigma_y & 0\\ 0 & 0 & 0\end{bmatrix} \text{或} \sigma_{ij}=\begin{bmatrix}\sigma_1 & 0 & 0\\ 0 & \sigma_2 & 0\\ 0 & 0 & 0\end{bmatrix} \tag{3-58}$$

在直角坐标系中，由于 $\sigma_z=\tau_{zx}=\tau_{zy}=0$，平面应力状态下的应力平衡微分方程为

$$\begin{cases}\dfrac{\partial\sigma_x}{\partial x}+\dfrac{\partial\tau_{yx}}{\partial y}=0\\ \dfrac{\partial\tau_{xy}}{\partial x}+\dfrac{\partial\sigma_y}{\partial y}=0\end{cases} \tag{3-59}$$

由于 $\sigma_3=0$，所以，平面应力状态下的主切应力为

$$\begin{cases}\tau_{12}=\pm\dfrac{\sigma_1-\sigma_2}{2}=\pm\sqrt{\left(\dfrac{\sigma_x-\sigma_y}{2}\right)^2+\tau_{xy}^2}\\ \tau_{23}=\pm\dfrac{\sigma_2}{2}\\ \tau_{31}=\pm\dfrac{\sigma_1}{2}\end{cases} \tag{3-60}$$

纯切应力状态属于平面应力状态的特殊情况，此时，纯切应力状态下的应力莫尔圆方程为

$$\sigma^2+\tau^2=\tau_{xy}^2=\tau_1^2 \tag{3-61}$$

式中 τ_1——纯切应力。

纯切应力状态及其应力莫尔圆如图 3-26 所示。此时，应力圆半径 $R=\tau_1$，圆心在坐标原点。由图可以看出，纯切应力 τ_1，就是最大切应力，主轴与坐标轴成 45°角，主应力特点是 $\sigma_1=-\sigma_2=\tau_1$。因此，若两个主应力数值上相等，但符号相反，即为纯切应力状态。

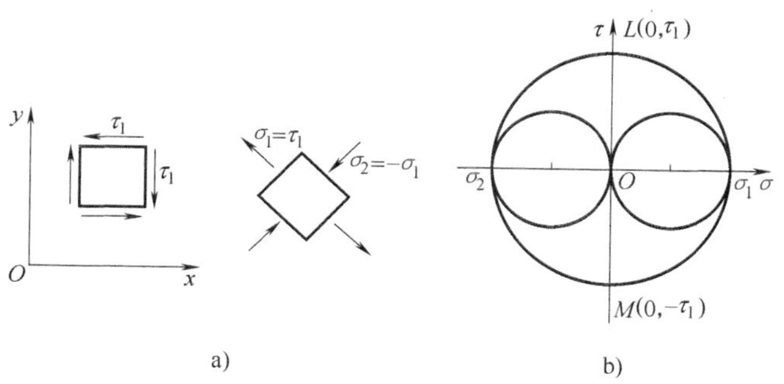

图 3-26 纯切应力状态及其应力莫尔圆

需要指出，平面应力状态中 z 方向虽然没有应力，但有应变，只有在纯剪切时，没有应力的方向上才没有应变。

二、平面应变问题

如果物体内所有质点都只在同一个坐标平面内发生变形，而在该平面的法线方向没有变形，则这种变形称为平面变形或平面应变。发生变形的平面称为塑性流平面。

设没有变形的方向为坐标的 z 向，则 z 向必为主方向。z 向上的位移分量 $w=0$，其余两个位移分量对 z 轴的偏导数必为零，故有 $\varepsilon_x=\gamma_{xy}=\gamma_{yz}=0$，所以平面应变问题中只有三个应变分量，即 ε_x、ε_y、r_{yz}。

平面应变问题状态下的几何方程为

$$\begin{cases}\varepsilon_x=\dfrac{\partial u}{\partial x};\varepsilon_y=\dfrac{\partial v}{\partial y}\\ \gamma_{xy}=\gamma_{yx}=\dfrac{1}{2}\left(\dfrac{\partial u}{\partial y}+\dfrac{\partial v}{\partial x}\right)\end{cases} \tag{3-62}$$

在塑性变形时，根据体积不变条件有

$$\varepsilon_x=-\varepsilon_y$$

平面变形问题是塑性理论中最常见的问题之一，所以有必要进一步分析其应力状态。平面变形状态下的应力状态有如下特点。

1）由于平面变形时，物体内与 z 轴垂直的平面始终不会倾斜扭曲，所以 z 平面上没有切应力分量，即 $\tau_{zx}=\tau_{zy}=0$，z 向必为应力主方向，σ_z 即为主应力，且为 σ_x、σ_y 的平均值，即为中间应力，又是平均应力，是一个不变量。

$$\sigma_z=\sigma_2=\frac{1}{2}(\sigma_x+\sigma_y)=\sigma_m \tag{3-63}$$

此时，只有三个独立的应力分量 σ_x、σ_y、τ_{xy}。

2）若以应力主轴为坐标轴，则有

$$\sigma_{ij}=\begin{bmatrix}\sigma_1 & 0 & 0\\ 0 & \sigma_2 & 0\\ 0 & 0 & \dfrac{\sigma_1+\sigma_2}{2}\end{bmatrix}=\begin{bmatrix}\dfrac{\sigma_1-\sigma_2}{2} & 0 & 0\\ 0 & -\dfrac{\sigma_1-\sigma_2}{2} & 0\\ 0 & 0 & 0\end{bmatrix}+\begin{bmatrix}\dfrac{\sigma_1+\sigma_2}{2} & 0 & 0\\ 0 & \dfrac{\sigma_1+\sigma_2}{2} & 0\\ 0 & 0 & \dfrac{\sigma_1+\sigma_2}{2}\end{bmatrix}$$

上式中 $\sigma_3=\sigma_m=\sigma_z=\dfrac{\sigma_1+\sigma_2}{2}$。由于上式中的偏应力 $\sigma_1'=\dfrac{\sigma_1-\sigma_2}{2}=-\sigma_2'$，　$\sigma_3'=0$，即为纯切应力状态，因此，平面变形时应力状态就是纯切应力状态叠加一个应力球张量。所以，它的应力莫尔圆除圆心坐标为 $\dfrac{\sigma_1+\sigma_2}{2}$ 之外，与图 3-26b 所示的纯切应力状态下的应力莫尔圆是一样的，如图 3-27 所示。

3）平面变形时，由于 σ_z 是不变量，而且其他应力分量都与 z 轴无关，因此应力平衡微分方程和平面应力状态下的应力平衡方程是一样的，即

$$\begin{cases}\dfrac{\partial\sigma_x}{\partial x}+\dfrac{\partial\tau_{yx}}{\partial y}=0\\ \dfrac{\partial\tau_{xy}}{\partial x}+\dfrac{\partial\sigma_y}{\partial y}=0\end{cases}$$

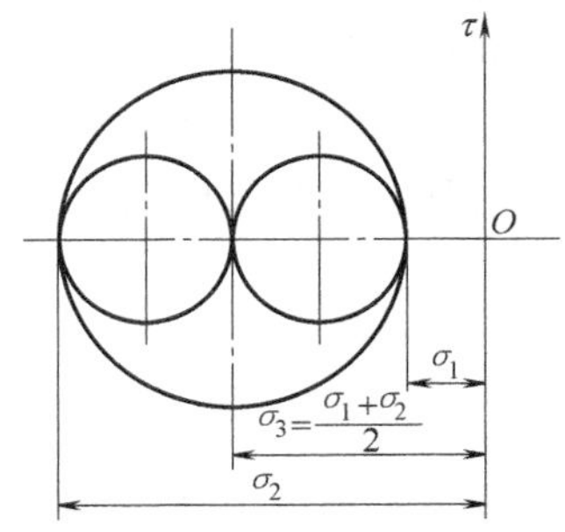

图 3-27　平面变形时的应力莫尔圆

平面变形状态下的主切应力和最大切应力为

$$\begin{cases}\tau_{12}=\pm\dfrac{\sigma_1-\sigma_2}{2}=\tau_{\max}\\[2ex]\tau_{23}=\pm\dfrac{\sigma_2-\sigma_3}{2}\end{cases}\tag{3-64}$$

式中，$\sigma_3=\sigma_m$，为中间应力。

由式（3-64）可知，平面应变状态下的最大切应力所在的平面与塑性流平面垂直的两个主平面交成45°角，这是建立平面应变滑移线理论的重要依据。

三、轴对称问题

当旋转体承受的外力对称于旋转轴分布时，旋转体内质点所处的应力状态称为轴对称应力状态。处于轴对称应力状态时，旋转体的每个子午面（通过旋转体轴线的平面，即 θ 面）都始终保持平面，而且子午面之间夹角保持不变。

由于变形体是旋转体，因此采用圆柱坐标系更为方便。用圆柱坐标表示的应力单元体如图3-28所示，其一般的应力张量为

$$\sigma_{ij}=\begin{bmatrix}\sigma_\rho & \tau_{\rho\theta} & \tau_{\rho z}\\ \tau_{\theta\rho} & \sigma_\theta & \tau_{\theta z}\\ \tau_{z\rho} & \tau_{z\theta} & \sigma_z\end{bmatrix}\tag{3-65}$$

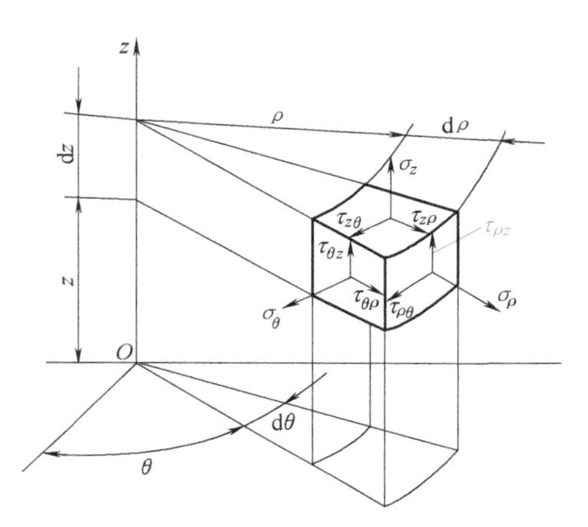

图3-28　圆柱坐标中的应力单元体

在圆柱坐标系中，平衡微分方程的一般形式为

$$\begin{cases}\dfrac{\partial\sigma_\rho}{\partial\sigma}+\dfrac{1}{\rho}\dfrac{\partial\tau_{\theta\rho}}{\partial\theta}+\dfrac{\partial\tau_{z\rho}}{\partial z}+\dfrac{\sigma_\rho-\sigma_\theta}{\rho}=0\\[2ex]\dfrac{\partial\tau_{\rho\theta}}{\partial\sigma}+\dfrac{1}{\rho}\dfrac{\partial\sigma_\theta}{\partial\theta}+\dfrac{\partial\tau_{z\theta}}{\partial z}+\dfrac{2\tau_{\rho\theta}}{\rho}=0\\[2ex]\dfrac{\partial\tau_{\rho z}}{\partial\rho}+\dfrac{1}{\rho}\dfrac{\partial\tau_{\theta z}}{\partial\theta}+\dfrac{\partial\sigma_z}{\partial z}+\dfrac{\tau_{\rho z}}{\rho}=0\end{cases}\tag{3-66}$$

轴对称状态时，由于子午面在变形过程中始终不会扭曲，并由于其对称性，因此应力状态的特点是：

1）在 θ 面上没有切应力，即 $\tau_{\theta\rho}=\tau_{\theta z}=0$，故应力张量中只有四个独立的应力分量，即 σ_ρ、σ_θ、σ_z、$\tau_{\rho z}$，且 σ_θ 是一个主应力，如图3-29所示。

2）各应力分量与 θ 坐标无关，对 θ 的偏导数都为零。所以，轴对称应力状态的应力张量为

$$\sigma_{ij}=\begin{bmatrix}\sigma_\rho & 0 & \tau_{\rho z}\\ 0 & \sigma_\theta & 0\\ \tau_{z\rho} & 0 & \sigma_z\end{bmatrix}\tag{3-67}$$

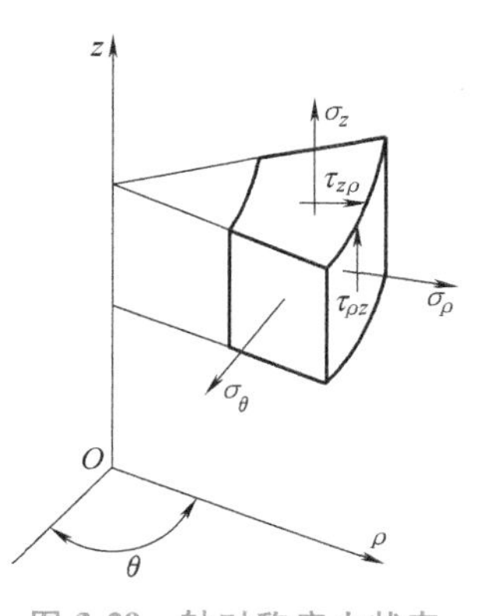

图3-29　轴对称应力状态

根据轴对称应力状态特点，由式（3-66）可得出其应力平衡微分方程式为

$$\begin{cases}\dfrac{\partial \sigma_\rho}{\partial \sigma}+\dfrac{\partial \tau_{z\rho}}{\partial z}+\dfrac{\sigma_\rho-\sigma_\theta}{\rho}=0\\ \dfrac{\partial \tau_{\rho z}}{\partial \rho}+\dfrac{\partial \sigma_z}{\partial z}+\dfrac{\tau_{\rho z}}{\rho}=0\end{cases} \tag{3-68}$$

有些轴对称问题，例如圆柱体的平砧间均匀镦粗、圆柱体坯料的均匀挤压和拉拔等，其径向和周向正应力相等，即 $\sigma_\rho=\sigma_\theta$，此时，只有三个独立的应力分量。

采用圆柱坐标系（ρ、θ、z）（图 3-30）时，其几何方程为

$$\begin{cases}\varepsilon_\rho=\dfrac{\partial u}{\partial \rho}; & \gamma_{\rho\theta}=\dfrac{1}{2}\left(\dfrac{\partial v}{\partial \rho}-\dfrac{v}{\rho}+\dfrac{1}{\rho}\dfrac{\partial u}{\partial \theta}\right)\\ \varepsilon_\theta=\dfrac{1}{\rho}\left(\dfrac{\partial v}{\partial \theta}+u\right); & \gamma_{\theta z}=\dfrac{1}{2}\left(\dfrac{\partial v}{\partial z}+\dfrac{1}{\rho}\dfrac{\partial w}{\partial \theta}\right)\\ \varepsilon_z=\dfrac{\partial w}{\partial z}; & \gamma_{z\rho}=\dfrac{1}{2}\left(\dfrac{\partial w}{\partial p}+\dfrac{\partial u}{\partial z}\right)\end{cases} \tag{3-69}$$

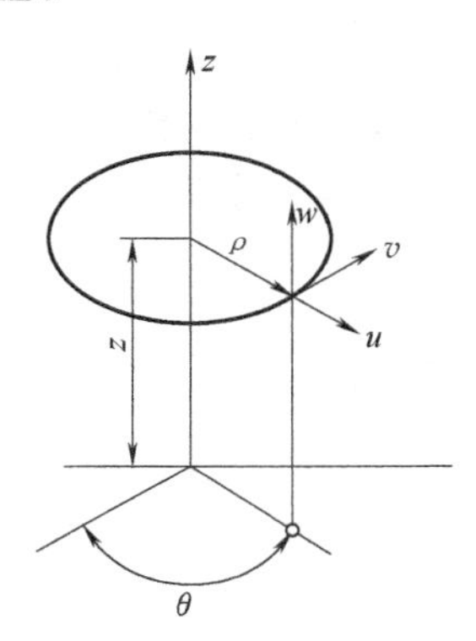

图 3-30　圆柱坐标系中位移分量

在轴对称变形时，子午面始终保持平面，所以 θ 向位移分量 $v=0$，且在各唯一分量均与 θ 坐标无关，因此，$\gamma_{\rho\theta}=\gamma_{\theta z}=0$，则 θ 向必为应变主方向，这时只有四各应变分量，其几何方程为

$$\begin{cases}\varepsilon_\rho=\dfrac{\partial u}{\partial \rho};\varepsilon_\theta=\dfrac{u}{\rho}\varepsilon_z=\dfrac{\partial w}{\partial z}\\ \gamma_{z\rho}=\dfrac{1}{2}\left(\dfrac{\partial w}{\partial p}+\dfrac{\partial u}{\partial z}\right)\end{cases} \tag{3-70}$$

对于有些轴对称问题，例如均匀变形时的单项拉伸、锥形模挤压和拉拔及平砧间圆柱体镦粗等，其径向位移分量 u 与坐标 ρ 呈线性关系，于是

$$\frac{\partial u}{\partial \rho}=\frac{u}{\rho}$$

所以

$$\varepsilon_\rho=\varepsilon_\theta$$

在这种情况下，径向和周向的正应力分量必然相等，即 $\sigma_\rho=\sigma_\theta$。

模块四　屈服准则

学习目标

1. 理解屈服准则的概念和应用。
2. 了解屈雷斯加屈服准则和米塞斯屈服准则。

金属材料只有在屈服以后才能进行塑性加工，这时，材料中发生塑性变形区域内的质点的应力必须满足屈服准则。不同的材料或同一种材料在不同的加工条件下，其变形抗力是不同的，这是因为材料在不同加工条件下的应力-应变关系是不同的。可以说，屈服准则和本

构方程是金属塑性成形力学理论的基石。同时，这两者又有着密切的联系，根据关联的流动法则，可以从屈服准则推导出相应的塑性本构方程。

本模块主要介绍两种最常用的屈服准则——屈雷斯加屈服准则和米塞斯屈服准则，以及可以由米塞斯屈服准则经关联的流动法则导出的塑性本构方程，后续内容采用它们求解塑性成形载荷。

实际金属材料在不同工艺条件下的塑性行为是千差万别的，为了进行更准确的描述，人们一直在努力建立针对特定材料的越来越精密但通常也越来越复杂的本构方程，每种材料在特定条件下的本构方程应由理论和实验共同建立。关于本构方程的研究，一直是一个十分活跃的力学与材料科学交叉的前沿领域。

一、屈服准则的概念

屈服准则是材料质点发生屈服而进入塑性状态的判断依据。对于仅在单向拉应力或压应力作用下的质点，可以直接使用简单拉伸或单向压缩的实验结果，即用屈服应力的值来进行判别。而多向应力作用下的材料质点的屈服是各向应力共同作用的结果。

在研究塑性成形问题时，常常涉及到有关材料性质的一些基本概念，下面列举几种常用的材料。

1）弹塑性材料：在变形过程中既有弹性变形又有塑性变形的材料。

2）刚塑性材料：在研究塑性变形时不考虑弹性变形的材料。

3）理想弹性材料：弹性变形时，应力与应变完全呈线性关系的材料。

4）理想塑性材料：塑性变形时不产生硬化的材料。

5）理想弹塑性材料：弹塑性材料塑性变形时不产生硬化的材料。

6）弹塑性硬化材料：弹塑性材料塑性变形时产生硬化的材料。

7）理想刚塑性材料：刚塑性材料塑性变形时不产生硬化的材料。

8）刚塑性硬化材料：刚塑性材料塑性变形时产生硬化的材料。

图 3-31 给出了一些材料的真实应力-应变曲线模型。仔细观察不难看出，实际金属材料的应力-应变曲线具备了其他曲线中的某些“特点”，如 3-31a 中实际金属材料的弹性变形阶段与 3-31b 的理想弹塑性材料相似，而均匀塑性变形阶段又与图 3-31c 的刚塑性硬化材料相似，这是因为实际的物体变形时都应该既有弹性变形又有塑性变形，即除了弹塑性材料，其他材料都是假定的。在研究中为了简化问题模型，常常要用到这些假定的材料，如在 ansys（一种塑性成形模拟软件）等相关仿真模拟软件的建模过程中，我们可以使用到这些简化模型。

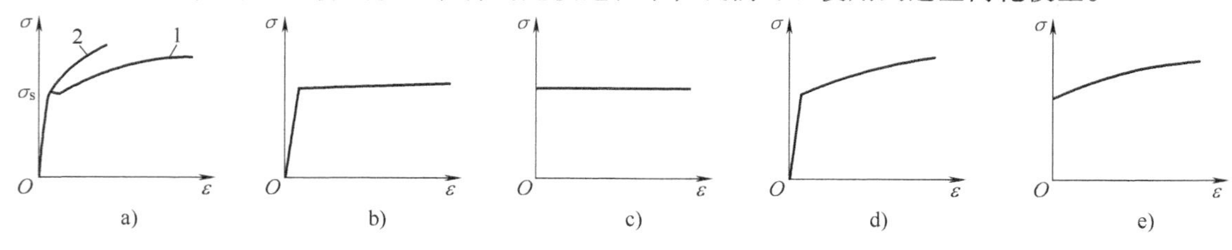

图 3-31　真实应力-应变曲线及某些简化形式

a）实际金属材料　b）理想弹塑性材料　c）理想刚塑性材料　d）弹塑性硬化材料　e）刚塑性硬化材料

1—有物理屈服点　2—无明显物理屈服点

质点处于单向应力状态下，只要单向应力达到材料的屈服点，则该点由弹性变形状态进入塑性变形状态，该屈服点的应力称为屈服应力 σ_s。在多向应力状态下，显然不能用一个应力分量的数值来判断受力物体内质点是否进入塑性变形状态，而必须同时考虑所有的应力分量。实验研究表明，在一定的变形条件下，只有当各应力分量之间符合一定关系时，质点才开始进入塑性变形状态，这种关系称为屈服准则，也称塑性条件。一般表示为

$$f(\sigma_{ij})=C \tag{3-71}$$

式中　$f(\sigma_{ij})$——应力分量的函数；

C——与材料性质有关的常数，可通过实验测得。

在建立屈服准则时，常常提出如下基本假设。

1）材料为均匀连续，且各向同性。

2）体积变化为弹性的，塑性变形时体积不变。

3）静水压力不影响塑性变形，只引起体积弹性变化。

4）不考虑时间因素，认为变形为准静态。

5）不考虑包辛格（Bauschinger）效应。

屈服准则表示在复杂应力状态下材料开始进入屈服的条件，它的作用是控制塑性变形的开始阶段。屈服条件在主应力空间中为屈服方程。五种常用的屈服准则，它们分别是屈雷斯加准则，米塞斯屈服准则，Mnhr-Coulomb 屈服准则，Drucker Prager 屈服准则和 Zienkiewicz-Pande 屈服准则，其中前两种为传统屈服准则，后三种适用于混凝土和岩土材料的准则。下面主要对前两种准则进行介绍。

二、屈雷斯加（H. Tresca）屈服准则

屈雷斯加（H. Tresca）通过对金属挤压的研究，于 1864 年提出了一个屈服准则。他提出这一准则时很可能受到多年前库仑（C. A. Comlomb）提出的最大剪应力强度理论的影响。屈雷斯加屈服准则可表述如下：当材料（质点）中的最大剪应力达到某一定值时，材料就屈服。或者说，材料处于塑性状态时，其最大剪应力始终是一不变的定值，该定值只取决于材料在变形条件下的性质，而与应力状态无关。该准则可写为

$$\tau_{max}=C$$

若已知 $\sigma_1 \geqslant \sigma_2 \geqslant \sigma_3$，则

$$\tau_{max}=\frac{\sigma_1-\sigma_3}{2}=C \tag{3-72}$$

在某一变形温度和变形速度条件下，材料单向均匀拉伸时，当拉伸应力 σ_1 达到材料的屈服极限 σ_s 时，材料就开始进入塑性状态，此时

$$\sigma_1=\sigma_s, \sigma_3=0$$

将上式代入式（3-72），得

$$C=\frac{\sigma_s}{2}$$

则

$$\sigma_1-\sigma_3=\sigma_s=2K \tag{3-73}$$

式（3-73）即为屈雷斯加屈服准则的数学表达式，式中 K 为材料屈服时的最大剪应力值。

如果不知道主应力大小顺序时，则屈雷斯加屈服准则表达式为

$$\begin{cases}\sigma_1-\sigma_2=\pm 2K=\pm\sigma_s\\ \sigma_2-\sigma_3=\pm 2K=\pm\sigma_s\\ \sigma_3-\sigma_1=\pm 2K=\pm\sigma_s\end{cases} \tag{3-74}$$

很显然，在事先知道主应力次序的情况下，使用屈雷斯加准则是非常方便的。但是在一般的三向应力条件下，主应力是待求的，大小次序也不能事先知道，这时使用屈雷斯加准则就不很方便。

三、米塞斯（Von. Mises）屈服准则

米塞斯（Von. Mises）于1913年提出另一屈服准则。米塞斯认为，为了便于数学处理，式（3-74）中的三个公式可以统一写成平方和的形式；上列三个公式等号左边的平方和就等于应力偏张量第二不变量 J_2' 的6倍，所以米塞斯屈服准则可以表述为：当应力偏张量的第二不变量 J_2' 达到某定值时，材料就会屈服。更为方便的表述方式是：当点应力状态的等效应力达到某一与应力状态无关的定值时，材料就屈服；或者说，材料处于塑性状态时，等效应力始终是一不变的定值，也即

$$\overline{\sigma}=\sqrt{\frac{1}{2}[(\sigma_1-\sigma_2)^2+(\sigma_2-\sigma_3)^2+(\sigma_3-\sigma_1)^2]}=C \tag{3-75}$$

同样，用单向拉伸屈服时的应力状态（σ_s，0，0）代入上式即可得到常数 C：

$$\sqrt{\frac{1}{2}[(\sigma_s-0)^2+(0-\sigma_s)^2]}=\sigma_s=C$$

于是，米塞斯屈服准则的表达式为

$$\overline{\sigma}=\sigma_s \tag{3-76}$$

即

$$(\sigma_1-\sigma_2)^2+(\sigma_2-\sigma_3)^2+(\sigma_3-\sigma_1)^2=2\sigma_s^2 \tag{3-77}$$

或

$$(\sigma_1-\sigma_2)^2+(\sigma_2-\sigma_3)^2+(\sigma_3-\sigma_1)^2+6(\tau_{xy}^2+\tau_{yz}^2+\tau_{xz}^2)=2\sigma_s^2 \tag{3-78}$$

汉基（H. Hencky）于1924年阐明了米塞斯屈服准则的物理意义，这就是：当材料的质点内单位体积的弹性形变能（即形状变化的能量）达到某临界值时，材料就屈服。米塞斯准则还可以有其他的物理解释，例如纳达依（A. Nadai）认为，米塞斯准则的式（3-77）或式（3-78）意味着，当八面体剪应力为某一临界值时，材料就屈服了。

米塞斯屈服准则和屈雷斯加屈服准则近似相等，在有两个主应力相同时两者还是一致的。米塞斯在提出自己的准则时，还认为屈雷斯加屈服准则是准确的，而自己的则是近似的，但以后的大量试验证明，对于绝大多数金属材料，米塞斯准则更接近于实验数据。

上述两个屈服准则存在共同的特点，也存在不同点。这些特点对于各向同性理想塑性材料的屈服准则是有普遍意义的。

1. 共同点

1）屈服准则的表达式都和坐标的选择无关，等式左边都是不变量的函数。

2）三个主应力可以任意置换而不影响屈服；同时，认为拉应力和压应力的作用是一样的。

3）各表达式都和应力球张量无关。实验证明，在通常的工作应力下，应力球张量对材料屈服的影响较小，可以忽略不计。应指出的是，如果应力球张量的三个分量是拉应力，那么球张量大到一定程度后材料就将脆断，不能发生塑性变形。

2. 不同点

在主应力顺序已知时，屈雷斯加屈服准则是主应力分量的线性函数，使用起来非常方便，在工程设计中常常被采用。当主应力大小顺序未知时，屈雷斯加屈服准则为六次方程，显然米塞斯屈服准则使用更为方便。

工程应用

【例1】　一直径为50mm的圆柱体试样，在无摩擦的光滑平板间镦粗，当总压力达到628kN时，试样屈服。现设在圆柱体周围方向上加10MPa的压力，试求试样屈服时所需的总压力。

解：材料屈服应力为

$$R_e=\frac{4\times628\times10^3}{50^2\times\pi}\text{MPa}=320\text{MPa}$$

圆柱体加压后：

$$\sigma_1=-10\text{MPa},\sigma_2=-10\text{MPa}$$

由米塞斯屈服准则得

$$\bar{\sigma}=(\sigma_1-\sigma_3)=R_e=320\text{MPa},\sigma_3=-320\text{MPa}-10\text{MPa}=-330\text{MPa}$$

【例2】　已知一点的应力状态为

$$\sigma_{ij}=\begin{pmatrix}1.2R_e & 0 & 0\\ 0 & 0.1R_e & 0\\ 0 & 0 & 0\end{pmatrix}$$

试用屈雷斯加屈服准则判断应力是否存在？如果存在，材料处于弹性还是塑性变形状态？（材料为理想塑性材料，屈服强度为R_e）

解：由曲雷斯加屈服准则$\max[|\sigma_1-\sigma_2|\sigma_2-\sigma_3|\sigma_3-\sigma_1|]=2K$得

$$\sigma_1=1.2R_e,\sigma_2=0.1R_e,\sigma_3=0$$

$$\sigma_1-\sigma_2=1.2R_e-0.1R_e>R_e$$

由于为理想塑性材料，屈服强度为R_e，故此应力不存在。

模块五　塑性变形时应力、应变关系（本构关系）

学习目标

1. 掌握弹性变形和塑性变形时的应力、应变关系。

2. 了解应力、应变顺序对应的规律。

一、弹性变形时应力、应变关系

单向应力状态时的弹性应力、应变关系就是熟知的胡克定律，即

$$\sigma_x = E\varepsilon_x \tag{3-79}$$

式中，E 称为弹性模量。对于一种材料，在一定温度下它是一个常数。将它推广到一般应力状态的各向同性材料，就叫广义胡克定律。

材料拉伸变形时，沿受力方向伸长，垂直于力作用方向则缩短，根据试验得知：在弹性范围内，横向相对缩短 ε_y 和纵向相对伸长 ε_x 成正比，因伸长与缩短符号相反，故

$$\varepsilon_y = -\nu\varepsilon_x \tag{3-80}$$

式中　ν——泊松比。

通过对单元体的应力分布转化可得

$$\overline{\sigma} = E\overline{\varepsilon_l} \tag{3-81}$$

式中　$\overline{\sigma}$——应力强度；

$\overline{\varepsilon_l}$——应变强度。

已知等效应变为

$$\overline{\varepsilon} = \frac{\sqrt{2}}{3}\sqrt{(\varepsilon_x-\varepsilon_y)^2+(\varepsilon_y-\varepsilon_z)^2+(\varepsilon_z-\varepsilon_x)^2+6(\gamma_{xy}^2+\gamma_{yz}^2+\gamma_{xz}^2)} \tag{3-82}$$

等效应变 $\overline{\varepsilon}$ 与弹性应变强度关系为

$$\overline{\varepsilon_l} = \frac{3}{2(1+\nu)}\overline{\varepsilon} \tag{3-83}$$

式（3-81）表明，材料弹性变形范围内，应力强度与应变强度成正比，比例系数为 E。弹性变形时，应力、应变关系有以下特点。

1）应力、应变完全呈线性关系，应力主轴与应变主轴重合。

2）弹性变形可逆，应力、应变之间为单值关系，即一种应力状态对应一种应变状态，与加载路线无关。

3）弹性变形时，应力球张量使物体产生体积变化，泊松比 $\nu<0.5$。

二、塑性变形时应力、应变关系的特点

材料产生塑性变形时，应变与应力关系有以下特点。

1）材料变形不可恢复，是不可逆的关系，与应变历史有关，即应力与应变关系不再保持单值关系。

2）塑性变形时，认为体积不变，即应力球张量为零，泊松比 $\nu=0.5$。应力、应变之间关系是非线性关系，因此，全量应变主轴与应力主轴不一定重合。对于硬化材料，卸载后再重新加载，其屈服应力就是卸载后的屈服应力，比初始屈服应力要高。

3）在弹性范围内，应变只取决于当时的应力。反之亦然，如 σ_c 总是对应 ε_c，不管是加载而得还是由 σ_d 卸载而得。在塑性范围内，若是理想塑性材料，则同一 σ_s 可以对应任何应变。若是硬化材料 σ_s 加载到 σ_e，对应的应变变为 ε_e；若是由 σ_f 加载到 σ_e，则应变为

$\varepsilon_{f'}$，即塑性变形时，应力与应变关系不再保持单值关系。

三、应力、应变顺序对应规律

塑性变形时，当主应力顺序 $\sigma_1>\sigma_2>\sigma_3$ 不变，且应变主轴方向不变时，则主应变的顺序与主应力顺序相对应，即 $\varepsilon_1>\varepsilon_2>\varepsilon_3$（$\varepsilon_1>0$，$\varepsilon_3>0$）；当 $\sigma_2 \gtreqless \frac{\sigma_1+\sigma_3}{2}$ 的关系保持不变时，相应地有 $\varepsilon_2 \gtreqless 0$。

这种规律的前一部分称为应力、应变“顺序对应关系”，后一部分称为应力、应变的“中间关系”。它们统称为应力、应变顺序对应规律。这种规律实质是将增量理论的定量描述变为一种定性判断。它虽然不能给出各方向全量应变的定量结果，但可以说明应力在一定范围内变化时各方向上全量应变的相对大小，进而可以推断出尺寸的相对变化。现证明如下：

在应力顺序始终保持不变的情况下，例如 $\sigma_1>\sigma_2>\sigma_3$，则应力偏量分量的顺序也是不变的，即

$$(\sigma_1-\sigma_m)>(\sigma_2-\sigma_m)>(\sigma_3-\sigma_m) \tag{3-84}$$

根据米塞斯屈服准则，在主应力条件下可以写成如下形式：

$$\frac{d\varepsilon_1}{\sigma_1-\sigma_m}=\frac{d\varepsilon_2}{\sigma_2-\sigma_m}=\frac{d\varepsilon_3}{\sigma_3-\sigma_m}=d\lambda \tag{3-85}$$

将式（3-85）代入式（3-84），得

$$d\varepsilon_1>d\varepsilon_2>d\varepsilon_3 \tag{3-86}$$

对于初始应变为零的应变过程，可视为几个阶段所组成，在时间间隔 t_1 中，应变增量为

$$\begin{aligned} d\varepsilon_1|_{t_1}&=(\sigma_1-\sigma_m)|_{t_1}d\lambda_1\\ d\varepsilon_2|_{t_1}&=(\sigma_2-\sigma_m)|_{t_1}d\lambda_1\\ d\varepsilon_3|_{t_1}&=(\sigma_3-\sigma_m)|_{t_1}d\lambda_1 \end{aligned}$$

在时间间隔 t_2 中同理有

$$\begin{aligned} d\varepsilon_1|_{t_2}&=(\sigma_1-\sigma_m)|_{t_2}d\lambda_2\\ d\varepsilon_2|_{t_2}&=(\sigma_2-\sigma_m)|_{t_2}d\lambda_2\\ d\varepsilon_3|_{t_2}&=(\sigma_3-\sigma_m)|_{t_2}d\lambda_2 \end{aligned}$$

在时间间隔 t_n 中也将有

$$\begin{aligned} d\varepsilon_1|_{t_n}&=(\sigma_1-\sigma_m)|_{t_n}d\lambda_n\\ d\varepsilon_2|_{t_n}&=(\sigma_2-\sigma_m)|_{t_n}d\lambda_n\\ d\varepsilon_3|_{t_n}&=(\sigma_3-\sigma_m)|_{t_n}d\lambda_n \end{aligned}$$

由于主轴方向不变，各方向的全量应变（总应变）等于各阶段应变增量之和，即

$$\varepsilon_1=\sum d\varepsilon_1$$

$$\varepsilon_2=\sum d\varepsilon_2$$

$$\varepsilon_3=\sum d\varepsilon_3$$

$$\varepsilon_1-\varepsilon_2=(\sigma_1-\sigma_2)\big|_{t_1}d\lambda_1+(\sigma_1-\sigma_2)\big|_{t_2}d\lambda_2+\cdots+(\sigma_1-\sigma_2)\big|_{t_n}d\lambda_n \tag{3-87}$$

由于始终保持 $\sigma_1>\sigma_2$，故有

$$(\sigma_1-\sigma_2)\big|_{t_1}>0,(\sigma_1-\sigma_2)\big|_{t_2}>0,\cdots,(\sigma_1-\sigma_2)\big|_{t_n}>0$$

且因 $d\lambda_1$、$d\lambda_2$，…，$d\lambda_n$ 皆大于零，于是式（3-87）右端恒大于零，即

$$\varepsilon_1>\varepsilon_2 \tag{3-88}$$

同理有

$$\varepsilon_2>\varepsilon_3 \tag{3-89}$$

汇总式（3-88）和式（3-89），可得

$$\varepsilon_1>\varepsilon_2>\varepsilon_3$$

即应力、应变的“顺序对应关系”得到证明。

又根据体积不变条件

$$\varepsilon_1+\varepsilon_2+\varepsilon_3=0$$

因此有 $\varepsilon_1>0$，$\varepsilon_3<0$。

至于沿中间主应力 σ_2 方向的应变 ε_2 的符号，需根据 σ_2 的大小来定。在前述变形过程的几个阶段中，ε_2 可按下式计算：

$$\varepsilon_2=(\sigma_1-\sigma_m)\big|_{t_1}d\lambda_1+(\sigma_2-\sigma_m)\big|_{t_2}d\lambda_2+\cdots+(\sigma_2-\sigma_m)\big|_{t_n}d\lambda_n$$

若变形过程中保持 $\sigma_2>\dfrac{\sigma_1+\sigma_3}{2}$，即 $\sigma_2>\sigma_m$，由于 $d\lambda_1>0$，$d\lambda_2>0$，…，$d\lambda_n>0$，则上式右端恒大于零，即

$$\varepsilon_2>0$$

同理可证，当 $\sigma_2<\dfrac{\sigma_1+\sigma_3}{2}$时，有

$$\varepsilon_2<0$$

当 $\sigma_2=\dfrac{\sigma_1+\sigma_3}{2}$时，有

$$\varepsilon_2=0$$

汇总起来，即当

$$\sigma_2 \begin{matrix}>\\=\\<\end{matrix} \frac{\sigma_1+\sigma_3}{2}$$

则有

$$\varepsilon_2 \begin{matrix}>\\=\\<\end{matrix} 0$$

即应力、应变的“中间关系”得到证明。

应当强调，以上证明是根据增量理论导出的全量应变定性表达式，不应误认为是从全量理论导出的。

进一步分析可以看出，应力、应变中间关系是决定变形类型的依据。现在来分析中间应力 $\sigma_2 \begin{matrix} > \\ = \\ < \end{matrix} \frac{\sigma_1+\sigma_3}{2}$ 对应变类型的影响。

当 $\sigma_2=\frac{\sigma_1+\sigma_3}{2}$ 时，$\varepsilon_2=0$，则应变状态为 $\varepsilon_1>0$，$\varepsilon_2=0$，$\varepsilon_3<0$，且由体积不变条件可知 $\varepsilon_1=-\varepsilon_3$，属于平面变形。

当 $\sigma_2>\frac{\sigma_1+\sigma_3}{2}$ 时，$\varepsilon_2>0$，则应变状态为 $\varepsilon_1>0$，$\varepsilon_2>0$，$\varepsilon_3<0$，属于压缩类变形。

当 $\sigma_2<\frac{\sigma_1+\sigma_3}{2}$ 时，$\varepsilon_2<0$，则应变状态为 $\varepsilon_1>0$，$\varepsilon_2<0$，$\varepsilon_3<0$，属于伸长类变形。

模块六　真实应力-应变曲线

学习目标

1. 熟知基于拉伸试验确定真实应力-应变曲线的方法。
2. 掌握真实应力-应变曲线的简化形式。

一、基于拉伸试验确定真实应力-应变曲线

用真实应力表示的应力-应变曲线，按不同的应变表达方式，可以有三种形式：真实应力和相对伸长量组成的曲线、真实应力和相对断面收缩率组成的曲线以及真实应力和对数应变的曲线。

1. 第一类真实应力-应变曲线：真实应力和相对伸长量组成的曲线

真实应力 S 是作用于试样瞬时断面面积上的应力，也即瞬时的流动应力，可表示为

$$S=\frac{P}{F} \tag{3-90}$$

式中　P——载荷；

　　　F——试样瞬时断面面积。

相对伸长量 ε 可表示为

$$\varepsilon=\frac{\Delta l}{l_0}=\frac{l_1-l_0}{l_0} \tag{3-91}$$

式中　l_0，l_1——分别为试样标距的原始长度和拉伸后长度。

2. 第二类真实应力-应变曲线：真实应力和相对断面收缩率组成的曲线

相对断面收缩率 Z，定义为

$$Z=\frac{F_0-F_1}{F_0} \tag{3-92}$$

式中　F_0，F_1——分别为试样的原始断面面积和伸长后断面面积。

3. 第三类真实应力-应变曲线：真实应力和对数应变的曲线

对数应变（真实应变）ϵ 定义为

$$d\epsilon=\frac{dl}{l} \tag{3-93}$$

式中　l——试样的瞬时长度；

　　dl——瞬时长度改变量。

当试样从 l_0 拉伸至 l_1 时，总的真实应变为

$$\epsilon=\int_{l_0}^{l_1}d\epsilon=\int_{l_0}^{l_1}\frac{dl}{l}=\ln\frac{l_1}{l_0} \tag{3-94}$$

在出现缩颈以前，试样处于均匀拉伸状态，因此上述三种应变间存在以下关系：

$$\epsilon=\ln\frac{l_1}{l_0}=\ln\left(\frac{l_0+\Delta l}{l_0}\right)=\ln(1+\varepsilon) \tag{3-95}$$

将式（3-95）展开，得

$$\epsilon=\varepsilon-\frac{\varepsilon^2}{2}+\frac{\varepsilon^3}{3}-\cdots$$

由上式可知，ϵ 总小于 ε。但当 ε 较小时，例如 $\varepsilon=0.1$，则 ϵ 仅比 ε 小5%。故一般可认为在小变形时，$\epsilon\approx\varepsilon$。

因 $\varepsilon=\frac{l_1}{l_0}-1$，故

$$\frac{l_1}{l_0}=1+\varepsilon \tag{3-96}$$

由式（3-92）并考虑式（3-96）得

$$Z_\tau=\frac{F_0-F}{F_0}=1-\frac{F}{F_0}=1-\frac{l_0}{l_1}=\frac{\varepsilon}{1+\varepsilon} \tag{3-97}$$

或

$$\varepsilon=\frac{Z_\tau}{1-Z_\tau} \tag{3-98}$$

由式（3-95）可得

$$\varepsilon=e^{\epsilon}-1 \tag{3-99}$$

二、基于压缩试验和轧制试验确定真实应力-应变曲线

拉伸试验得到的真实应力-应变曲线的最大应变量受到塑性失稳的限制，一般 ϵ 在1.0左右，而曲线的精确段则在 $\epsilon<0.3$ 范围内，实际塑性变形时的应变往往比1.0大得多，因此拉伸试验得到的真实应力-应变曲线便不够用。而压缩试验得到的真实应力-应变曲线的应变量可达2，有人在压缩铜试样时甚至获得3.9的变形程度。因此，要获得大变形程度下的真实应力-应变曲线就需要通过压缩试验得到。

压缩试验的主要问题是试样与工具的接触面上不可避免地存在摩擦，这就改变了试样的单向压缩状态，试样出现了鼓形，因而求得的应力也就不是真实应力。因此，消除接触表面间的摩擦是得到压缩真实应力-应变曲线的关键。为消除接触表面间的摩擦，可以用直接消

除摩擦的圆柱体压缩法和外推法两种方法。

1. 直接消除摩擦的圆柱体压缩法

图 3-32 是圆柱体试样的压缩试验及其试样。上、下垫板须经淬火、回火、磨削和抛光处理。试样尺寸一般取 $D_0=20\sim30\text{mm}$，$D_0/H_0=1$。为减小试样与垫板之间的接触摩擦，可在试样的端面上车出沟槽，以便保存润滑剂，或将试样端面车出浅坑，坑中充以石蜡，以起润滑作用。

试验时，每压缩 10% 的高度，记录压力和实际高度，然后将试样和冲头擦净，重新加润滑剂，再重复上述过程。如果试样上出现鼓形，则需将鼓形车去，并使尺寸仍保持 $D/H=1$，再重复以上压缩过程，直到试样侧面出现微裂纹或压到所需的应变量为止（一般达到真实应变 1.2 即可）。根据各次的压缩量和压力，利用以下公式计算出压缩时的真实应力和对数应变，便可做出真实应力-应变曲线。

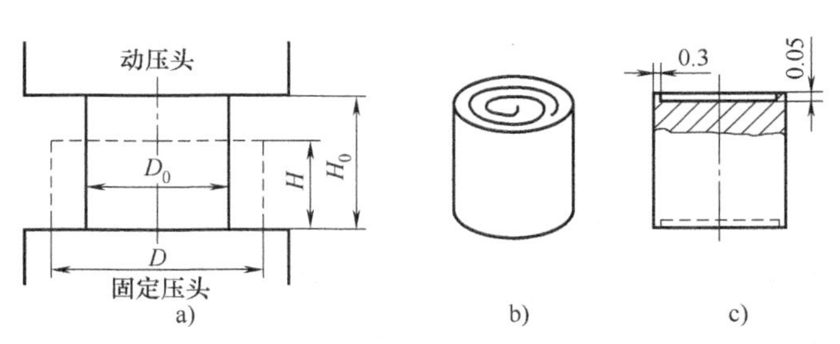

图 3-32　圆柱体试样的压缩试验及其试样

压缩时的对数应变为（参看图 3-32a）

$$\epsilon=\ln\frac{H_0}{H} \tag{3-100}$$

式中　H_0，H——分别为试样压缩前后的高度。

压缩时的真实应力为

$$S=\frac{P}{F}=P/F_0\mathrm{e}^{\epsilon} \tag{3-101}$$

式中　F_0，F——试样压缩前、后的横截面面积；

P——轴向载荷。

2. 外推法

外推法是间接消除压缩试验接触摩擦影响的一种方式。圆柱体压缩时的接触摩擦受试样尺寸$\frac{D_0}{H_0}$的影响，$\frac{D_0}{H_0}$越大，摩擦的影响越大，曲线越高。如果使$\frac{D_0}{H_0}=0$，即 $D_0=0$，则摩擦的影响也将为零，这便是理想的单向压缩状态。$\frac{D_0}{H_0}=0$ 的试样实际上是不存在的，但可以采用外推的方法，间接推出$\frac{D_0}{H_0}=0$ 时的真实应力，进而求出真实应力-应变曲线。

准备四种圆柱形试样，直径和高度的比值分别做成$\frac{D_0}{H_0}=0.5$，1.0，2.0，3.0。试样两端涂上润滑剂，在垫板上分别进行压缩（允许出现鼓形）。记录每次压缩后的高度 H 和压力 P。可求得每种试样的 S-$\epsilon<0.3$ 曲线，如图 3-33a 所示。然后将得到的曲线转换成不同 $\epsilon<0.3$ 下的曲线（图 3-33b），再将每条相同的曲线延长外推到$\frac{D_0}{H_0}=0$ 的纵坐标轴上，得到截距

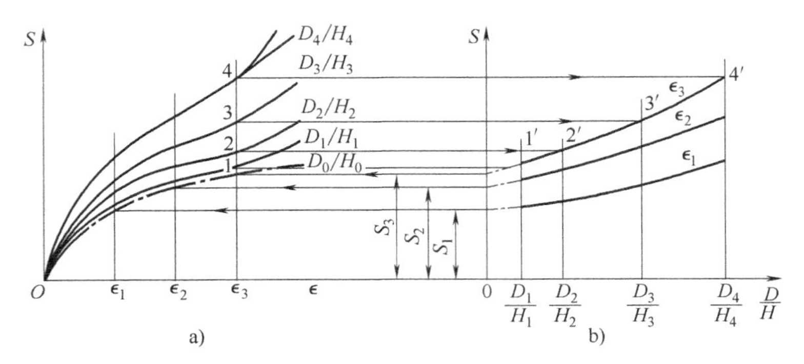

图 3-33　用外推法求压缩真实应力-应变曲线

S_1、S_2、S_3，这便是这四个试样在 ϵ_1、ϵ_2、ϵ_3 处的真实应力。再把 S_1、ϵ_1、S_2、ϵ_2、S_3、ϵ_3 转回到 S-ϵ 坐标中，连成曲线，这就是所求出的真实应力-应变曲线（图 3-33a 中的单点画线）。

拉伸和压缩试验的真实应力-应变曲线在理论上应该重合。对于一般金属材料，在小变形阶段基本重合。但当塑性变形量较大时有一些差别，压缩曲线稍高（图 3-34）。当应变量不大时，可以认为两者一致，因此，工程计算时一般采用拉伸试验得到的真实应力-应变曲线。

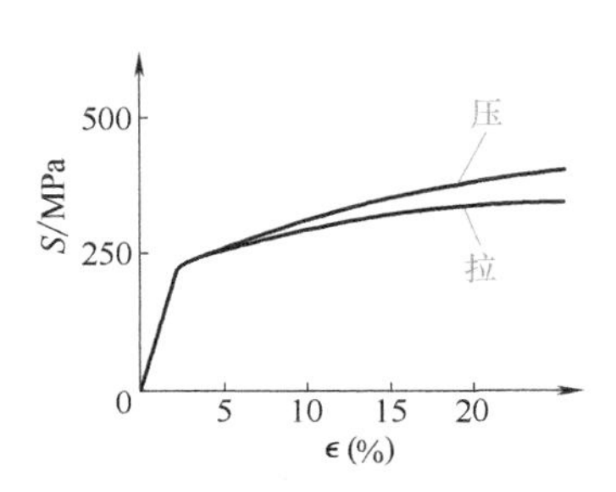

图 3-34　低碳钢拉伸和压缩试验得到的真实应力-应变曲线的比较

三、真实应力-应变曲线的简化形式

试验所得的真实应力-应变曲线一般都不是简单的函数关系。为了实际应用，常希望能将此曲线表达成某一函数形式。根据对真实应力-应变曲线的研究，可将它归纳成四种类型，如图 3-35 所示。

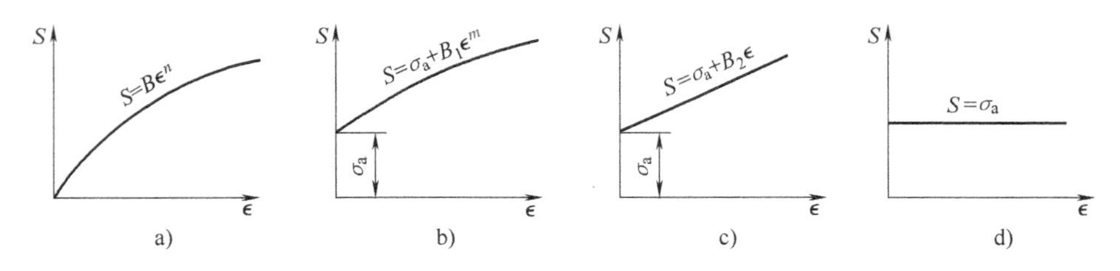

图 3-35　真实应力-应变曲线的基本类型

a）抛物线形硬化曲线　b）抛物线形刚塑性硬化曲线　c）直线形刚塑性硬化曲线　d）理想刚塑性水平直线

1. 抛物线形硬化曲线

很多金属的真实应力-应变曲线近似于抛物线形状，对于立方晶格的退火金属（如铁、铜、铝等），其真实应力-应变曲线可相当精确地用以下指数方程式表示（如图 3-35a 所示）

$$S=B\epsilon^n \tag{3-102}$$

式中　B——与材料有关的常数；

n——硬化指数。

2. 抛物线形刚塑性硬化曲线

对于有初始屈服应力 σ_a 的冷变形金属材料，可较好地表达为

$$S=\sigma_a+B_1\epsilon^m \tag{3-103}$$

如图 3-35b 所示，这时曲线直接由 S 轴上的 σ_a 做出。这里略去了弹性变形阶段，因为对大塑性变形来说，略去弹性变形，不影响其精确性。式中的 B_1、m 两参数需根据试验曲线求出。

3. 直线形刚塑性硬化曲线

有时为了简单起见，可将真实应力-应变曲线视作直线（如图 3-35c 所示），其表达式为

$$S=\sigma_a+B_2\epsilon \tag{3-104}$$

4. 理想刚塑性水平直线

对于几乎不产生硬化的材料，可认为真实应力-应变曲线是一水平线，如图 3-35d 所示。这时的表达式为

$$S=\sigma_a \tag{3-105}$$

在室温下，只有纯度极高的铅可认为不产生加工硬化。高温下的钢，也可采用这一无硬化的假设。

四、变形温度和变形速度对真实应力-应变曲线的影响

1. 变形温度对真实应力-应变曲线的影响

金属在加热条件下，原子激活能增加，会促成回复和再结晶，使变形中的硬化效应得到消除或部分消除，这些软化现象的出现，会使流动应力降低；但在某些温度区域，由于金属的脆性，出现了一些例外情况，如钢在 400℃ 左右的蓝脆区和 800℃ 左右的相变区，其流动应力反而有所升高。但总的趋势仍是流动应力随温度升高而下降。从真实应力-应变曲线来看，随着温度升高，金属的硬化强度减小（即曲线的斜率减小），并从一定温度开始，应力-应变曲线成为水平线，这表明金属变形中的硬化效应完全被软化所抵消。图 3-36 和图 3-37 是两种金属材料在不同温度下的真实应力-应变曲线，从中可以看出温度对软化的影响。

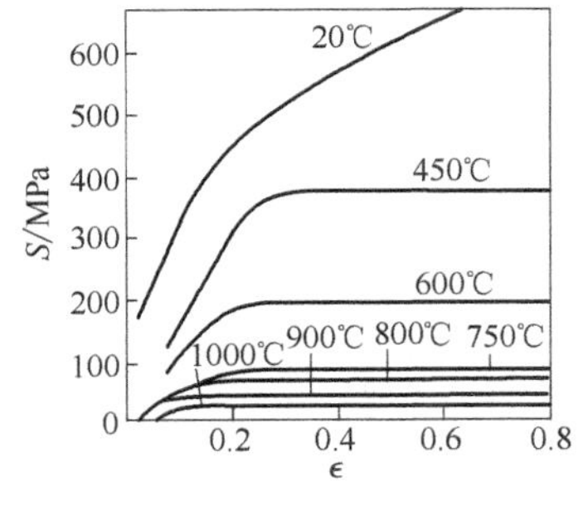

图 3-36　低碳钢在不同温度下的真实应力-应变曲线

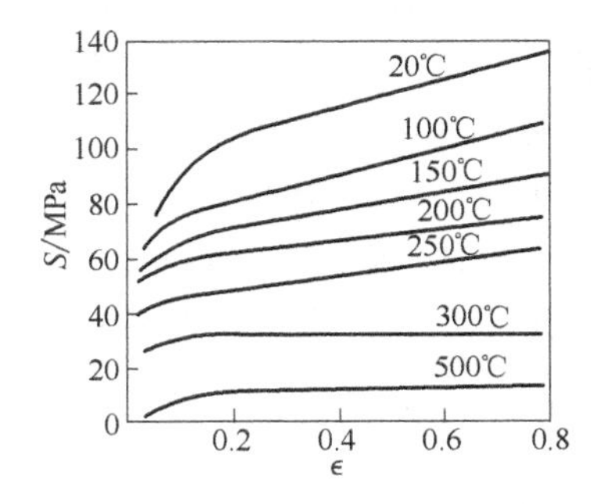

图 3-37　铝在不同温度下的真实应力-应变曲线

2. 变形速度对真实应力-应变曲线的影响

变形速度增加，位错运动速度加快，因此需要作用更大的剪应力，流动应力必然要提高；此外，由于变形速度增加，没有足够时间发展软化过程，这也会促使流动应力提高；另一方面，增加变形速度又导致了热效应的增加。由此可见，变形速度最终对流动应力的影

响，关系就比较复杂，它主要根据金属在具体条件变形时硬化与软化的相对强度而定。

冷变形时，由于热效应显著，硬化被软化所抵消，因此变形速度的增加，使流动应力有所增加或基本不变，所以，冷变形时必须考虑变形速度对流动应力的影响。

实际应用中，为了方便地求得高温下的动载流动应力，可将材料在静载荷下的流动应力乘以一个速度系数 ω。ωS 即为所求的动载流动应力。表 3-3 为苏联学者古布金所推荐的速度系数（ω）值。

表 3-3　速度系数值

变形速度增加倍数（以准静速度 0.1/s 为基础）	ω			
	<0.3	0.3~0.5	0.5~0.7	>0.7
10 倍	1.05~1.10	1.10~1.15	1.15~1.30	1.30~1.50
100 倍	1.10~1.22	1.22~1.32	1.32~1.70	1.70~2.25
1000 倍	1.16~1.34	1.34~1.52	1.52~2.20	2.20~3.40
从准静速度提高到动载速度	1.10~1.25	1.25~1.75	1.75~2.50	2.50~3.50

注：速度系数下限值用于该温度范围内较低的温度。

拓展练习

一、填空题

1. 用低碳钢拉伸试验测定金属材料的塑性指标时用到的是________（静/动）载荷。

2. 表示应力的符号是________；表示应变的符号是________；表示真应变的符号是________；表示等效应变的符号是________。

3. 金属在加热条件下，原子激活能________（增加/降低），会促成回复和再结晶，使变形中的硬化效应得到消除或部分消除。

4. 变形速度增加，位错运动速度________（加快/减慢），因此需要作用更大的剪应力，流动应力就会提高。

5. 压缩试验存在的主要问题是试样与工具的接触面上不可避免地存在摩擦，这就改变了试样的________，试样出现了鼓形，因而求得的应力也就不是真实应力。

6. 拉伸和压缩试验的真实应力-应变曲线在理论上应该重合。对于一般金属材料，在小变形阶段基本重合。但当塑性变形量较大时有一些差别，因此，工程计算时一般采用________（拉伸/压缩）试验曲线。

7. 变形体内任一点变形前后的直线距离称________。

8. 相对应变________（能/不能）表示变形的实际情况，而且变形程度越大，误差也越大。

9. 如果用主应变简图来表示应变状态，根据体积不变条件和特征应变，则塑性变形只能有________、________、________这三种变形类型。

10. 主应变简图对于分析塑性变形的________具有极其重要意义，它可以断定塑性变形的类型。

11. 在锻造成形中，设计好锻件图后才能计算锻前坯料的尺寸，此时用到的公式 $V_{锻前}=V_{锻后}$ 就是遵循了塑性变形的________条件。

12. ________能真实地反映变形的积累过程，所以也称真实应变，简称为真应变。因此，在大的塑性变形问题中，只有用它才能得出合理的结果。

二、名词解释

应力；应变；真应力；真应变；主应变；等效应变

三、分析题

1. 弹性变形时，应力-应变关系有什么特点？
2. 塑性变形时，应力-应变关系有什么特点？
3. 变形温度和变形速度对真实应力-应变曲线有什么影响？

【大国工匠】

大国工匠锻造世界级精品——中国一重首席技能大师刘伯鸣

在中国一重水压机锻造厂车间里，有一台世界领先的1.5万t自由锻造水压机，这台几十米高的设备承担的都是上百吨重、超大、超难的锻件。

核电大型锻件是世界公认的综合性能要求最高、热加工技术难度最大的产品之一。与普通锻件相比，核电大型锻件对钢锭的纯净性、均匀性和锻造的致密性要求更高，同时具有大型化和形状复杂的特点。锥形筒体锻件是核电蒸发器中重要的部件之一，由于其形状复杂、性能要求高，因此无论在锻造成形还是后续热处理难度都非常大。刘伯鸣（图3-38）和他的锻造团队在没有任何经验可以借鉴的情况下，对锻造工艺和操作过程进行深入透彻地分析研究。一段时间里，刘伯鸣冥思苦想，整个人犹如进入了“铸心磨志”的状态，无论是白班下班还是二班下班都在思考工艺参数，琢磨变形过程。功夫不负有心人，经过刘伯鸣和技术人员一番周密细致的前期准备，他们攻克了锥形筒体在专用芯棒拔长、专用马杠扩孔、叠片增减时机等锻造过程的关键控制点。通过采用刘伯鸣提出的关键点控制方法，锥形筒体最终一次锻造成功。

图3-38　刘伯鸣

锥形筒体不仅填补了国内锻造技术的空白，而且彻底打破了核电关键锻件全部依赖进口的局面。多项超大锻件的成功锻造，打破了国外大锻件的垄断，为中国在超大锻件制造领域赢得了国际话语权。

第四篇

金属塑性加工中的摩擦与润滑

模块一　金属塑性成形中的摩擦

金属塑性加工中的摩擦与润滑

学习目标

1. 了解塑性成形中的摩擦特点和摩擦机理。
2. 知道影响摩擦系数的几种因素。
3. 知道常见塑性成形方法中的摩擦系数。

两相互接触的物体，发生相对运动或有相对运动趋势时所产生的阻碍相对运动的阻力，称为摩擦力，此现象称为摩擦。其中，前一种摩擦称为动摩擦，后一种摩擦称为静摩擦。在机械传动中主要是动摩擦。

金属塑性成形中的摩擦又分为内、外摩擦。内摩擦是指变形金属内晶界面上或晶内滑移面上产生的摩擦；外摩擦是指变形金属与工具之间接触面上产生的摩擦。外摩擦力简称为摩擦力，本书所讨论的是这种摩擦力。单位接触面上的摩擦力称为摩擦切应力，其方向与变形体质点运动方向相反，它阻碍金属质点的流动。

一、金属塑性成形中摩擦的特点

与机械传动中的摩擦相比，塑性成形中的摩擦有如下特点。

1. 伴随有变形金属的塑性流动

塑性成形中总有一个摩擦物表面处于塑性流动状态（变形金属），而且变形金属沿接触面上的各点的塑性流动情况各不相同，因而在接触面上各点的摩擦也不一样。而机械传动中的摩擦则是发生在两个摩擦物表面均处于弹性变形状态下的。

2. 接触面上压强高

在塑性成形过程中，接触面上的压强（单位压力）很高。在热塑性变形时可达 500MPa 左右，在冷挤压和冷轧过程中可高达 2500~3000MPa。而一般机械传动过程中，承受载荷的轴承的工作压力一般约为10MPa左右，即使重型轧钢机的轴承承受的压力也不过在20~40MPa。由于塑性成形过程中接触面上压强高，接触面间的润滑剂容易被挤出，因此降低了润滑效果。

3. 实际接触面积大

在一般机械传动过程中，由于接触面凹凸不平，因此实际接触面积比名义接触面积小得多。而在塑性成形过程中，由于发生塑性变形，接触面上凸起部分被压平，因此实际接触面积接近名义接触面积，这使得摩擦力增大。

4. 不断有新的摩擦面产生

在塑性成形过程中，原来非接触面在变形过程中会成为新的接触表面。例如，镦粗时，由于不断形成新的接触表面，工具与变形金属的接触表面随着变形程度的增加而增加。由于在新的接触表面上无氧化皮等，表明工具与变形金属直接接触，从而产生附着力（也称黏合力），使摩擦力增大。因此，要不断给新的接触表面添加润滑剂，这给润滑带来困难。

5. 常在高温下产生摩擦

在塑性成形过程中，为了减小变形抗力，提高材料的塑性，常进行热压力加工。例如，钢材的锻造温度可达到800~1200℃。在这种情况下，会产生氧化皮、模具材料软化、因润滑剂分解而使润滑剂性能变坏等一系列问题。

从以上所述可以看出，塑性成形过程中的摩擦与润滑问题较一般机械传动中的摩擦要复杂得多。

二、摩擦对塑性成形过程的影响

金属塑性成形时，其接触摩擦在大多数情况下是有害的：

1）它使所需的变形力和变形功增大。

2）引起不均匀变形，产生附加应力，从而导致工件开裂。

3）使工件脱模困难，影响生产率。

4）增加工具的磨损，缩短模具的寿命。

但是，在某些情况下，摩擦在金属塑性成形时会起积极的作用：可以利用摩擦阻力来控制金属的流动，如开式模锻时利用飞边摩擦阻力来保证金属充满模膛；辊锻和轧制时凭借摩擦力把坯料送进轧辊等。

三、塑性成形中摩擦的分类

金属在塑性成形时，根据坯料与工具的接触表面之间润滑状态的不同，可以把摩擦分为三种类型，即干摩擦、流体摩擦和边界摩擦，由此还可以派生出混合型摩擦。

1. 干摩擦

当变形金属与工具之间的接触表面上不存在任何外来的介质，即直接接触时所产生的摩擦称为干摩擦，如图4-1a所示。这种绝对理想的干摩擦在实际生产中是不存在的，这是由于金属在塑性成形过程中，其表面总会产生氧化膜或吸附一些气体、灰尘等其他介质。通常所说的干摩擦是指不加任何润滑剂的摩擦。

2. 流体摩擦

流体摩擦是指坯料与工具表面之间完全被润滑油膜隔开时的摩擦，如图4-1b所示。这时两表面在相互运动中不产生直接接触，摩擦发生在流体内部分子之间。它不同于干摩擦，摩擦力的大小与接触面的表面状态无关，而取决于润滑剂的性质（如黏度）、速度梯度等因素，因而流体摩擦的摩擦系数很小。

3. 边界摩擦

边界摩擦是指坯料与工具表面之间被一层厚度约为 0.1μm 的极薄润滑油膜分开时的摩擦状态，介于干摩擦和流体摩擦之间，如图 4-1c 所示。随着作用于接触表面上压力的增大，坯料表面的部分“凸峰”被压平，润滑剂或形成一层薄膜残留在接触面间，或被完全挤掉，出现金属间的接触，发生黏模现象。大多数塑性成形工序的表面接触状态都属于这种边界摩擦。

在实际生产中，上述三种摩擦状态不是截然分开的，有时常会出现混合摩擦状态，如干摩擦与边界摩擦混合的半干摩擦；边界摩擦与流体摩擦混合的半流体摩擦等。

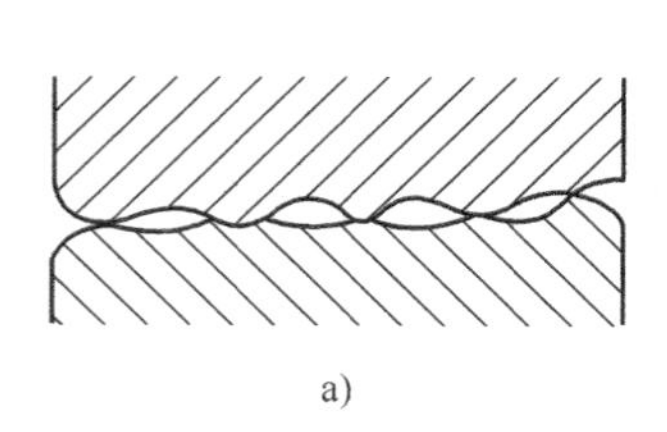

a)

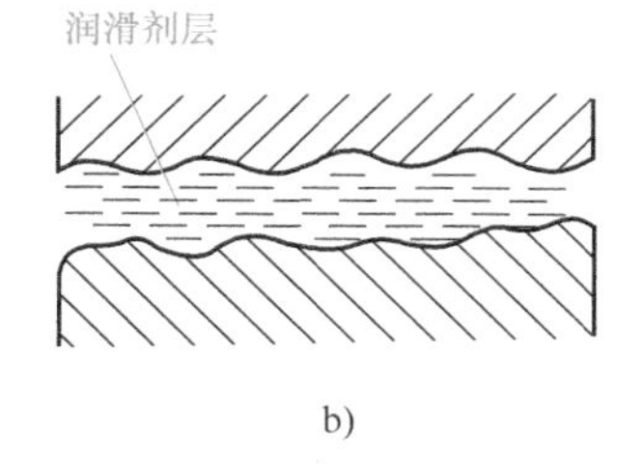

b)

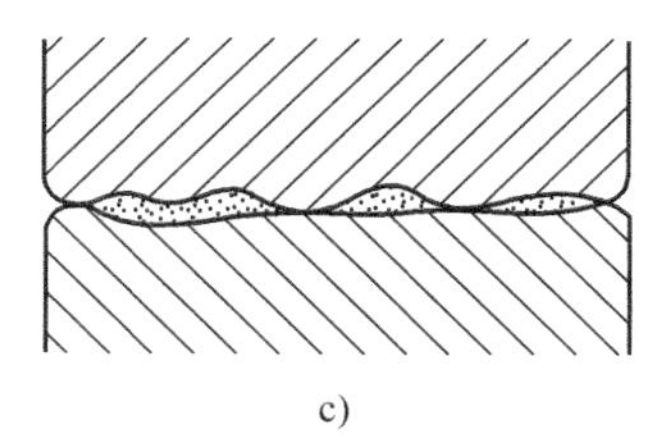

c)

图 4-1 摩擦分类示意图

a）干摩擦 b）流体摩擦 c）边界摩擦

四、摩擦机理

塑性成形时摩擦的性质是复杂的，关于干摩擦的摩擦机理就曾流行以下几种学说。

1. 表面凸凹学说

所有经过机械加工的表面并非绝对平坦光滑，从微观角度来看仍旧呈现出无数的凸峰和凹谷。当凸凹不平的两个表面相互接触时，一个表面的部分“凸峰”可能会陷入另一个表面的“凹坑”，产生机械咬合（图 4-2）。当这两个相互接触的表面在外力的作用下发生相对运动时，相互咬合的部分会被剪断，此时摩擦力表现为这些凸峰被剪切时的变形阻力。根据这一观点，相互接触的表面越粗糙，微“凸峰”、“凹坑”越多，相对运动时的摩擦力就越大。因此，降低工具表面粗糙度或涂抹润滑剂以填补表面凹坑，都可以起到减少摩擦的作用。对于普通粗糙度的表面来说，这种观点已得到实践的验证。

2. 分子吸附学说

当两个接触表面非常光滑时，接触摩擦力不但不降低，反而会提高，这一现象无法用机械咬合理论来解释。分子吸附学说认为：摩擦产生的原因是由于接触面上分子之间的相互吸引的结果。物体表面越光滑，接触面间的距离越小，实际接触面积就越大，分子吸引力就越强，因此，滑动摩擦力也就越大。

3. 表面黏着学说

该学说认为：当两表面相接触时，在某些接触点上的单位压力很大，以致这些点将发生黏着或焊合，当表面相对另一表面滑动时，黏着点即被剪断而产生滑移，摩擦过程就是黏着、剪断与滑移交替进行的过程，摩擦力是剪断金属黏着所需要的剪切力。

近代摩擦理论认为：干摩擦过程中产生摩擦力的主要原因是机械的相互啮合、分子间的吸引以及微凸体的黏着。由于金属表面的形态、组织和工作条件的不同，这些原因各自所起作用的大小也就不同，因而表现出了不同的摩擦效应。

五、影响摩擦系数的主要因素

塑性成形中的摩擦系数通常是指接触面上的平均摩擦系数。影响摩擦系数的因素很多，其主要因素分述如下。

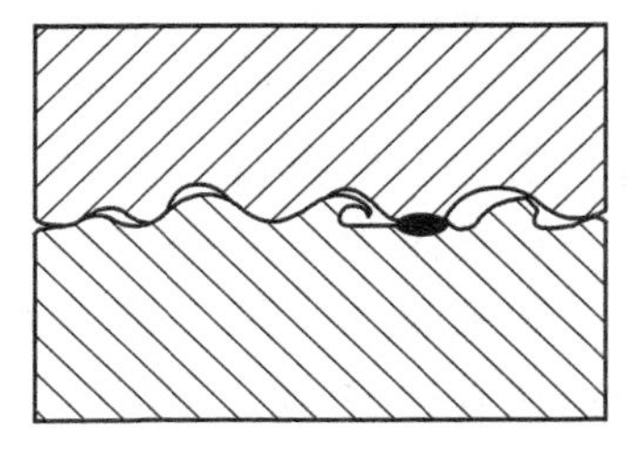

图 4-2　接触表面凹凸不平形成机械咬合

1. 金属的种类和化学成分

金属的种类和化学成分对摩擦系数影响很大。由于金属表面的硬度、强度、吸附性、原子扩散能力、导热性、氧化速度、氧化膜的性质以及与工具金属分子之间相互结合力等都与化学成分有关，因此不同种类的金属及不同化学成分的同一类金属，摩擦系数是不同的。黏附性较强的金属通常具有较大的摩擦系数，如铅、铝、锌等。一般来说，材料的硬度、强度越高，摩擦系数就越小，因而凡是能提高材料的硬度、强度的化学成分，都可使摩擦系数减小。对于黑色金属，随着碳的质量分数的增加，摩擦系数有所降低，如图 4-3 所示。

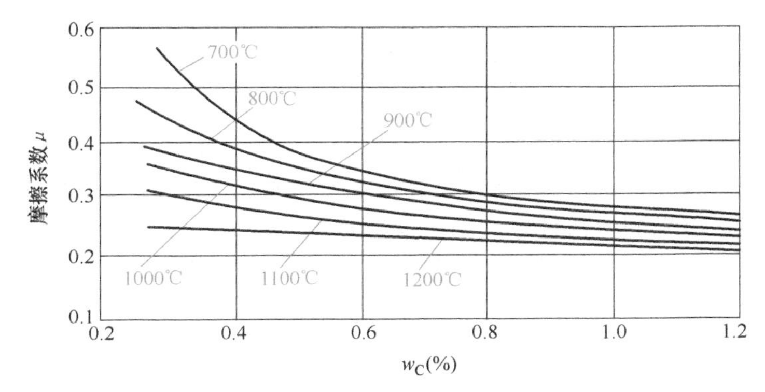

图 4-3　钢的含碳量对摩擦系数的影响

2. 工具的表面状态

一般来说，工具表面越光滑，即表面凸凹不平程度越轻，这时机械咬合效应就越弱，因而摩擦系数越小。若接触表面都非常光滑，分子吸附作用增强，反而会引起摩擦系数增加，但这种情况在塑性成形中并不常见。

工具表面粗糙度在各个方向不同时，则各方向的摩擦系数亦不相同。试验证明，沿着加工方向的摩擦系数比沿着垂直加工方向的摩擦系数约小 20%。

3. 接触面上的单位压力

单位压力较小时，表面分子吸附作用不明显，摩擦系数保持不变，和正压力无关。当单位压力增大到一定数值后，接触表面的氧化膜被破坏，润滑剂被挤掉，这不但增加了真实接触面积，而且使坯料和工具接触面间分子吸附作用增强，从而使摩擦系数随单位压力的增大而上升，当上升到一定程度后又趋于稳定，如图 4-4 所示。

4. 变形温度

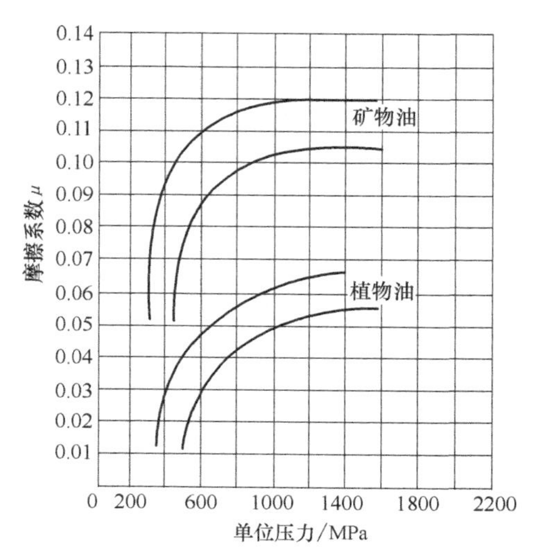

图 4-4 正压力对摩擦系数的影响

变形温度对摩擦系数的影响很复杂。因为变形温度变化时，材料的强度、硬度及接触面上氧化膜的性能等都会发生变化。一般认为，变形温度较低时，摩擦系数随变形温度升高而增大，到某温度时，摩擦系数达到最大值，此后，随变形温度继续升高而降低，如图 4-5 所示。这是因为变形温度较低时，金属坯料的强度、硬度较大，氧化膜较薄，所以摩擦系数较小。随着变形温度的升高，金属坯料的强度、硬度降低，氧化膜增厚，而且接触表面间的分子吸附能力也增强；同时，高温使润滑剂性能变坏，因而摩擦系数增大。到某一温度摩擦系数达到最大值后，随变形温度继续升高时，氧化皮会变软或者脱离金属基体表面，在金属坯料与工具之间形成一个隔离层，起到润滑作用，所以摩擦系数反而下降。

5. 变形速度

许多实验结果表明，摩擦系数随变形速度增加而有所下降。例如，锤上镦粗时的摩擦系数要比同样条件下压力机上镦粗时小 20%～25%。摩擦系数降低的原因与摩擦状态有关。

在干摩擦时，由于变形速度的增大，接触表面凸凹不平的部分来不及相互咬合，同时由于摩擦面上产生的热效应，使真实接触面上形成“热点”，该处金属变软。上述两个原因均使摩擦系数降低。在边界润滑条件下，由于变形速度增加，可使润滑油膜的厚度增加，并较好地保持在接触面上。从而减少了金属坯料与工具的实际接触面积，使摩擦系数下降，如图 4-6 所示。

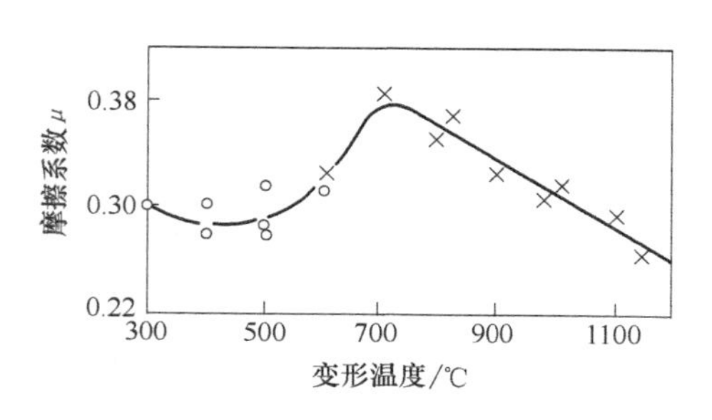

图 4-5 温度对钢的摩擦系数的影响

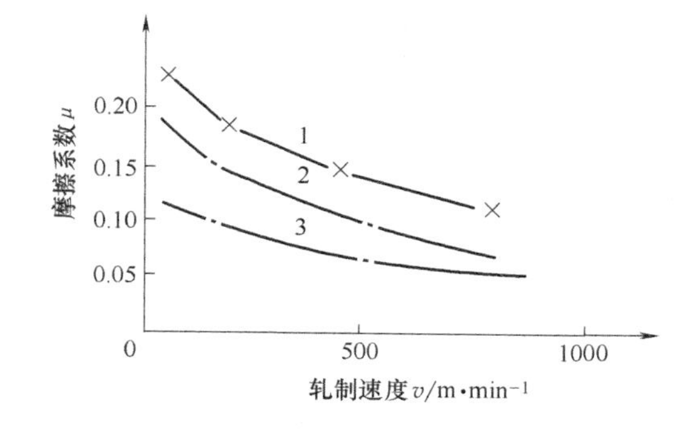

图 4-6 轧制速度对铝的摩擦系数的影响

1—压下率 60%，润滑油中无添加剂

2—压下率 60%，润滑油中加入酒精

3—压下率 25%，润滑油中加入酒精

六、不同塑性成形条件下的摩擦系数

1. 热锻时的摩擦系数（表 4-1）

表 4-1　热锻时的摩擦系数

材料	坯料温度/℃	不同的润滑剂 μ 值				
		无润滑		炭末	机油+石墨	
45 钢	1000 1200	0.37 0.43		0.18 0.25	0.29 0.31	
锻铝	400	无润滑	气缸油+石墨 10%（质量分数）	胶体石墨	精制石蜡+石墨 10%（质量分数）	精制石墨
		0.48	0.29	0.10	0.09	0.16

2. 磷化处理后冷锻时的摩擦系数（表 4-2）

表 4-2　磷化处理后冷锻时的摩擦系数

压力/MPa	μ 值			
	无磷化膜	磷酸锌	磷酸锰	磷酸镉
7	0.108	0.013	0.085	0.034
37	0.068	0.032	0.070	0.069
70	0.057	0.043	0.057	0.055
140	0.070	0.043	0.066	0.055

3. 冷拉延时的摩擦系数（表 4-3）

表 4-3　冷拉延时的摩擦系数

压力/MPa	μ 值		
	无润滑	矿物油	油+石墨
08 钢	0.20~0.25	0.15	0.08~0.10
12Cr18Ni9	0.30~0.35	0.25	0.15
铝	0.25	0.15	0.10
杜拉铝	0.22	0.16	0.08~0.10

4. 热挤压时的摩擦系数（表 4-4）

表 4-4　有色金属热挤压时的摩擦系数

润滑	μ 值					
	铜	黄铜	青铜	铝	铝合金	镁合金
无润滑	0.25	0.18~0.27	0.27~0.29	0.28	0.35	0.28
石墨+油	比上面相应数值降低 0.030~0.035					

5. 热轧时的摩擦系数

咬入时：μ=0.3~0.6。

轧制过程中：μ=0.2~0.4。

6. 拉拔时的摩擦系数

低碳钢：$\mu=0.05 \sim 0.07$。

铜及铜合金：$\mu=0.05 \sim 0.08$。

铝及铝合金：$\mu=0.07 \sim 0.11$。

模块二　塑性成形中的润滑

学习目标

1. 知道塑性成形中润滑的重要性。
2. 知道塑性加工中的润滑剂。

一、塑性成形中对润滑剂的要求

为了减小摩擦对塑性成形过程的不良影响，降低接触面间的摩擦力，提高模具寿命（减少磨损、冷却模具），提高产品质量（提高内部组织均匀性），降低变形抗力，提高金属充满模膛的能力等，必须选用合适的润滑剂。

塑性成形中使用的润滑剂一般应符合下述要求。

1）应有良好的耐压性能。由于塑性成形在高压下进行，因此要求润滑剂在高压作用下，润滑膜仍能吸附在接触表面上，保持良好的润滑状态。

2）应有良好的耐热性。热加工用的润滑剂在使用时应不分解、不失效。

3）应有冷却模具的作用。为了降低模具的温度，避免模具过热，提高模具寿命，要求润滑剂有冷却作用。

4）应无腐蚀作用。润滑剂不应对金属坯料和模具有腐蚀作用。

5）应无毒。润滑剂应对人体无毒、无害，不污染环境。

6）应使用、清理方便，并考虑其来源丰富、价格便宜等因素。

二、塑性成形中常用的润滑剂

塑性成形中常用的润滑剂有液体润滑剂和固体润滑剂两大类。

1. 液体润滑剂

该类润滑剂主要包括各种矿物油、动植物油以及乳液等。矿物油主要是全损耗系统用油（机油），其化学成分稳定，与金属不发生化学反应，但摩擦系数比动植物油大。动植物油主要有猪油、牛油、鲸油、蓖麻油、棕榈油等。动植物油含有脂肪酸，和金属起反应后在金属表面生成脂肪酸和润滑膜，因而润滑性能良好，但化学成分不如矿物油稳定。塑性成形时，应根据具体加工条件来选择不同黏度的润滑剂。一般来说，坯料厚、变形程度大而速度低的工艺，应选择黏度较大的润滑剂；反之，则宜选用黏度较小的稀油。乳液是由矿物油、乳化剂、石蜡、肥皂和水组成的水包油或者油包水的乳状稳定混合物。乳液除了具有润滑作用外，还对模具有较强的冷却作用。

2. 固体润滑剂

该类润滑剂主要包括石墨、二硫化钼、玻璃、皂类等。

（1）石墨　石墨属于六方晶系，具有多层鳞状结构，有油脂感。同一层石墨的原子间距比层与层的间距要小得多，所以同层原子间的结合力比层与层间的结合力要大。当晶体受到切应力的作用时，就易于在层与层之间产生滑移。所以用石墨作为润滑剂，金属与工具接触面间所表现的摩擦实质上是石墨层与层之间的摩擦，这样就起到了润滑作用。石墨具有良好的导热性和热稳定性，其摩擦系数随正应力的增加而有所增大，但与相对滑动速度几乎没有关系。此外，石墨吸附气体以后，其摩擦系数会减小，而在真空条件下摩擦系数增大。石墨的摩擦系数一般为0.05~0.19。

（2）二硫化钼　二硫化钼也属于六方晶系，其润滑原理与石墨相似。但它在真空中的摩擦系数比大气中小，所以更适合作为真空中的润滑剂。二硫化钼的摩擦系数一般为0.12~0.15。

石墨和二硫化钼是目前塑性成形中常用的固体润滑剂，使用时可制成水剂或油剂。

（3）玻璃　玻璃是出现稍晚的一种固体润滑剂。当玻璃和高温坯料接触时，它可以在工具和坯料接触面间熔成液体薄膜，达到隔开两接触表面的目的，所以玻璃又称为熔体润滑剂。热挤压钢材和合金时，常采用玻璃作润滑剂。玻璃的使用温度范围广，200~450℃都可使用。此外，玻璃的化学稳定性好，使用时可以制成粉状、薄片或网状，既可单独使用，也可与其他润滑剂混合作用，都能获得良好的润滑效果。但工件变形后，玻璃会牢牢地黏附在工件表面，不易清理。

（4）皂类　皂类润滑剂有硬脂酸钠、硬脂酸锌以及一般肥皂等。冷挤压钢时，一般坯料事先经过磷化-皂化处理。皂化处理使用硬脂酸钠或肥皂。挤压时使用皂类润滑剂可以显著减小挤压力，提高工件表面质量。

除此以外，硼砂、氯化钠、碳酸钾和磷酸盐等也是良好的固体润滑剂。固体润滑剂的使用状态可以是粉末，但多数是制成糊剂或悬浮液。

3. 润滑剂中的添加剂

为了提高润滑剂的润滑、耐磨、防腐等性能，常在润滑剂中加入少量的活性物质，这种活性物质总称为添加剂。

添加剂的种类很多，塑性成形中常用的添加剂有油性剂、极压剂、抗磨剂和防锈剂等。油性剂是指天然酯、醇、脂肪酸等物质，这些物质的分子中都有（COOH）类活性基，活性基通过与金属表面的吸附作用在金属表面形成润滑膜。润滑剂中加入油性剂以后，可使摩擦系数减小。

极压剂是一些含硫、磷、氯的有机化合物，这些有机化合物在高温、高压下发生分解，分解后的产物与金属表面起化学反应而生成熔点低、吸附性强、具有片状结构的氯化铁和硫化铁等薄膜。因此加入极压剂后，润滑剂在较高压力下仍然能起润滑作用。

抗磨剂常用的有硫化棉籽油、硫化鲸鱼油。这些物质可以分解出自由基，自由基再与金属表面起化学反应生成润滑膜，起耐磨、减摩作用。防锈剂常用的有石油磺酸钡，当它加入润滑剂后，在金属表面形成吸附膜，起隔水防锈的作用。

塑性成形中常用的添加剂及添加量见表4-5。润滑剂中加入适当的添加剂后，其摩擦系数降低，金属黏模现象减少，变形程度提高，并可使产品表面质量得到改善，因此目前广泛采用有添加剂的润滑剂。

表 4-5 塑性成形中常用的添加剂及添加量

种类	作用	化合物名称	添加量(质量分数)
油性剂	形成油膜,减小摩擦	长链脂肪酸、油脂	0.1%~1%
极压剂	防止接触表面黏合	有机硫化物、氯化物	5%~10%
抗磨剂	形成保护膜,防止磨损	磷酸酯	5%~10%
防锈剂	防止金属生锈	羧酸、酒精	0.1%~1%
乳化剂	使油乳化,稳定乳液	硫酸、磷酸酯	3%
流动点下降剂	防止低温时油中石蜡固化	氯化石蜡	0.1%~1%
黏度剂	提高润滑油黏度	聚甲基丙酸等聚合物	2%~10%

三、塑性成形中的润滑方法

在金属塑性成形中，人们正逐渐采用压缩空气喷溅方法施加润滑剂。此法涂层均匀，便于机械化、自动化，劳动条件和润滑效果都较好。此外，还可结合加工具体情况，采用以下方法。

1. 表面磷化-皂化处理

冷挤压钢制零件时，接触面上的压力往往高达2000~2500MPa，在这样高的压力下，即使润滑剂中加入添加剂，油膜还是会遭到破坏或被挤掉而失去润滑作用。为此要进行磷化处理，即在坯料表面上用化学方法制成一种磷酸盐或草酸盐薄膜，这种磷化膜是由细小片状的无机盐结晶组成的，呈多孔状态，对润滑剂有吸附作用。磷化膜的厚度为10~20μm，它与金属表面结合很牢，而且有一定的塑性，在挤压时能与钢一起变形。磷化处理后须进行润滑处理，常用的有硬脂酸钠、肥皂，故称为皂化。磷化-皂化后，润滑剂被储存在磷化膜中，挤压时逐渐释放出来，起到润滑的作用。

磷化-皂化处理方法出现之后，大大推动了钢的冷挤压工艺的应用发展。磷化-皂化工序繁杂，因此人们还在研究新的润滑方法。

2. 特种流体润滑法

这种方法常用于线材拉拔，如图 4-7 所示，在模具入口处加一个套管，套管与坯料之间的间隙很小，并充满润滑液体。当坯料从套管中高速通过时，如模具的锥角合适且表面光洁，坯料就可把润滑剂带入模具内，金属坯料与模具之间就可形成流体润滑膜。

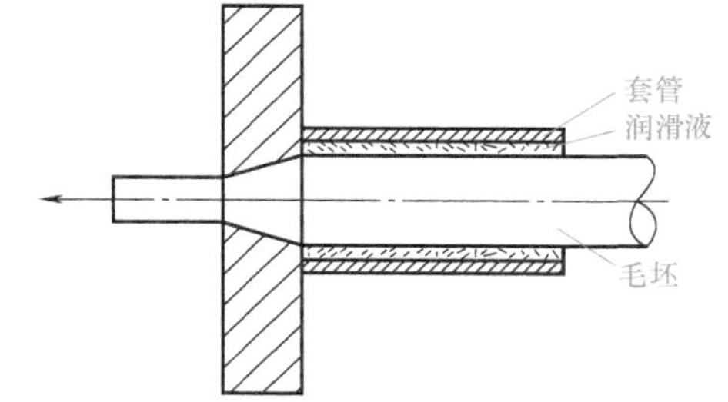

图 4-7 线材拉拔时流体强制润滑

3. 表面镀软金属

当加工变形抗力高的金属时，变形力大，一般的润滑剂很易从接触表面挤出，使摩擦系数增大，变形困难，甚至不能进行。在这种情况下，可在坯料表面电镀一薄层软金属，如铜或锌，这层镀层与坯料金属结合好，并且镀层软金属变形抗力很低，延伸性好，在变形过程中，可将坯料金属与模具隔开，起润滑剂的作用。这种方法的缺点是成本高。

拓展练习

一、选择题

1. 塑性变形时，工具的表面粗糙度对摩擦系数的影响________工件的表面粗糙度对摩擦系数的影响。

A. 大于　　B. 等于　　C. 小于

2. 一般而言，接触表面越光滑，摩擦阻力会越小，可是当两个接触表面非常光滑时，摩擦阻力反而提高，这一现象可以用下列哪个摩擦机理解释？________。

A. 表面凹凹学说　　B. 分子吸附学说　　C. 黏着理论　　D. 库仑摩擦理论

3. 在圆环镦粗法测定摩擦系数中，下列说法正确的是________。

A. 内环直径总是变大　　B. 内环直径总是变小

C. 外环直径总是变大　　D. 外环直径总是变小

4. 计算塑性成形中的摩擦力时，在热塑性加工时，常采用哪个摩擦条件？________

A. 库仑摩擦条件　　B. 常摩擦条件　　C. 最大摩擦条件　　D. 无摩擦条件

5. 圆柱体镦粗时，接触表面摩擦切应力 τ 的分布规律分成三个区域（如图 4-8 所示），其中滑动区采用的摩擦条件为________。

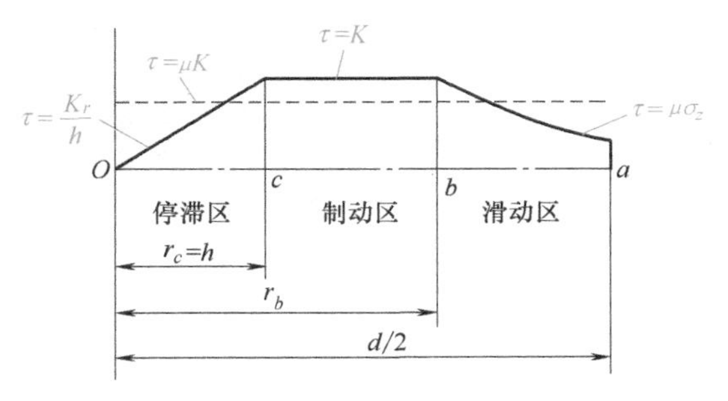

图 4-8　圆柱体镦粗时接触表面摩擦切应力分区状态

A. 库仑摩擦条件　　B. 常摩擦条件　　C. 最大摩擦条件　　D. 黏着摩擦条件

二、判断题

1. 按米塞斯屈服条件所得到的最大摩擦系数 $\mu=0.5$。（　　）

2. 塑性变形时，工具的表面粗糙度对摩擦系数的影响小于工件的表面粗糙度对摩擦系数的影响。（　　）

3. 变形速度对摩擦系数没有影响。（　　）

4. 塑性成形时的接触摩擦在某些情况下也会起一些积极的作用。（　　）

5. 现代摩擦理论认为，摩擦力就是由剪切接触面机械咬合所产生的阻力。（　　）

三、名词解释

干摩擦；边界摩擦；流体摩擦

四、分析题

1. 塑性成形中的摩擦机理是什么？

2. 摩擦在塑性成形中有哪些消极和积极作用？塑性成形中的摩擦特点是什么？

3. 塑性成形中常用的润滑剂有哪些？

4. 请分析影响摩擦系数的主要因素有哪些。

【榜样力量】

陈新旭：铸国防基石，做民族脊梁

陈新旭，1984 年出生，四川巴中市恩阳区人，中国共产党党员，中国工程物理研究院机械制造工艺研究所 603 车间焊工组组长，焊工高级技师，全国技术能手，四川工程职业技术学院 2005 届毕业生。

在过去十多年间，中国工程物理研究院机械制造工艺研究所（以下简称“中物院六所”）数百名技术人员中，产生了 22 名“全国技术能手”。

2018 年，是陈新旭的收获之年。这一年，他荣获全国技术能手；在中国技能大赛——第二届全国焊接机器人操作竞赛中取得第三名，授予个人总成绩金奖和“全国焊接机器人操作技术能手”称号；取得第六届四川省职工职业技能大赛焊工决赛第 5 名；荣获中物院第 28 届职工职业技能比赛焊工项目三等奖。图 4-9 所示为陈新旭在操作机器人。

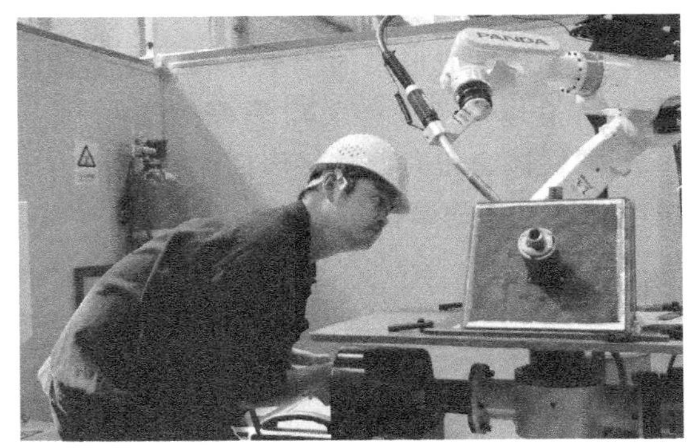

图 4-9　陈新旭在操作焊接机器人

中物院六所，一个研究所有 22 名“全国技术能手”，拥有技师、高级技师资格的技能人员 100 多人，技能高手的“富集”程度令同行羡慕。

一代代年轻的“全国技术能手”一到车间，荣誉的光芒便销声匿迹。只有从他们手中诞生的零件，才可以看出比荣誉更耀眼的才干——那些精密到微米级的零件，将成为中国国防尖端武器装备的一部分。

第五篇

塑性成形件质量的定性分析

模块一　塑性成形件质量分析方法

学习目标

1. 了解塑性成形件常见的缺陷种类。
2. 知道塑性成形件进行质量分析的一般过程。

经塑性成形的坯料或零件，其质量（包括外形质量和内部质量）对零件的使用寿命有极大影响。例如，国内外航空发动机的涡轮盘、涡轮叶片、压气机叶片的炸裂和折断事故，汽车发动机和高速柴油机连杆在运行中的折断事故等，都与其锻件的内部质量有极为密切的关系。又如，锻件质量优良的Cr12钢冲模可冲压300万次以上，而质量低劣的同样模具寿命却不足5万次。因此，提高塑性成形件的质量对许多重要工业部门的发展有着重大的意义。

塑性成形件的外形质量比较直观，而内部质量（组织、性能、微裂纹、空洞等）问题必须借助于一些专门的试验方法才能分析清楚。

塑性成形件的质量除与塑性成形工艺和热处理工艺规范有关外，还与原材料的质量有密切关系。因此，要确保塑性成形件的质量，首先要确保原材料的质量。

对于塑性成形件，除了必须保证所要求的形状和尺寸，还必须满足零件在使用过程中所提出的各种性能要求，如强度指标、塑性指标、冲击韧度、疲劳强度、断裂韧性和抗应力腐蚀性能等，对在高温下工作的零件，还要求有高温瞬时拉伸性能、持久性能、抗蠕变性能和热疲劳性能等。而塑性成形件的性能又取决于组织。不同材料或同一种材料的不同状态，其组织都是不同的，故性能也是不同的。金属的组织与材料的化学成分、冶炼方法、塑性成形工艺及热处理工艺规范等因素有关。其中，塑性成形工艺规范对塑性成形件的组织有重要的影响，尤其对那些在加热和冷却过程中没有同素异构转变的材料，如奥氏体型和铁素体型不锈钢、高温合金、铝合金和镁合金等，主要依靠在塑性成形过程中，正确控制热力学工艺参数来改善塑性成形件的组织和提高其性能。

一、原材料及塑性成形过程中常见的缺陷类型

原材料质量不良和塑性成形工序不按正确规定进行，不仅影响塑性成形件的成形，而且往往引起塑性成形件的各种质量问题。

原材料中常见的缺陷主要有毛细裂纹、结疤、折叠、非金属夹杂、碳化物偏析、异金属夹杂物、白点、缩孔残余等。

在塑性成形过程中，由于加热不当产生的缺陷主要有过热、过烧、加热裂纹、铜脆、脱碳、增碳等；由于成形工艺不当产生的缺陷主要有粗晶、晶粒不均匀、裂纹（十字裂纹、表面龟裂、飞边裂纹、分模面裂纹、孔边龟裂等）、锻造折叠、穿流、带状组织等；由于锻后冷却不当产生的缺陷主要有冷却裂纹、网状碳化物等；由于锻后热处理工艺不当产生的缺陷主要有硬度过高或过低、硬度不均等。本篇只对塑性成形过程中引起成形件质量的几个主要问题（裂纹、粗晶、折叠、失稳）进行分析。

二、塑性成形件质量分析的一般过程及分析方法

1. 塑性成形件质量分析的一般过程

塑性成形件的质量问题可能发生在塑性成形生产过程中，但在热处理、机械加工过程中或使用过程中才反映出来。它可能是由于某一生产环节的疏忽或工艺不当而引起，也可能是由于设计和选材不当而造成的。对于由塑性成形制成的零件在使用过程中所产生的缺陷和损坏，除需要查明是否由塑性成形件本身质量问题引起以外，还需要弄清楚零件的使用受力条件、工作部位与环境以及使用维护是否得当等情况，只有在排除了零件设计、选材、热处理、机械加工及使用等方面的因素之后，才能集中力量从塑性成形件本身质量上寻找缺陷和损坏的产生原因。

塑性成形件中缺陷的形成原因也是多方面的，依据缺陷的宏观与微观特征来判断是纯属塑性成形工艺因素引起还是与原材料质量有关，是制定的工艺规程不合理还是执行工艺不当所致，确切的结论只有在经过细致的试验分析后才能得出。

关于塑性成形件的缺陷，有的表现在成形件外观方面，如外部裂纹、折叠、折皱、未充满或缺肉、压坑等；有的表现在塑性成形件内部，如各种低倍组织缺陷（裂纹、发纹、疏松、粗晶、表层脱碳、非金属夹杂和异晶夹杂、白点、偏析、树枝状结晶、缩孔残余、流线紊乱、有色金属的穿流、粗晶环、氧化膜等）；有的反映在微观组织方面，如第二相的析出等；有的反映在成形件的性能方面，如室温强度或塑性、韧性、疲劳性能等不合格，瞬时强度、持久强度和持久塑性、蠕变强度等高温性能不符合使用要求。无论是表现在塑性成形件外部的，或是表现在内部和性能方面的质量问题，它们之间在大多数情况下是互为影响的，往往是互相联系、伴随产生并恶性循环。例如，过热或过烧通常会造成晶粒粗大、锻造裂纹、表层脱碳以及塑性、韧性等力学性能降低等质量问题；材质内部有夹杂则可能引起内部裂纹，内裂纹的进一步扩大与发展就可能暴露为成形件表面裂纹。所以，在对塑性成形件质量分析时，必须认真地观察和分析缺陷的形态和特征，查明质量问题的真实原因。

对塑性成形件进行质量分析的一般过程如下。

（1）调查原始情况　调查原始情况应包括原材料、塑性成形工艺及热处理工艺情况。

在原材料方面，要弄清楚塑性成形件材料牌号、化学成分、材料规格和原材料质量保证单上所载明的各项试验结果，必要时还要弄清原材料的冶炼、加工工艺情况；在塑性成形工艺和热处理工艺方面，要调查工艺规程的制定是否合理、加热设备及加热工艺是否正常、塑性成形操作是否得当等。

（2）弄清质量问题　在这一阶段中，主要是查明塑性成形件缺陷部位、缺陷处的宏观特征，并初步确定是原材料质量问题引起的缺陷，还是塑性成形工艺或热处理工艺本身造成的缺陷。

（3）试验研究分析　这是确定塑性成形件缺陷原因的主要试验阶段，即对有缺陷的成形件进行取样分析，确定其宏观与微观组织特征，必要时还需作工艺参数的对比试验，研究和分析产生缺陷的原因。

（4）提出解决措施　在明确成形件中产生缺陷原因的基础上，结合生产实际提出预防及解决措施，并且通过生产实践加以验证，不断总结经验，不断修改措施，以达到防止产生缺陷和提高塑性成形件质量的目的。

2. 塑性成形件质量分析的方法

塑性成形件质量分析的方法，视缺陷的类型不同而有所侧重。塑性成形件表面的质量问题一般都与加热和变形有关，如表面缺陷——裂纹、折叠等，都有氧化皮存在，而其内部的缺陷及性能不合格，皆与塑性成形过程中的热力学因素有关。这就决定了其分析方法上主要有低倍组织试验、金相试验及金属变形流动分析试验。将待分析的缺陷成形件进行解剖，从缺陷处取样分析，故又称破坏性试验。

低倍组织试验可以暴露成形件的宏观缺陷，这类试验包括硫印试验、热蚀和冷蚀酸浸试验、断口试验等。

金相试验对于研究和分析缺陷的微观特征、形成机理有重要意义。

金属变形流动分析试验对分析裂纹、折叠和粗晶的形成、流线的分布和穿流等有特殊意义。

在对塑性成形件进行质量分析时，往往是将低倍组织试验、金相试验及金属变形流动分析试验结合起来同时进行，这样才有可能对缺陷的性质与形成原因有一个比较完整的认识。这里必须指出，无论是哪种试验，都必须依照规定的试验方法进行。

深入一步研究缺陷性质和形成机理的方法，可以借助透射型或扫描型电子显微镜以及电子探针。双动显微镜配有微型计算机、电视屏和自动扫描计量装置，除一般显微观察外，还可确定试样中夹杂物的分布、尺寸和成分。在化学成分析方面，可借助先进的由电子计算机控制，能直接读数的放射摄谱仪，配有计算机、自动打字机和电视显示的X射线荧光光谱仪以及其他新的检测方法和仪器设备。这些先进检测仪器和设备的出现，体现了质量分析方法向快速、精确和高效率发展的特点。

对于某些重要的大型锻件和军工用大型锻件，破坏性试验和常规的检验分析技术已不能适应技术发展的需要，必须采用特殊的非破坏性试验方法，即采用先进的无损检测技术。运用无损检测技术可以对同批锻件进行全部检测，以便发现锻件中产生缺陷的规律，避免破坏性试验中容易造成的片面性。常用的无损检测方法主要有超声检测、渗透检测和磁力检测。超声检测应用最广泛，它用于检验锻件内部缺陷，磁力检测和渗透检测（着色和荧光）用于检查锻件表面缺陷。

综上所述，塑性成形件质量分析方法的特点是广泛采用各种先进的试验技术与试验方法。要准确地分析成形件质量问题，有赖于正确的试验方法和检测技术，同时要善于对试验结果进行科学的分析与判断。破坏性试验是成形件质量分析的主要方法，但是无损检测这种非破坏性试验技术已日益显示出它的优越性，并将在塑性成形件质量检验与分析中占据应有的地位。

模块二　塑性成形件中的空洞和裂纹

学习目标

1. 知道塑性成形件中空洞缺陷产生的原因。
2、掌握塑性成形件中裂纹产生的原因并会分析。
3. 会对塑性加工成形件产生的裂纹进行分析并解决简单的技术问题。

一、塑性成形件中的空洞

在金属材料中，一般都存在各种各样的缺陷，如疏松、缩孔残余、偏析、第二相和夹杂物质点、杂质等，这些缺陷，特别是夹杂物质点或杂质一般都处于晶界处。带有这些缺陷的材料，在塑性成形中，当施加的外载荷达到一定程度时，有夹杂物质点或第二相等缺陷的晶界处，由于位错塞积或缺陷本身的分裂而形成微观空洞（图 5-1a）。这些空洞随外载荷的增加而长大、聚集，最后形成裂纹或与主裂纹连接，从而导致成形件破坏。

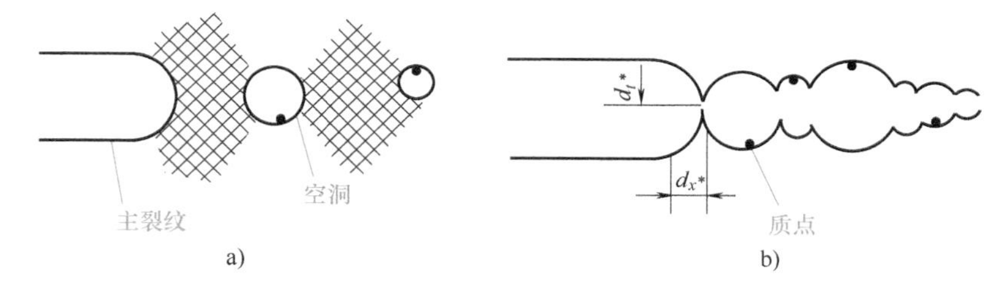

图 5-1　空洞的形成、长大、聚集示意图

夹杂物质点和第二相等缺陷处界面的分离或者本身碎裂，要看这些质点的性质和界面强度而定。钢中 MnS 夹杂物界面强度往往很低，很容易在界面处分离而形成空洞。比较脆的夹杂物，如硅酸盐类夹杂物，其本身在外载荷作用下破裂而形成空洞。第二相与基体的膨胀系数不同时，在冷却过程中，由于冷缩的差异，有可能在其界面处形成残余应力，这样将更促进界面处空洞的形成。

因此，空洞是塑性成形过程中普遍存在的组织变化。塑性成形过程中，在一定的外界条件下，就会出现空洞的形核、长大，继而发生空洞的聚合或连接，形成裂纹。

当一定程度的空洞并呈细小而分散状独立存在时，对晶界滑动是有利的，因为当晶界滑动到三角晶界处难以继续进行滑动时，可借助空洞来松弛并提高塑性。但如果材料内部的空洞很多，或尺寸较大，就会存在大量的或较强的应力集中区。由于这些应力集中得不到及时的松弛，就必然导致应力松弛的能力降低，从而大大限制了材料变形的能力。另一方面，如果成形后的材料内部存在大量空洞，特别是较大的 V 形空洞，就会严重地降低材料的强度和塑性，特别是断裂韧性，这就会给成形零件特别是那些受力构件的使用可靠性带来巨大的威胁。

按空洞的形状，空洞大致可分为两类：一类为产生于三晶粒交界处的楔形空洞，或称 V 形空洞（图 5-2），这类空洞是由应力集中产生的；另一类为沿晶界，特别是相界产生的圆形空洞或称 O 形空洞，它们的形状多半接近圆或椭圆。出现 O 形空洞的晶界或相界多半与拉应力垂直。在带坎的晶界上也会出现 O 形空洞（图 5-3）。O 形空洞可以看作是过饱和空位向晶界（或相界）汇流、聚集（沉淀）而形成的。

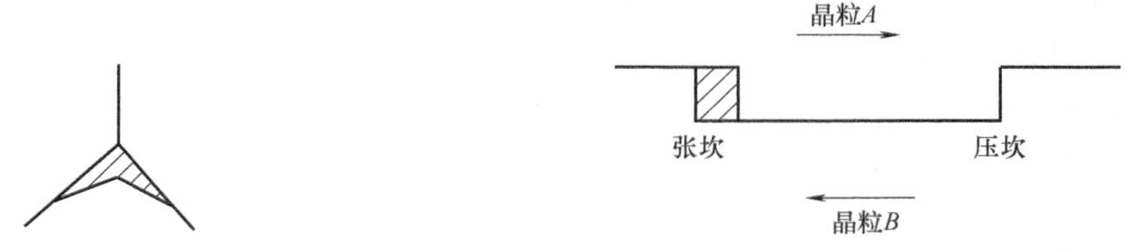

图 5-2　三晶粒交界处的 V 形空洞

图 5-3　带坎晶界上的 O 形空洞

一般说来，在高应力下易出现 V 形空洞，低应力下易出现 O 形空洞。从能量的观点看，这是因为在相同的体积下 V 形空洞的表面积比 O 形的大，因而形成能量（与表面积成正比）也大，故需要较大的应力。V 形空洞一旦形成后，由于其能量比 O 形（在相同体积下）大，因此它力图释放一部分能量而转变为 O 形，这一转变是在高温下通过扩散过程来完成的。

试验表明，压应力和拉应力同样可以产生空洞，切应力比拉应力更起作用，如图 5-4 所示。一般来说，在压应力作用时产生空洞比在拉应力作用时要困难，特别是在高的球张量压应力下，变形材料内部不易出现空洞。相反，在高的球张量压应力下，原有的空洞有可能被压合。

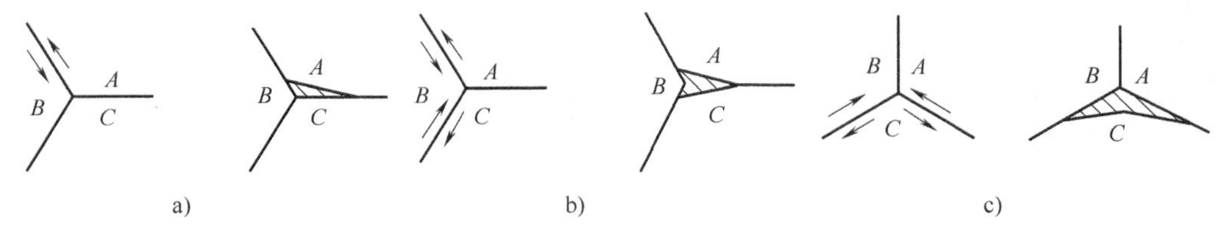

图 5-4　在切应力作用下三晶粒交界处产生 V 形空洞示意图

二、塑性成形件中的裂纹

前面已述，在塑性成形过程中，变形体内的空洞形核、长大、聚集就会发展成裂纹。裂纹是塑性成形件中常见的缺陷之一。不仅在塑性成形过程中能产生裂纹，而且在塑性成形前（如下料、加热）及塑性成形后（如冷却、切边、校正）都有可能产生裂纹。在不同的工序中所产生裂纹的具体原因及相应的裂纹形态也是不同的。但总是先形成微观裂纹，然后扩大成宏观裂纹。

在塑性成形中产生裂纹的原因基本上有两个方面，一是由于原材料中的缺陷，如各种冶金缺陷、夹杂物等；二是属于塑性成形本身的原因，如加热不当、变形不当或冷却不当等。有些情况下裂纹的产生可能同时与上述两方面的因素有关。上述两方面因素又可归结为力学因素和组织因素，因此，裂纹产生的原因可从这两方面的因素进行分析。

（一）塑性成形件中产生裂纹的原因分析

1. 形成裂纹的力学原因

能否产生裂纹，与应力状态、变形积累、应变速度及温度等很多因素有关。其中应力状态主要反映力学的条件。

物体在外力作用下，其内部各点处于一定的应力状态，在不同的方位将作用有不同的正应力及切应力。材料断裂（产生裂纹）形式一般有两种：一是切断，断裂面是平行于最大切应力或最大切应变方向；另一种是正断，断裂面垂直于最大正应力或正应变方向。

至于材料产生何种破坏形式，主要取决于应力状态，即正应力 σ 与切应力 τ 之比值，也与材料所能承受的极限变形程度 ε_{max} 及 γ_{max} 有关。例如，对于塑性材料的扭转，由于最大正应力与切应力之比 $\sigma/\tau=1$，是切断破坏；对于低塑性材料，由于不能承受大的拉应变，扭转时产生 45°方向开裂。由于断面形状突然变化或试件上有尖锐缺口，将引起应力集中，应力的比值有很大变化，例如，带缺口试件拉伸 $\sigma/\tau=4$，这时多发生正断。

塑性成形过程中，材料内部的应力除了由外力引起，还有由于变形不均匀而引起的附加应力、由于温度不均而引起的温度应力和因组织转变不同时进行而产生的组织应力。这些应力超过极限值时都会使材料发生破坏（产生裂纹）。

由力学原因引起的裂纹有以下几种。

（1）由外力直接引起的裂纹　在塑性成形中，下列一些情况，由外力作用可能引起裂纹：弯曲和校正、脆性材料镦粗、冲头扩孔、扭转、拉拔、拉伸、胀形和内翻边等。下面结合具体工序加以说明。

弯曲件在校正工序中，由于一侧受拉应力常易引起开裂。例如，某厂锻高速钢（W18Cr4V）拉刀坯料时，坯料的断面是边长相差较大的矩形（图 5-5a），沿窄边压缩时易产生弯曲，当弯曲比较严重，随后校正时，在凹的一侧受拉应力（图 5-5b），而引起纵向开裂（图 5-5c）。

镦粗时轴向虽受压应力，但与轴线成 45°方向有最大切应力，故低塑性材料镦粗时常易产生近 45°方向的斜裂（图 5-6a）。塑性好的材料镦粗时则产生纵裂（图 5-6b），这主要是附加拉应力引起的。

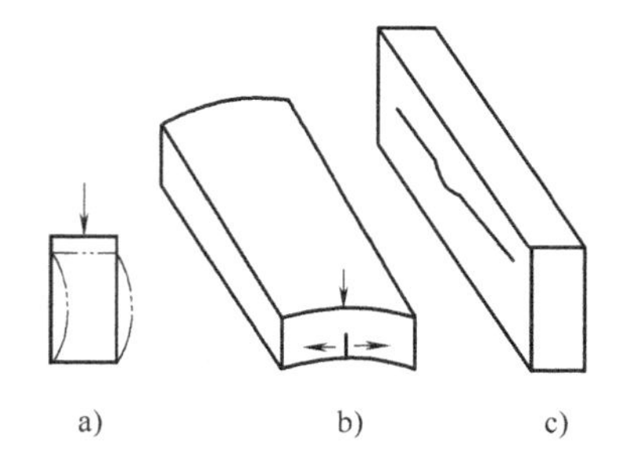

图 5-5　拔长时表面纵向裂纹形成过程

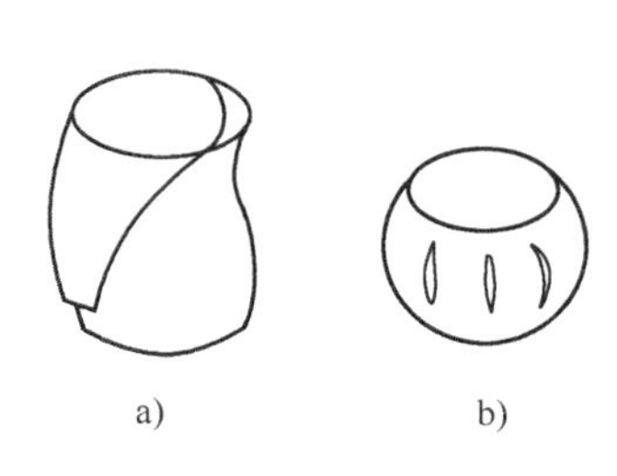

图 5-6　镦粗裂纹

圆坯料在平砧上用小压缩量滚圆时，会在垂直打击的方向形成拉应力，而且心部最大。这是因为在砧面附近形成了难变形区（由于摩擦存在），它通过锥面给相邻部分金属的压力引起对心部金属的拉应力（图 5-7），用滑移线理论计算也可得出如此结果。这种拉应力易引起心部金属开裂（图 5-8）。对于高的圆柱体，压缩时虽然同样也有难变形区存在，但紧接着该区即有因变形而形成的双鼓（图 5-9），中部并不受拉应力，这说明工件形状和尺寸的不同引起了变形分布的不同，造成有时易形成裂纹，有时又不易形成裂纹。

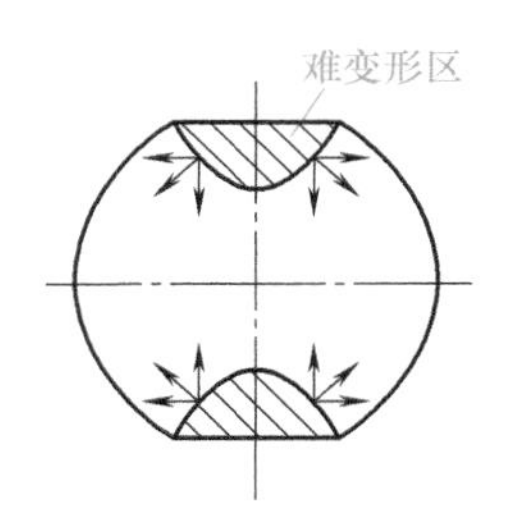

图 5-7　滚圆时坯料受力情况

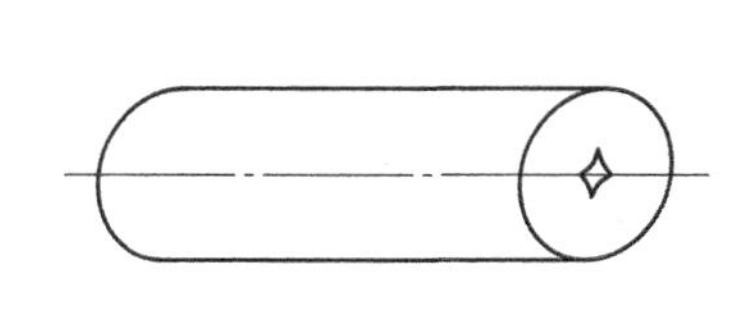

图 5-8　中心裂纹

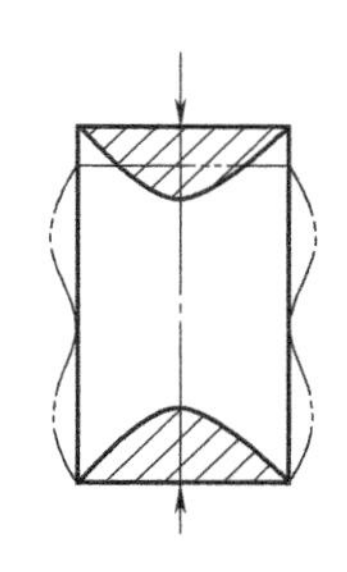

图 5-9　高坯料镦粗时形成的双鼓形

在平砧上拔长矩形断面坯料时，如进给量过大，并在同一处反复重击，则在截面对角线处产生剧烈的切应变，即在对角线上产生很大的交变切应力，因而易形成十字形裂纹，如图 5-10 所示。

（2）由附加应力及残余应力引起的裂纹　当附加应力超过该部分材料强度极限时便引起裂纹。矩形断面坯料拔长时能产生横向裂纹（图 5-11a）。这种裂纹多发生在送进量 l 相对于坯料高度 h 较小的情况下（$l<0.5h$）。这时变形区成双鼓形，中间部分锻不透，被上、下两部分金属强制延伸而受拉应力（图 5-11b），易引起锻件内部横向裂纹。

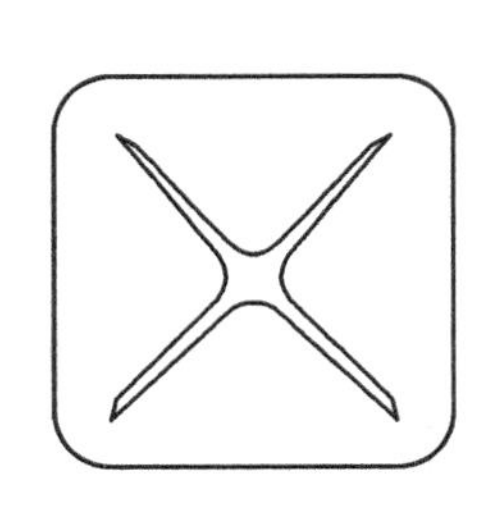

图 5-10　矩形断面拔长时形成的十字裂纹

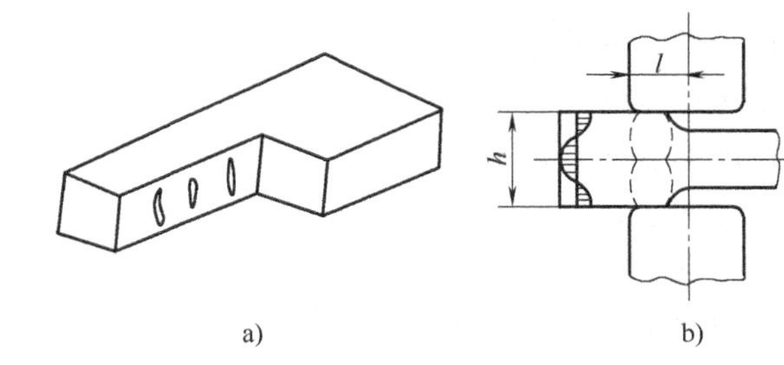

图 5-11　矩形断面坯料拔长时的横向裂纹和应力、应变情况

挤压棒材时，由于受模口摩擦阻力影响，表层金属流得慢，中部金属流得快，外表层受拉，中部金属受压，在表层易引起横向裂纹（图 5-12）。

当外力消除后，附加应力仍以残余应力的形式留在工件内部，这是产生延时开裂的主要原因。

（3）由温度应力（热应力）及组织应力引起的裂纹　当加热或冷却时，由于坯料内温度不均匀造成热胀或冷缩不均匀而引起的内应力称为温度应力，也称为热应力。总的规律是在降温较快（或加热较慢）处受拉应力，在降温较慢或升温较快处受压应力。图 5-13 所示为奥氏体冷却时有马氏体转变的材料，冷却初期工件表层温度较心部降低快，表层的收缩趋势受到心部的阻碍，在表层产生拉应力，在心部产生与其平衡的压应力，随着冷却过程的进行，这种趋势进一步发展。到了冷却后期，表层温度已接近常温，基本不再收缩，而心部温度尚高，仍继续收缩，导致了热应力的反向，即心部由压应力转为拉应力，表层则由拉应力转为压应力。这种应力状态保持下来，构成材料内的残余应力。

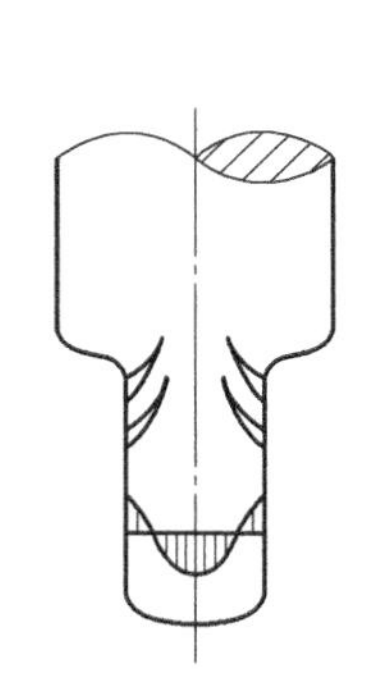

图 5-12　棒料挤压时的附加应力分布情况和横向裂纹

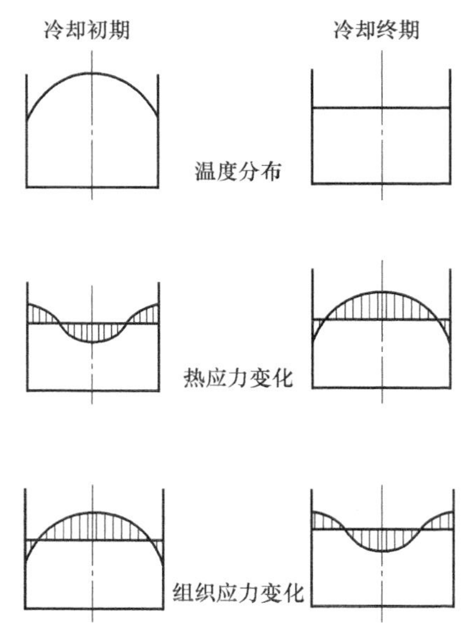

图 5-13　冷却过程中温度应力和组织应力分布情况

加热时温度分布及其变化情况与冷却时正相反，升温过程中表层温度超过心部温度，并且导热性越差、断面越大，则温差也越大。对于热应力，这时表层受压，内层受拉，在受拉应力区由于温度低、塑性差，有可能形成开裂。在加热初期，金属尚处于弹性状态的时候，在加热速度不变的条件下，根据计算，在圆柱体坯料轴心区，沿轴向的拉应力是沿径向和切向拉应力的两倍，因此，加热时坯料一般是横向开裂。

加热过程中由于相变不同时进行，也有组织应力发生，但这时由于温度较高，材料塑性较好，其微观组织应力分布情况与危险程度远较冷锭快速加热时要小。

2. 形成裂纹的组织分析

对裂纹的形成原因，从组织方面进行分析，这有助于了解形成裂纹的内在原因，也是进行裂纹鉴别的客观依据。

塑性成形中的裂纹一般发生在组织不均匀或带某些缺陷的材料中，同时，金属的晶界往往是缺陷比较集中的地方，因此，塑性成形件中的裂纹一般产生于晶界或相界处。下面从三个方面分析塑性成形件中产生裂纹的组织因素。

（1）材料中由冶金和组织缺陷处应力集中而产生裂纹　在原材料的冶金和组织缺陷处，如缩孔残余或二次缩孔、疏松、夹杂物等的尖角处，在第二相和基体相的交界处，特别是第二相的尖角处容易产生应力集中。在应力集中处较早达到金属的屈服强度，引起塑性变形，当变形量超过材料的极限变形程度和应力超过材料的极限强度时，便产生微观裂纹，进而发展成宏观裂纹。

（2）第二相及夹杂物本身的强度低、塑性差而产生裂纹　若材料中存在第二相及夹杂物，则第二相及夹杂物本身强度低、塑性差，受外力或微量变形时即产生开裂。具体的有下列 3 种情况。

1）晶界为低熔点物质。塑性成形过程中常见的铜脆、热脆和锡脆等，皆是由于在晶界的剪切和迁移中，微观裂纹首先于晶界处的低熔点物质本身中发生、发展而形成的。

2）晶界存在脆性的第二相或非金属夹杂物。脆性物质包括：碳化物、氧化物、氮化物、硅酸盐、硼化物及金属间化合物等。当晶界剪切和迁移时，上述脆性物质有不同程度的破碎，当晶界脆性物质的破碎得不到及时修复时，微观裂纹便在此处发生和发展。

3）第二相为强度低于基体的韧性相。亚共析钢、奥氏体型不锈钢、马氏体型不锈钢中的铁素体属于此种情况。由于铁素体的屈服强度小，塑性变形时，首先是铁素体局部变形，因而由于变形不均匀和由此产生的附加应力，或铁素体变形超过极限变形时，便在两相交界处开裂。当铁素体呈网状分布于晶界时，危害更大。

（3）第二相及非金属夹杂与基体之间在力学性能和理化性能上有差异而产生裂纹　在这种情况下，微观裂纹往往产生在它们交界处，这是它们之间结合力较弱的缘故。例如，奥氏体型不锈钢中存在铁素体相时，两相具有不同的变形抗力，由于热锻时两者的变形程度不同而产生了附加应力，故常易在奥氏体与铁素体的交界处产生裂纹。

（二）塑性成形件中裂纹的鉴别与防止产生裂纹的措施

1. 塑性成形件中裂纹的鉴别

鉴别裂纹形成的原因，应首先了解工艺过程，以便找出裂纹形成的客观条件；其次应当观察裂纹本身的状态；然后再进行必要的有针对性的显微组织分析、微区成分分析。举例如下。

对于产生龟裂的锻件，粗略地分析原因可能是：①由于过烧；②由于易熔金属渗入基体金属（如铜渗入钢中）；③应力腐蚀裂纹；④锻件表面严重脱碳。这可以从工艺过程调查和组织分析中进一步判别。例如，在加热铜以后加热钢料，或两者混合加热或钢中含铜量过高时，则有可能是铜脆。从显微组织上看，铜脆开裂在晶界，且能找到亮的铜网。而因单纯过烧引起的晶界裂纹，在晶界处只能找到氧化物。应力腐蚀开裂是在酸洗后出现的，裂纹扩展呈树枝状形态。

裂纹与折叠的鉴别，不仅可以从受力及变形的条件考察，也可从低倍和高倍组织来区分。一般裂纹与流线呈一定交角，而折叠附近的流线与折叠方向平行。折叠的尾部一般呈圆角，而裂纹通常是尖的。

由缩孔残余引起的裂纹通常是粗大而不规则的。

2. 防止产生裂纹的原则措施

由前面分析可知，裂纹的产生与材料的塑性和受力情况有关。塑性是材料的一种状态，它不仅取决于变形材料的组织结构，而且还取决于变形的外部条件（包括应力状态、变形温度和变形速度）。应力状态的影响一般用静水压力（即平均应力）来衡量。因此，为防止裂纹的产生，总的原则是从提高变形体的塑性入手。关于提高金属塑性的基本途径，在第一篇模块三中已有论述。因此，防止产生裂纹的原则措施应从下列因素来考虑。

1）增加静水压力。

2）选择和控制合适的变形温度和变形速度。

3）采用中间退火，以便消除变形过程中产生的硬化、变形不均匀、残余应力等。

4）提高原材料的质量。

工程应用

由某钢厂供应的GH36合金饼坯，加热后模锻成涡轮盘锻件。经机械加工和腐蚀后，发现表面有许多细小裂纹（图5-14a)，一般长2~3.5mm，最长达25mm。

质量分析：经放大70倍检查（图5-14b)，裂纹短粗曲折。高倍观察，发现裂纹有大量呈块状或条状分布的夹杂物（图5-14c、d)，其中有的呈灰白色。因此可判断这种裂纹属于夹杂裂纹。这种非金属夹杂物是合金冶炼时带来的，它经变形拉长，模锻时在拉应力作用下沿夹杂与金属结合面形成裂纹，热处理后进一步扩大。

改进措施：加强对原材料检查；对饼坯进行超声检测；提高冶金质量。

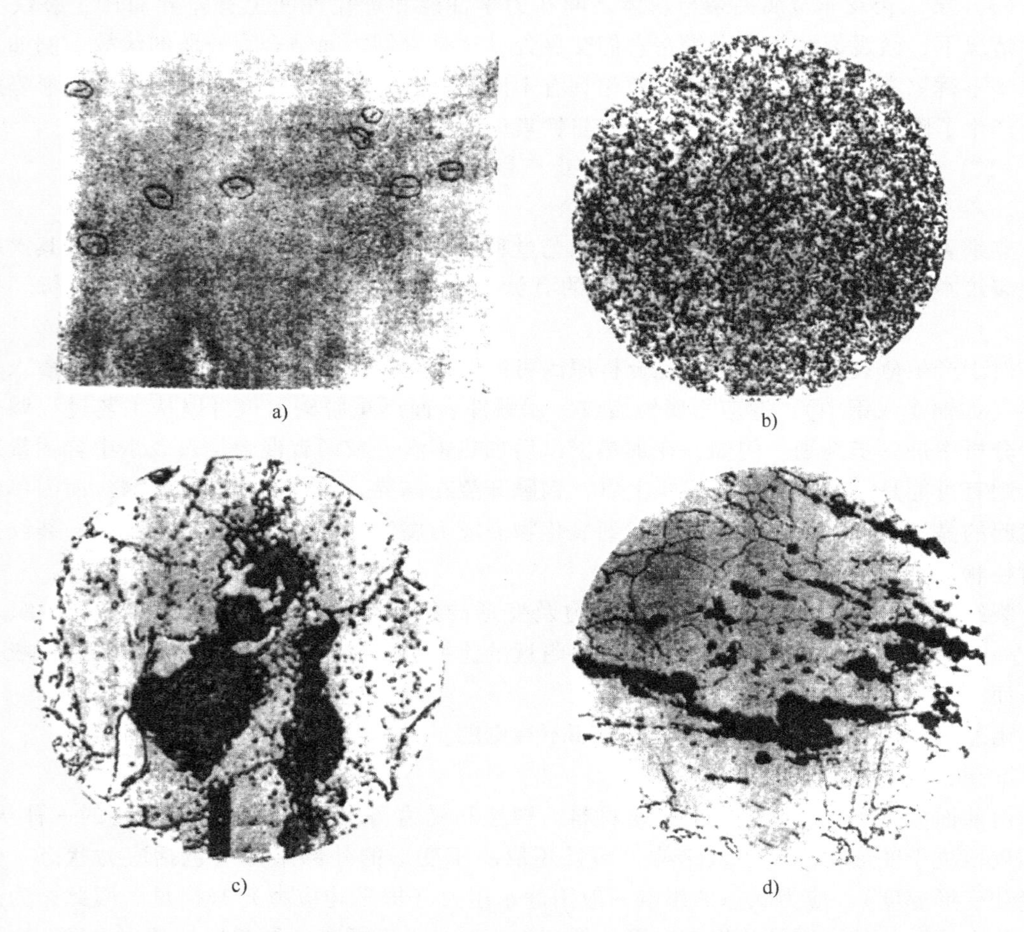

a) b) c) d)

图5-14 GH36合金涡轮盘的夹杂裂纹

a）低倍组织（其上分布有细小夹杂裂纹） b）细小裂纹处的显微组织 70×

c）块状夹杂物 800× d）条状夹杂物 200×

模块三　塑性成形件中的晶粒度

学习目标

1. 熟知晶粒度的概念和等级标准。
2. 掌握晶粒大小的影响因素和细化晶粒的方法。
3. 会分析实际生产中工件粗晶产生的原因并提出解决方案。

一、晶粒度的概念

晶粒度是表示金属材料晶粒大小的程度，用单位面积内所包含的晶粒个数来表示，也可用晶粒平均直径大小（以 mm 或 μm 为单位）来表示。晶粒度级别越高，说明单位面积内包含晶粒个数越多，即晶粒越细。

为了比较晶粒的大小，对各种材料都制定了晶粒度标准。例如，对结构钢，规定了八级晶粒度标准，一般认为 1~4 级为粗晶粒，5~8 级为细晶粒。有时遇到晶粒过大或过细而超出八级规定范围时，则可适当往两端延伸，如粗晶 0 级、-1 级……，细晶 9 级、10 级、11 级等。

钢的晶粒度有两种概念，即钢的奥氏体本质晶粒度和钢的奥氏体实际晶粒度。钢的奥氏体本质晶粒度是将钢加热到 930℃，保温适当时间（一般 3~8h），冷却后在室温下放大 100 倍观察到的晶粒大小。钢的奥氏体实际晶粒度是指钢加热到某一温度下获得的奥氏体晶粒大小。必须注意的是，这种奥氏体实际晶粒的大小，常被相变后的组织所掩盖，只有通过特殊腐蚀后才可以显示出来。钢的奥氏体本质晶粒度一般是反映钢的冶金质量，它表征钢的工艺特性。而奥氏体实际晶粒度则影响零件的使用性能，所以在某种意义上讲，测定或控制钢的奥氏体实际晶粒度比测定或控制钢的奥氏体本质晶粒度更有意义。

二、晶粒大小对力学性能的影响

塑性成形件中的晶粒度

金属材料或零件的晶粒大小和形状因它所经受的工艺过程不同而不同。晶粒大小对金属材料或零件的力学性能及理化性能带来很大影响，所以在生产实践中往往通过制定合理的工艺规程来控制晶粒的大小。

一般情况下，晶粒细化可以提高金属材料的屈服强度（R_e）、疲劳强度（σ_{-1}）、塑性（Z、A）和冲击韧度（a_K），降低钢的脆性转变温度。因为晶粒越细，不同取向的晶粒越多，变形能较均匀地分散到各个晶粒，即可提高变形的均匀性，同时，晶界总长度越长，位错移动时阻力越大，所以能提高强度、塑性和韧性。因此，一般要求强度和硬度高、韧性和塑性好的结构钢、工模具钢及有色金属，总希望获得细小晶粒。

表 5-1 所列为铁素体晶粒大小对强度和伸长率的影响。从表中可以看出，随着铁素体晶粒细化，强度和伸长率不断提高。

表 5-1　铁素体晶粒大小对强度和伸长率的影响

晶粒断面平均直径/10^{-2}mm	抗拉强度 R_m/MPa	伸长率 A(%)
9.7	163	28.8
7.0	184	30.6
2.5	215	39.5

钢的室温强度与晶粒平均直径平方根的倒数呈线性关系（图 5-15），其数学表达式为

$$R_{p0.2}=\sigma_0+Kd^{-\frac{1}{2}}$$

式中　$R_{p0.2}$——钢的屈服强度（MPa）；

σ_0——常数，相当于钢单晶时的强度（MPa）；

K——系数；

d——晶粒的平均直径（mm）。

合金结构钢的奥氏体晶粒度从 9 级细化到 15 级后，钢的屈服强度（调质状态）从 1150MPa 提高到 1420MPa，并使脆性转变温度从-50℃降到-150℃。图 5-16 所示为铁素体晶粒大小对低碳钢和低碳镍钢脆性转变温度的影响。

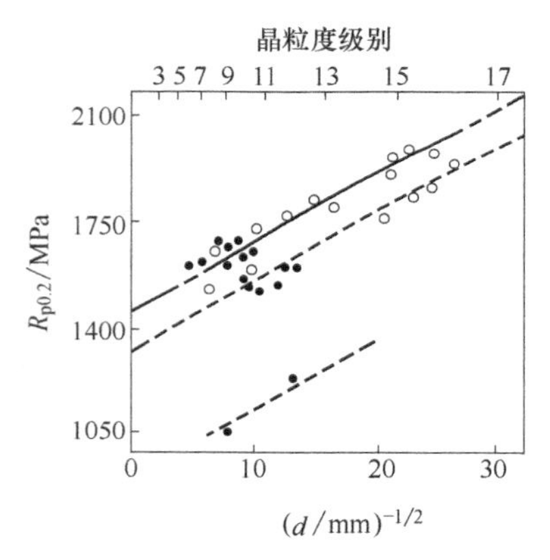

图 5-15　晶粒大小对钢的强度影响

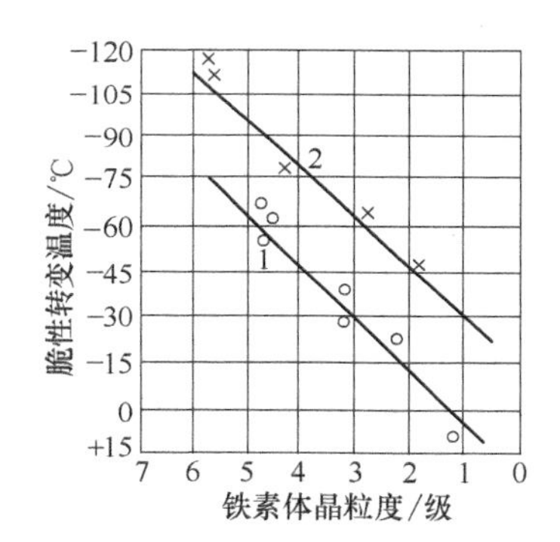

图 5-16　晶粒大小对钢的脆性转变温度的影响

1—$w_C=0.02\%$，$w_{Ni}=0.03\%$

2—$w_C=0.02\%$，$w_{Ni}=3.64\%$

对于高温合金，不希望晶粒太细，而希望获得均匀的中等晶粒。从要求高的持久强度出发，希望晶粒略为粗大一些，因为晶粒变粗说明晶界总长度减少，对以沿晶界黏性滑动而产生变形或破坏形式的持久或蠕变性能来说，晶粒粗化意味着这一类性能提高。但考虑到疲劳性能，又希望晶粒细一点，所以对这类耐热材料，一般取适中晶粒为宜。

三、影响晶粒大小的主要因素

金属经热变形并经热处理后的晶粒度，取决于加工再结晶、聚集再结晶和相变重结晶等过程。在加工再结晶过程中，影响晶粒大小的主要因素是再结晶温度、再结晶核心的形成和再结晶速度；而在聚集再结晶过程中，主要因素是聚集再结晶速度和晶间物质的组成，晶间物质对聚集再结晶的进行起机械阻碍作用。对于热加工过程来说，加热温度、变形程度和机

械阻碍物是影响形核速度和长大速度的三个基本参数。下面就讨论这三个基本参数对晶粒大小的影响。

1. 加热温度

加热温度包括塑性变形前的加热温度和固溶处理时的加热温度。

晶粒为什么会长大呢？从热力学条件来看，在一定体积的金属中，晶粒越粗，则其总的晶界表面积就越小，总的表面能也就越低。由于晶粒粗化可以减少表面能，使金属处于自由能较低的稳定状态，因此，晶粒长大是一种自发的变化趋势，即细晶粒有自发变为粗晶粒的趋向。晶粒长大主要是通过晶界迁移的方式进行的，即大晶粒并吞小晶粒。要实现这种变化过程，需要原子有强大的扩散能力，以完成晶粒长大时晶界的迁移运动。温度对原子的扩散能力有重要的影响。随着加热温度升高，原子（特别是晶界的原子）的移动、扩散能力不断增强，晶粒之间并吞速度加剧，晶粒的这种长大可以在很短的时间内完成。所以，晶粒随着温度升高而长大是一种必然现象。

2. 变形程度

金属材料经塑性变形后，其内部的晶粒受到不同程度的变形和破碎，随着变形程度的增加，晶粒的变形和破碎程度也越严重，最后完全见不到完整的晶粒而成为纤维状组织。若将经过不同程度冷变形的金属，加热到再结晶温度以上，让其产生再结晶，那么再结晶后所得到的晶粒大小与变形程度之间存在有如图 5-17 所示的曲线关系。在一定温度下，热变形的晶粒大小与变形程度之间的关系，实际上与图 5-17 所示的相似。

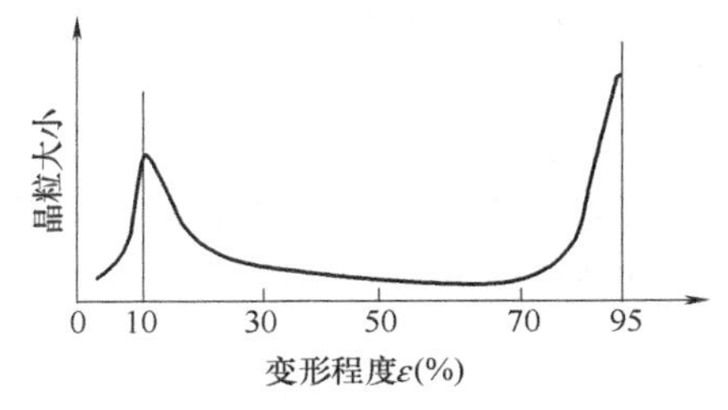

图 5-17　再结晶后的晶粒大小与变形程度之间的关系

由图 5-17 可以看出，随着变形程度从小到大，晶粒大小有两个峰值，即出现两个大晶粒区。第一个大晶粒区，称为临界变形区。在大部分合金中，一般都存在临界变形区。在此临界变形范围内，合金容易出现粗晶。不同材料，出现临界变形区的值大小也不同。从图中还可以看出，临近变形区是属于一种小变形量范围。因为其变形量小，金属内部只是局部地区受到变形。再结晶时，这些受到变形的局部地区会产生再结晶核心，由于产生的核心数目不多，这些为数不多的核心将不断长大直到它们互相接触，结果获得了粗大晶粒。

当变形量大于临界变形程度时，金属内部均产生了较大的塑性变形，由于具有了较高的畸变能，因而再结晶时能同时形成较多的再结晶核心，这些核心稍一长大就相互接触了，所以再结晶后获得了细晶粒。

当变形量足够大时，出现第二个大晶粒区。该区的粗大晶粒与临界变形时所产生的大晶粒不同。一般认为，该区是在变形时先形成变形织构，经再结晶后形成了织构大晶粒所致。

关于第二峰值出现大晶粒的原因还可能有以下两个方面。

1）由于变形程度大（大于 90%以上），内部产生很大的热效应，引起锻件实际变形温度大幅度升高。

2）由于变形程度大，使那些沿晶界分布的杂质破碎并分散，造成变形的晶粒与晶粒之间局部地区直接接触（与织构的区别在于这时互相接触的晶粒位向差可以是比较大的），从而促使形成大晶粒。

3. 机械阻碍物

一般来说，金属的晶粒随着温度的升高而不断长大。但有时加热到较高温度时，晶粒仍很细小，可以说没有长大。而当温度再升高一些时，晶粒会突然长大。有些材料随加热温度升高，晶粒分阶段突然长大，而不是随温度升高成直线关系长大。这是由于金属材料中存在机械阻碍物，对晶界有钉扎作用，阻止晶界迁移的缘故。

机械阻碍物在钢中可以是氧化物（如 Al_2O_3 等）、氮化物（如 AlN、TiN 等）、碳化物（如 VC、TiC 等）；在铝合金中可以是 Mn、Ti、Fe 等元素及其化合物。

机械阻碍物的存在形式分两类：一类是钢在冶炼凝固时从液相中直接析出的，颗粒比较大，成偏析或统计分布；另一类是钢凝固后，在继续冷却过程中从奥氏体晶粒内析出的，颗粒十分细小，分布在晶界上。这两类物质都起机械阻碍作用，但后一类要比前一类的阻碍作用大得多。

机械阻碍物一旦溶入晶内时，晶界上就不存在机械阻碍作用了，晶粒便可立即长大到与其所处温度对应的尺寸大小。由于这些机械阻碍物质溶入奥氏体晶粒内时的温度有高有低，存在钢内的数量有多有少，种类可能是这一种或是那一种或是几种同时存在，这样使晶粒突然长大的温度与程度就有所不同。

应该指出，通常所说的机械阻碍物总是指一些极小的微粒化合物。但是第二相固溶体也可以起机械阻碍作用，阻止晶粒长大。例如，一些铁素体型不锈钢，特别是高铬（$w_{Cr}>21\%$）类型的不锈钢，加入少量镍（$w_{Ni}\approx 2\%$）或锰（$w_{Mn}\approx 4\%$），由于能形成少量奥氏体（固溶体），能使作为基体的铁素体晶粒不易长大，从而提高了材料的韧性。

对晶粒度的影响，除以上三个基本因素外，还有变形速度、原始晶粒度和化学成分等。

四、细化晶粒的主要途径

由于粗大的晶粒对力学性能带来不利影响，因此，人们总希望获得细晶粒组织。使塑性成形件获得细晶粒的主要途径有以下几种。

（1）在原材料冶炼时加入一些合金元素（如钽、铌、锆、钼、钨、钒、钛等）及最终采用铝、钛等作脱氧剂　它们的细化作用主要在于：当液态金属凝固时，那些高熔点化合物起弥散的结晶核心作用，从而保证获得极细晶粒。此外，这些化合物同时又都起到机械阻碍作用，使已形成的细晶粒不易长大。

（2）采用适当的变形程度和变形温度　例如，在设计模具和选择坯料形状、尺寸时，既要使变形量大于临界变形程度，又要避免出现因变形程度过大而引起的激烈变形区，并且模锻时应采用良好的润滑剂，以改善金属的流动条件，获得均匀变形。锻件的晶粒度主要取决于终锻温度下的变形程度。

塑性变形时应恰当控制最高热变形温度（既要考虑加热温度，也要考虑到热效应引起的升温），以免发生聚集再结晶。如果变形量较小时，应适当降低热变形温度。

终锻温度一般不宜太高，以免晶粒长大。但是对于高温合金等无同素异构转变的材料，终锻温度又不能太低，即不应低于出现混合变形组织的温度。

另外，有些材料变形后晶粒尚未来得及长大时马上就快冷，也可以得到细晶粒。这是因为锻后快冷能把合金在高温锻造过程中形成的晶体缺陷固定到室温，而这些弥散的晶体缺陷在随后的热处理过程中成了结晶核心的形核场所，从而细化了晶粒，同时又可提高组织的均匀性。

（3）采用锻后正火（或退火）等相变重结晶的方法　必要时利用奥氏体再结晶规律进行高温正火来细化晶粒。

细化晶粒的方法

工程应用

坯料为45Cr14Ni14W2Mo，直径为60mm热轧棒材，经锻成42mm×42mm方料后，下料为42mm×42mm×75mm坯料，在自由锻锤上锻成如图5-18b所示的排气阀锻件。锻造工艺为：第一火，将42mm×42mm×75mm坯料倒棱、摔头部、摔杆（图5-18a）；第二火，胎模压盘成形头部（图5-18b）。

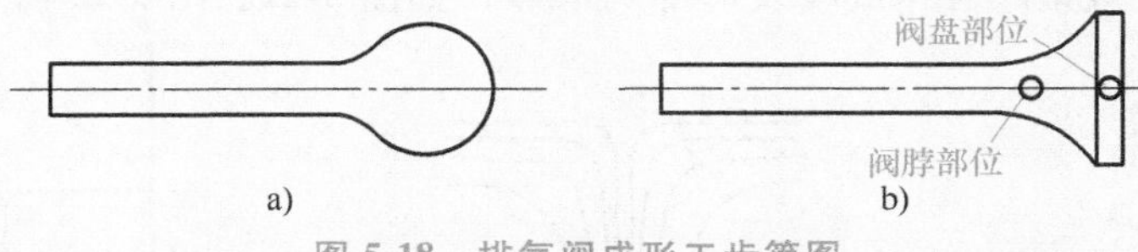

图5-18　排气阀成形工步简图

经质量检验，发现阀脖部出现低倍粗晶，经高倍检查，晶粒度为1级，而阀盘部位细晶粒为7级。

质量分析：在第二火加热时，虽然采用局部加热，杆部放在反射炉门外，但由于阀脖部仍被加热到锻造温度范围内，在压盘成形时，阀脖部位变形较小，处于临界变形程度范围内，因此造成阀脖部粗晶。

改进措施：将两火加热改为一火加热，即将摔头部、压盘成形、摔杆于一火内完成（图5-19）。改进后的排气阀锻件，经低倍检查，阀脖部已无粗晶，高倍检查，晶粒度为6级，个别为5级。在阀脖部位作力学性能试验，符合要求。

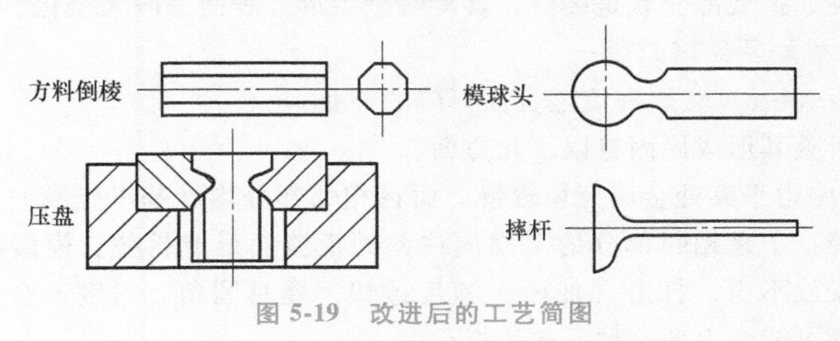

图5-19　改进后的工艺简图

模块四　塑性成形件中的折叠和失稳

学习目标

1. 熟悉折叠特征和产生原因。
2. 知道塑性成形中失稳产生的原因和结果。

一、塑性成形中的折叠

折叠是在金属变形流动过程中已氧化过的表面金属汇合在一起而形成的。

在零件上，折叠是一种内患。它不仅减小了零件的承载面积，而且工作时此处产生应力集中，常常成为疲劳源。因此，技术条件中规定锻件上一般不允许有折叠。

锻件经酸洗后，一般用肉眼就可以观察到折叠。若用肉眼不易查出的折叠，可以用磁粉检查或渗透检查。

（一）折叠特征

锻件中的折叠一般具有下列特征。

1）折叠与其周围金属流线方向一致 如图 5-20 所示。

2）折叠尾端一般呈小圆角或枝杈形（鸡爪形）如图 5-21、图 5-22 所示。

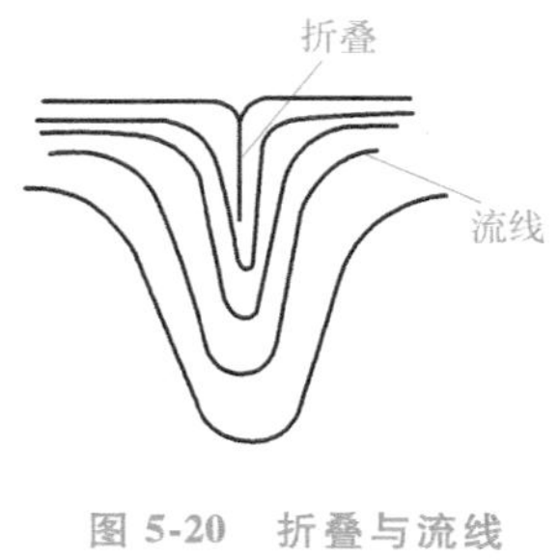

图 5-20　折叠与流线方向一致示意图

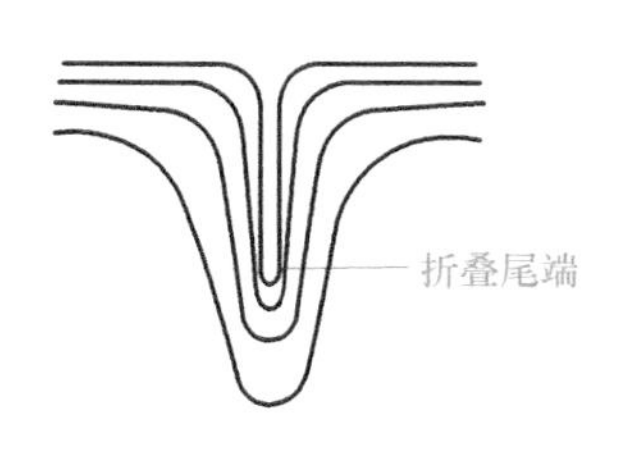

图 5-21　折叠尾端呈小圆角示意图

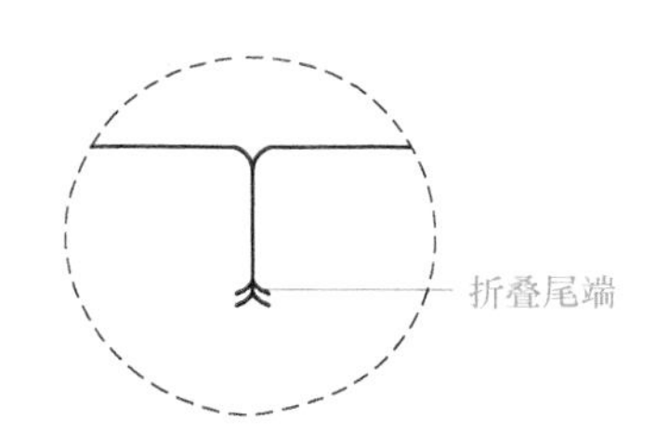

图 5-22　折叠尾端呈枝杈形示意图

3）折叠两侧有较重的脱碳、氧化现象。

按照上述特征可以大致区分裂纹和折叠。但是，锻件上的折叠经进一步变形和热处理等工序后，形态将发生某些变化，需要具体分析。例如，有折叠的零件在进行调质处理时，折叠末端常常要扩展，扩展部分就是裂纹，其尾端呈尖形，表面一般无氧化、脱碳现象。

（二）折叠的类型及形成原因

1. 由两股（或多股）金属对流汇合而形成的折叠

这种类型的折叠其形成原因有以下几方面。

1）模锻过程中由于某处金属充填较慢，而在相邻部分均已基本充满时，此处仍缺少大量金属，形成空腔，于是相邻部分的金属便往此处汇流而形成折叠。模锻时坯料尺寸不合适，操作时坯料安放不当，打击（加压）速度过快，模具圆角、斜度不合适，或某处金属充填阻力过大等都可能会出现这种形式的折叠。

2）弯轴和带枝杈的锻件，模锻时常易由两股流动金属汇合形成折叠，如图 5-23、图 5-24 所示。

以图 5-24 的情况为例，模锻时 A 和 B（或 A 和 C）两部分的金属往外流动，已氧化过的表层金属对流汇合而形成折叠。这种折叠有时深入到锻件内部，有时只分布在飞边区。

折叠的起始位置与模锻前坯料在此处的圆角半径、金属量有关。若圆角半径较大，此时折叠就可能全部在飞边内；若圆角半径过小，此时形成的折叠就可能进入锻件内部。但折叠起始点位置还取决于坯料 D 处（图 5-24 中虚线范围）金属量的多少。如果 D 处金属量较多，模锻时有多余金属往外排出，折叠起始点将向飞边方向移动。因此，为防止这种折叠的

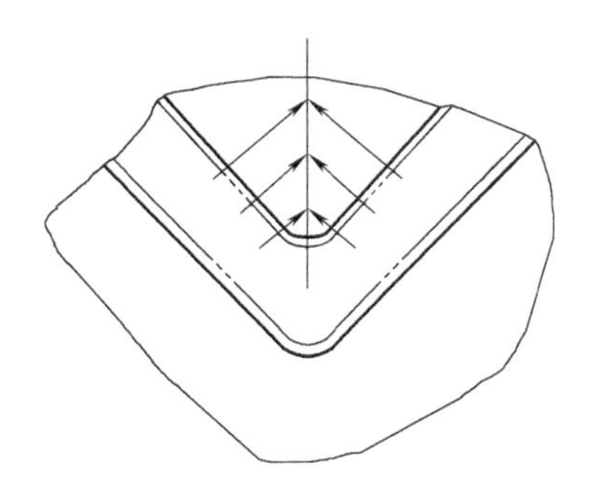

图 5-23 弯轴锻件折叠形成示意图

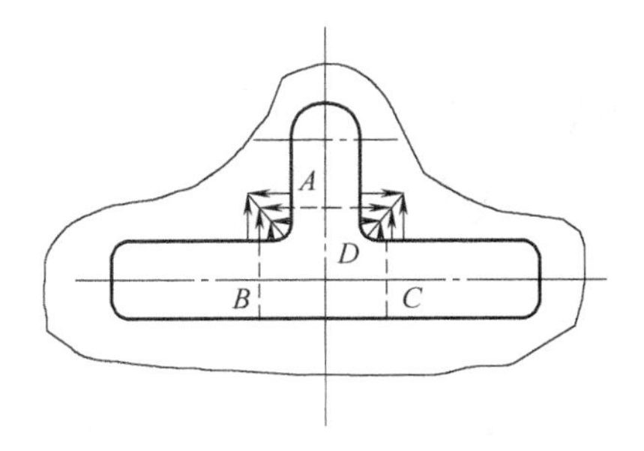

图 5-24 带枝杈的锻件折叠形成示意图

产生，应采取如下措施。

① 模锻前坯料拐角处应有较大的圆角。如采用预锻模膛，预锻模膛此处应做成较大的圆角。

② 保证在 D 处（图 5-24）有足够的金属量，使模锻时折叠的起始点被挤进飞边部分。因此，应保证坯料尺寸合适，操作时将坯料放正，初击时轻一些等。

3）由于变形不均匀，两股（或多股）金属对流汇合而成折叠。例如拔长坯料端部时，如果送进量很小，表层金属变形大，形成端部内凹（图 5-25），严重时则可能发展成折叠。又如挤压时，当压余高度 h 较小，尤其当挤压比较大时，与凸模端面中间处接触的部分金属便被拉着离开凸模端面，并往孔口部分流动，于是在制件中产生图 5-26 所示的缩孔，最后形成折叠。

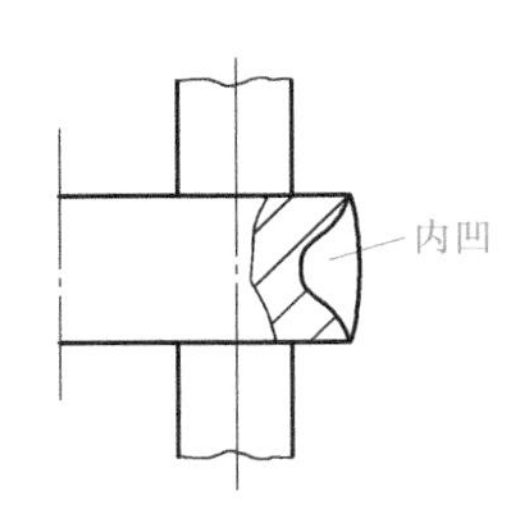

图 5-25 拔长时内凹形成示意图

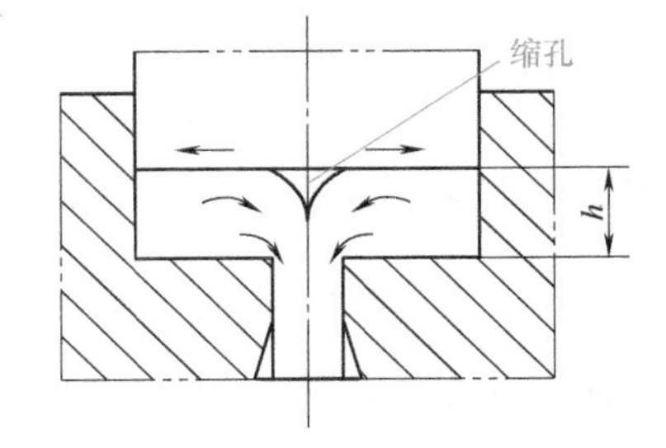

图 5-26 挤压时缩孔形成示意图

2. 由一股金属的急速大量流动将邻近部分的表层金属带着流动，两者汇合而形成的折叠

这种类型的折叠常产生于工字形断面的锻件、某些环形锻件和齿轮锻件（图 5-27）。工字形锻件这种折叠形成的原因（图 5-28）是由于靠近接触面 ab 附近的金属沿着水平方向较大量地外流，同时带着 ac 和 bd 附近的金属一起外流，使已氧化过的表层金属汇合一起而形成的。由此可以看出，只要靠近接触面 ab 附近的金属有沿水平方向外流，且中间部分排出的金属量较大，同时，当 l/t 较大，筋与腹板之间的圆角半径过小，润滑剂过多和变形太快时，则易产生这种折叠。

为防止产生折叠，可采取如下措施。

1）使中间部分金属在终锻时的变形量小一些，即使由中间部分排出的金属量尽量少一些。

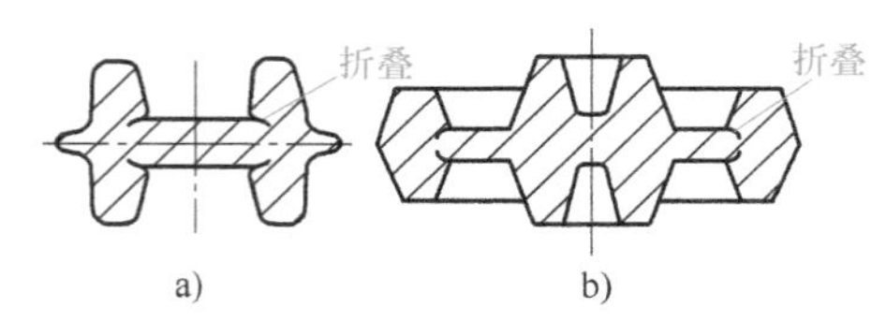

图 5-27　工字形断面锻件和齿轮锻件

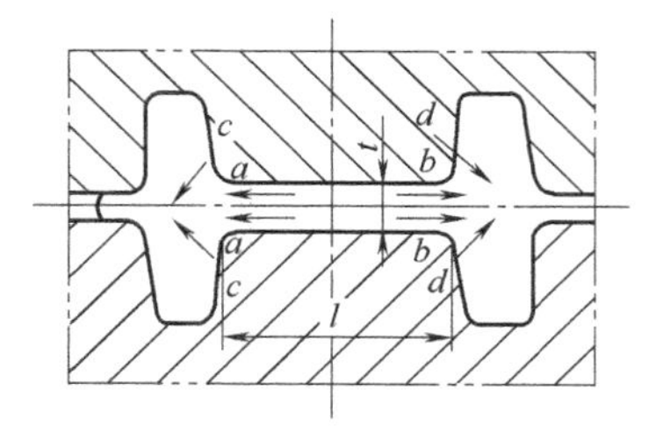

图 5-28　工字形断面锻件

2）创造条件，使终锻时由中间部分排出的金属量尽可能向上、下模腔中流动，继续充填模腔。

环形锻件和齿轮锻件折叠形成的原因和防止措施与工字形锻件类似。

3. 由于变形金属发生弯曲、回流而形成的折叠

这类折叠又可分两种情况：

1）细长（或扁薄）锻件，先被压弯然后发展成的折叠。例如细长（或变薄）坯料的镦粗（图 5-29、图 5-30）和 $l_B/d>3$ 的顶镦（图 5-31）。

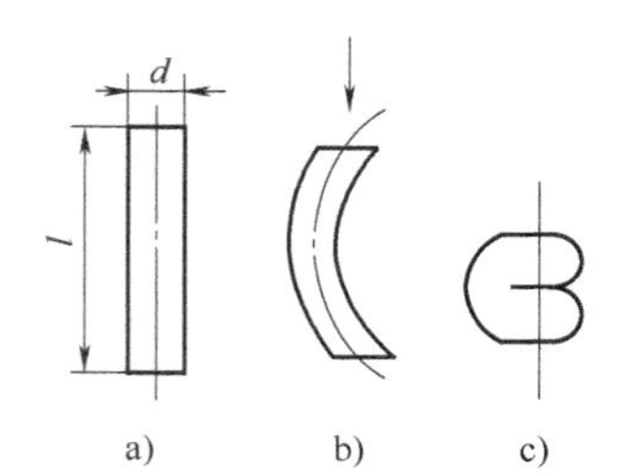

图 5-29　镦粗时折叠图

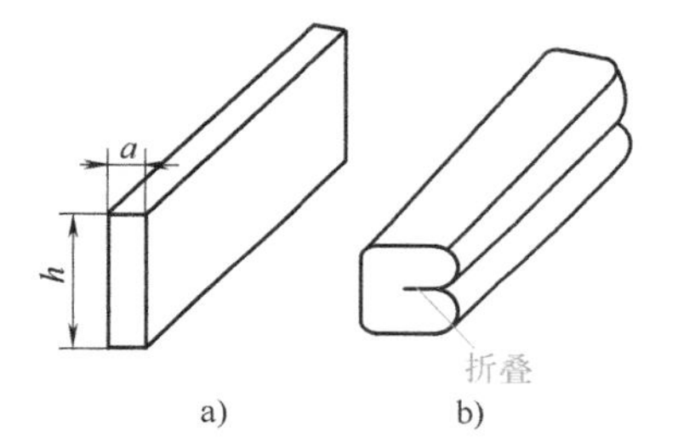

图 5-30　压扁时折叠

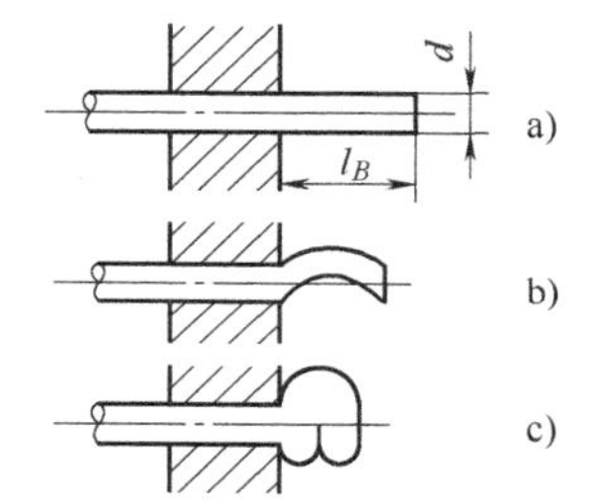

图 5-31　顶镦时折叠形成过程示意图

对于这类锻件，正确的锻造原则应当是：

$$\frac{l}{d}=2.5\sim3 \quad \frac{h}{a}=2\sim2.5 \quad \frac{l_B}{d}=2.5\sim2$$

2）由于金属回流形成弯曲，继续模锻时发展成的折叠。以齿轮锻件为例，折叠形成的过程如图 5-32 所示。这种折叠的位置与图 5-31b 所示的不同，一般都在腹板以上（或以下）的轮缘上。

模锻时是否产生回流，与坯料直径、圆角 R 大小和第一、二锤的打击力等有关。为防止这种折叠的产生，应当使镦粗后的坯料直径 $D_{坯}$超过轮缘宽度的一半，最好接近于轮缘宽度的 2/3，即 $D_{坯}\approx D_1+4b/3$（图 5-33），圆角 R 应适当大些，模锻时第一、二锤应轻些。

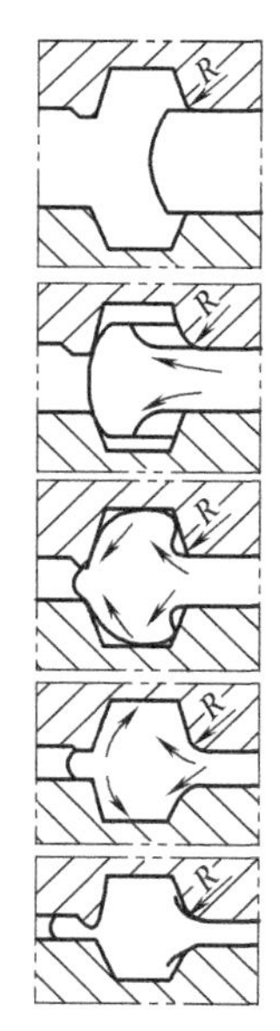

图 5-32　齿轮锻件折叠形成过程示意图

4. 部分金属局部变形，被压入另一部分金属内而形成的折叠

这类形式的折叠在实际生产中是很常见的。例如拔长时，当送进量很小，压下量很大时，上、下两端金属局部变形并形成折叠（图 5-34）。避免产生这种折叠的措施是增大送进量，使每次送进量与单边压缩量之比大于 1～1.5，即$\frac{2l}{\Delta h}>1\sim1.5$。

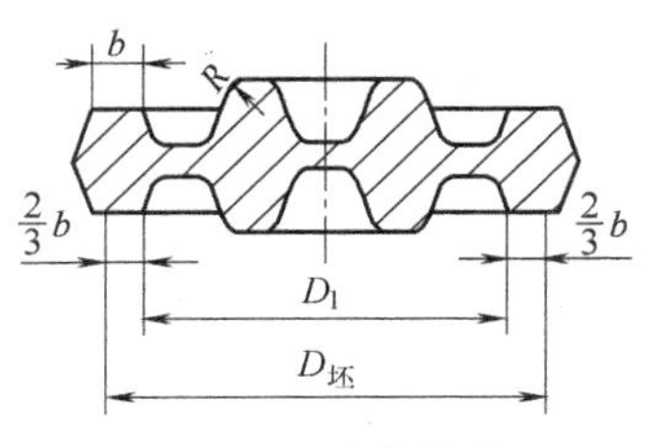

图 5-33　齿轮锻件

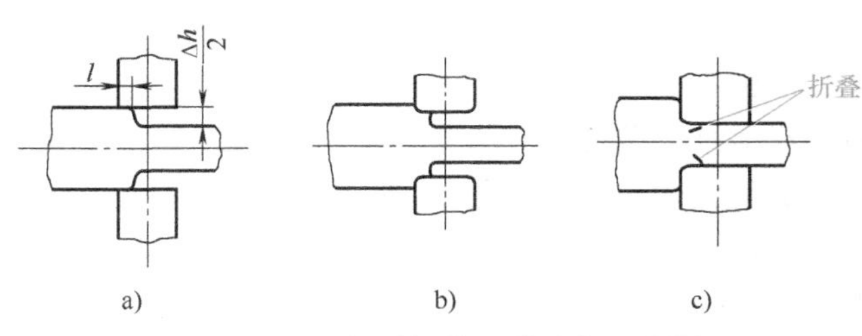

图 5-34　拔长时折叠形成过程示意图

又如模锻时，若预锻模圆角过大，而终锻模相应处圆角过小，则在终锻时在圆角处会咬入一块金属并压入锻件内形成折叠（图 5-35）。

故一般取 $R_{预}=1.2R_{终}+3\text{mm}$。模锻铝合金锻件时，如果因为圆角 R 的缘故，一次预锻不行时，则可采用两次预锻。

实际生产中折叠的形式是多种多样的，但其类型及其形成原因大致有以上几种。掌握和正确运用这些规律，便可以在实践中避免产生折叠。

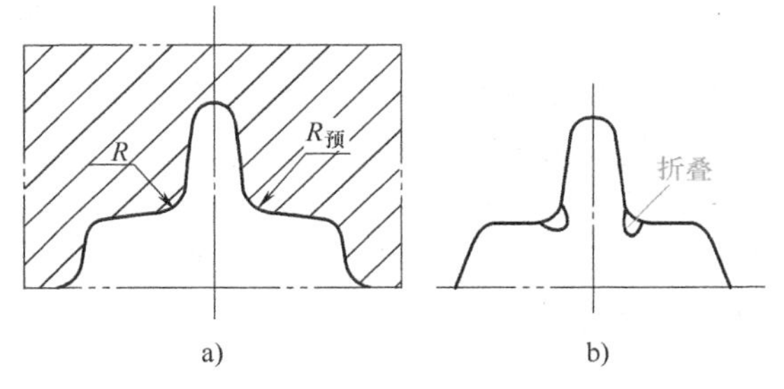

图 5-35　预锻模圆角过大终锻模圆角过小时形成折叠示意图

a）模具　b）锻件

二、塑性加工中的失稳

在塑性加工中，当材料所受载荷达到某一临界值后，即使载荷下降，塑性变形还会继续，这种现象称为塑性失稳，它使得塑性加工过程不稳定。因此，塑性失稳问题对塑性成形具有重要影响。

失稳有压缩失稳和拉伸失稳两种。压缩失稳的主要影响因素是刚度参数，它在塑性成形中主要表现为坯料的弯曲和起皱，在弹性或塑性变形范围内都可能产生。而拉伸失稳的主要影响因素是强度参数，它主要表现为明显的非均匀伸长变形，在坯料上产生局部变薄或变细现象，其进一步发展是坯料的拉断或破裂，它只产生于塑性变形范围内。因此，压缩失稳和拉伸失稳是具有不同本质的两种现象。

（一）拉伸失稳

1. 单向拉伸时的塑性失稳

单向拉伸时，出现缩颈后，外载下降，塑性变形还继续进行，显然，极限强度（抗拉强度）R_m 所对应的点就是塑性失稳点。

在拉伸过程中，一方面因加工硬化引起变形抗力增加，另一方面因试样伸长使承载断面面积 A 减小，这两种作用贯穿于单向拉伸过程始终。对于多数金属材料，变形初期的变形抗力增加率远大于断面减缩率。所以，尽管变形在最弱断面优先得到发展，但因很小的塑性变形引起应变硬化使该断面附近材料的变形抗力增加，致使外力上升时，在该断面以外的变形区域相应地产生塑性变形。因此，在均匀塑性变形阶段，通常不易发现拉伸试样变形区内各部分之间的应变差别。

随着拉伸过程的发展，应变硬化效应逐渐减弱，而横断面积 A 却不断减小。当变形继续发展到某一时刻，必然会使变形抗力的增加率等于断面减缩率。此时，试样在某一部位开始出现缩颈，载荷达到极值（临界值）。

加工硬化指数 n 就等于塑性失稳点的真应变，它是表明材料加工硬化特性的一个重要参数，n 值越大，说明材料的应变强化能力越强，均匀变形阶段越长。对于金属材料，n 的范围是 $0<n<1$。

通过单向拉伸时的真实应力-应变曲线研究塑性失稳时的特点可得

$$R_{\mathrm{m}}=B\left(\frac{n}{e}\right)^{n} \tag{5-1}$$

若已知强度系数 B 和加工硬化指数 n，就可根据式（5-1）求出塑性失稳时的抗拉强度。

当塑性变形的真应变值 $\bar{\epsilon}<n$ 时，而且标距内的试样横截面积相等，变形将是均匀的。当真应变值 $\bar{\epsilon}>n$ 时，出现缩颈，由于缩颈处的加工硬化不能补偿其横截面积的减小，使变形集中在缩颈处，而其他截面的变形几乎不再增长。因此，塑性变形的真应变 $\bar{\epsilon}=n$ 的位置就是单向拉伸时的失稳点。

2. 双向等拉时的塑性失稳

薄板双向等拉的情况如图 5-36 所示。图中 $P_1=P_2$，垂直于板面方向的载荷 $P_3=0$，发生塑性失稳时，$\mathrm{d}P=0$。

对于所讨论的情况，有

$$P_1=\sigma_1 A_1 \tag{5-2}$$

式中　A_1——P_1 作用面的面积；

　　σ_1——A_1 面上的正应力。

对上式两边微分可得

$$\frac{\mathrm{d}\sigma_1}{\sigma_1}=-\frac{\mathrm{d}A_1}{A_1}=\mathrm{d}\epsilon_1 \tag{5-3}$$

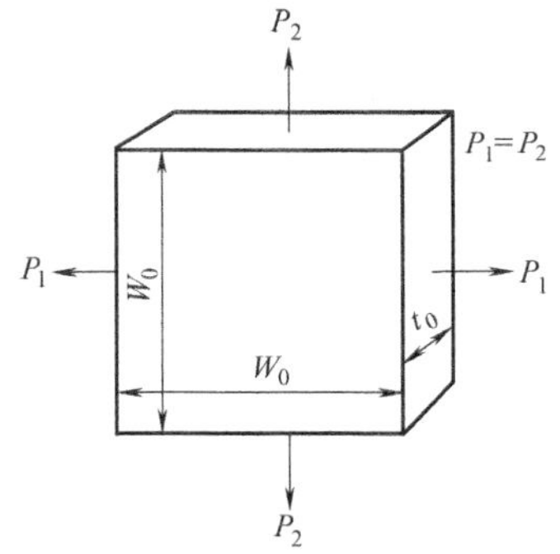

图 5-36　薄板双向等拉

对于 $\sigma_1=\sigma_2$ 和 $\sigma_3=0$ 的应力状态，等效应力 $\bar{\sigma}=\sigma_1=\sigma_2$。

再根据体积不变公式 $\epsilon_1=\epsilon_2$ 和等效应变计算公式，推导转化可得

$$\bar{\epsilon}=2n$$

上式表明，双向等拉时，失稳时的应变为单向拉伸时的两倍。

（二）压缩失稳

1. 压杆（板条）失稳

压缩失稳在弹性和塑性变形范围内都可发生。在弹性状态时，当压力 P 达到某临界力 P_{k} 时，压杆（板料）就产生失稳而弯曲（图 5-37），使压杆以曲线形状保持平衡。这时杆内产生一内力矩与外力矩平衡，即内力矩=外力矩。

根据塑性压缩失稳的临界压力和临界压应力的公式可以看出，材料的抗压缩失稳的能力除与材料的刚度性能参数 E_0、F 有关外，还与受载的压杆（或板条）的几何参数 $\left(\frac{L}{d}、\frac{t}{L}\right)$ 有着更密切的关系。当相对高度 $\frac{L}{d}$ 越大，相对厚度 $\frac{t}{L}$ 越小，即杆件越细、板料越薄时，越容易发生失稳。杆件的压缩失稳往往表现为失稳弯曲，而板料的压缩失稳往往表现

为失稳起皱。

实际生产中，细长杆件在受压缩时，其失稳弯曲影响坯料的极限尺寸比例和成形极限（极限变形程度）。因此为避免失稳弯曲，圆柱体坯料压缩时其相对高度 $\frac{L}{d}$ 一般应小于 2.5，扁方坯料压缩时其高度与宽度比 $\left(\frac{h}{b}\right)$ 一般应小于 3.5。

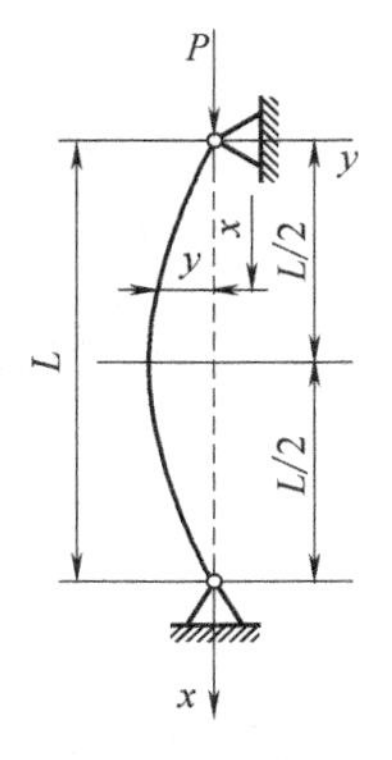

图 5-37　压杆的受力和变形

2. 板料失稳起皱

对于板料成形，失稳起皱除影响成形件的质量和成形极限外，也还直接影响一些成形工序能否顺利进行。因此，压缩失稳对板料的成形影响尤为突出。

冲压成形时，为使金属产生塑性变形，模具对板料施加外力，在板内产生复杂的应力状态，由于板厚尺寸与其他两个方向尺寸相比很小，因此厚度方向是不稳定的。当外力在板料平面内引起的压应力使板厚方向达到失稳极限时便产生失稳起皱，皱纹的走向与压应力垂直。

引起压应力的外力如图 5-38 所示，大致可分为压缩力、剪切力、不均匀拉伸力及板料内弯曲力四种。因此，失稳起皱也相应地有四种。

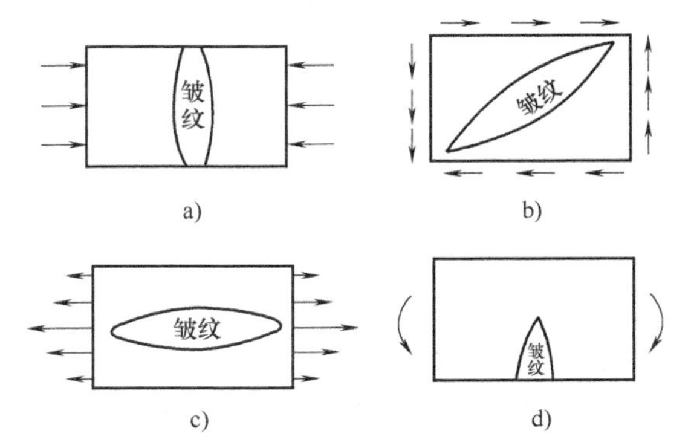

图 5-38　平板失稳起皱的分类
a）压缩力　b）剪切力　c）拉伸力不均匀　d）板平面内弯曲力

（1）压缩力引起的失稳起皱　圆筒形零件拉深时法兰变形区的起皱、曲面零件成形时悬空部分的起皱，都属于这种类型。成形过程中变形区坯料在径向拉应力 σ_1 和切向压应力 σ_3 的平面应力状态下变形，当切向压应力 σ_3 达到失稳临界值时，坯料将产生失稳起皱。塑性失稳的临界应力可以用力平衡法或能量法求得。为了简化计算，多用能量法。

在拉深的生产实践中，为了防止起皱，常采用压边圈，通过压边圈压力的作用，使毛坯不易拱起（起皱）而达到防皱的目的。

（2）剪切力引起的失稳起皱　切应力引起的失稳起皱，其实质仍然是压应力的作用。例如板坯在纯切状态下，在与切应力成 45°的两个剖面上分别作用着与切应力等值的拉应力和压应力。只要有压应力存在，就有导致失稳的可能。

（3）不均匀拉伸力引起的失稳起皱　当平板受不均匀拉应力作用时，在板坯内产生不均匀变形，并可能在与拉应力垂直的方向上产生附加压应力。该压应力是产生皱纹的力学原因。拉应力的不均匀程度越大，越易产生失稳起皱。皱纹产生在拉力最大的部位，其走向与拉伸方向相同。平板沿宽度方向上的不均匀拉应力 σ_1 的分布如图 5-39a 所示，由此引起的 σ_x 和 σ_y 在板平面内的分布，分别如图 5-39b、c 所示。由图 5-39c 可知，在平板中间部位，σ_y 为压应力，由它引起平板的失稳起皱。

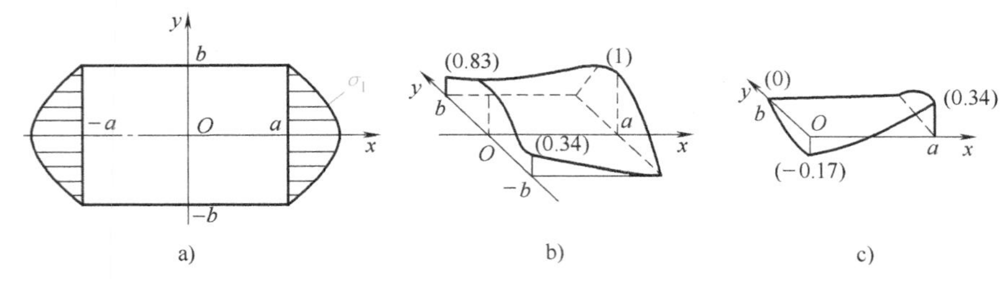

图 5-39 平板在不均匀拉伸力作用下的应力分布

a）σ_1 的分布 b）σ_x/σ_1 的分布 c）σ_y/σ_1 的分布

（4）板料内弯曲应力引起的失稳起皱 此类失稳起皱现象在冲压成形中较少产生，此处不作介绍。

在冲压成形时，凸模纵断面或横断面的形状比较复杂时，坯料的局部会承受不均匀拉伸力的作用。如图 5-40a 所示的棱锥台的拐角处的侧壁，由于材料流入的同时产生收缩，再加上不均匀拉伸力引起的压应力的作用，就更加容易产生失稳起皱。图 5-40b 所示的鞍形拉深件，底部产生的皱纹也是由于不均匀拉伸力引起的。

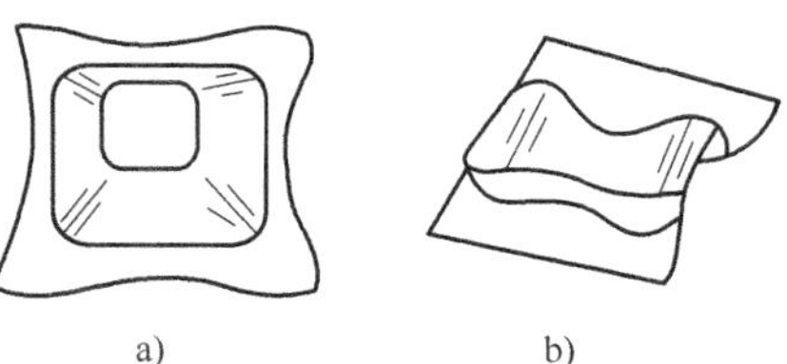

图 5-40 拉伸力不均匀形成的皱纹

a）棱锥台 b）鞍形件

拓展练习

一、填空题

1. 晶粒度是表示金属材料________的程度，用单位面积内所包含的晶粒个数来表示，也可用________来表示。

2. 在塑性成形过程中，变形体内的空洞________、________、________就会发展成裂纹。

3. 当加热或冷却时由于坯料内温度不均匀造成热胀或冷缩不均匀而引起的内应力称为________。

4. 防止产生裂纹的原则措施有增加静水压力、选择和控制合适的变形温度和________，消除变形过程中产生的硬化及残余应力，提高________的质量。

5. 影响晶粒大小的主要因素有加热温度、________和机械阻碍物。

6. 在零件上，折叠是一种内患。它不仅减小了零件的承载面积，而且工作时此处产生应力集中，常常成为________。因此，技术条件中规定，锻件上一般不允许有折叠。

7. 压缩失稳的主要影响因素是刚度参数，它在塑性成形中主要表现为坯料的________和________，在弹性或塑性变形范围内都可能产生。

8. 对于高温合金等无同素异构转变的材料，终锻温度不能太________（高/低），以免出现混合变形组织。

9. 在塑性成形过程中，由于加热不当产生的缺陷主要有________、________、加热裂纹、铜脆、________、增碳等。

10. 塑性成形过程中，在一定的外界条件下，就会出现空洞的形核、长大，继而发生空洞的聚合或连接，形成________。

二、判断题

1. 晶粒越细，不同取向的晶粒越多，变形能较均匀地分散到各个晶粒，即可提高变形的均匀性。（　　）

2. 一般情况下，晶粒细化可以降低金属材料的屈服强度、疲劳强度、塑性和冲击韧度，降低钢的脆性转变温度。（　　）

3. 折叠是在金属变形流动过程中已氧化过的表面金属汇合在一起而形成的。在零件上，折叠是一种外患。（　　）

4. 为了比较晶粒的大小，对各种材料都制定了晶粒度标准。例如对结构钢，规定了八级晶粒度标准，一般认为1~4级为细晶粒，5~8级为粗晶粒。（　　）

5. 折叠的起始位置与模锻前坯料在此处的圆角半径、金属量有关。（　　）

6. 终锻温度一般不宜太高，以免晶粒长大。（　　）

7. 低倍组织试验可以暴露成形件的微观缺陷，这类试验包括硫印试验、热蚀和冷蚀酸浸试验、断口试验等。（　　）

8. 对于某些重要的大型锻件和军工用大型锻件，破坏性试验和常规的检验分析技术已不能适应技术发展的需要，必须采用特殊的非破坏性试验方法，即采用先进的无损检测技术。（　　）

9. 在塑性成形中，产生裂纹只有一个原因，就是原材料中的缺陷，如各种冶金缺陷、夹杂物等。（　　）

10. 环形锻件和齿轮锻件折叠形成的原因和防止措施与工字形锻件类似。（　　）

三、简答题

1. 实际生产中可采用哪些方法细化晶粒？

2. 如何避免金属塑性加工中出现折叠缺陷？

3. 塑性成形中对工件进行质量分析的一般过程是什么？

4. 塑性成形件中裂纹产生的原因是什么？

【科技前沿】

设置“休眠期”，新型智能材料可定时变形

浙江大学教授谢涛与赵骞团队利用热致相分离水凝胶构建了可按需自发变形的形状记忆高分子，阐明了该类变形行为的机理及调控方法，并结合4D打印技术初步展现了该类材料用作医疗手术器件的独特潜力。相关成果2023年9月13日在线发表于《自然》。图5-41所示为定时变形形状记忆高分子材料实物图。

2020年，日本北海道大学教授龚剑萍开发出的一类新型水凝胶进入浙江大学研究团队的视野。他们发现，这类材料具有复杂的变形行为——不仅具有形状记忆，而且“知道”什么时候要恢复记忆；回弹不仅延迟，而且是定时发生的。

经过研究，该团队发现这类材料背后有一套独特的变形机制：材料从热变冷时，内部有两股力量在“竞争”：一方是保持临时形状的力，一方是恢复原始形状的力。开始时，保持

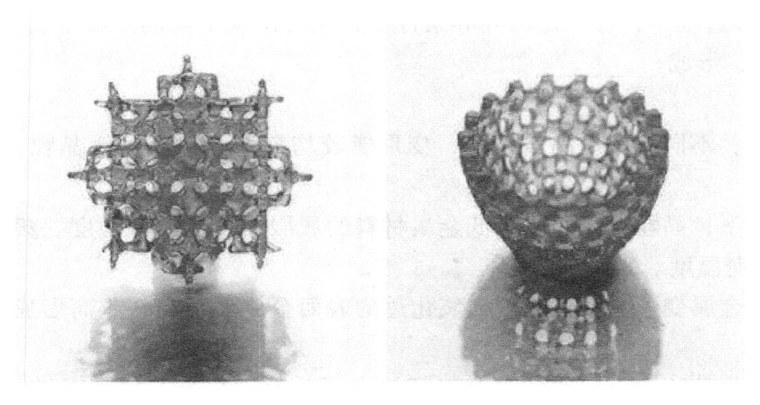

图 5-41 定时变形形状记忆高分子材料实物图（浙江大学供图）

临时形状的力占绝对优势，双方的力量差会达到 1000 倍以上。赵骞介绍，在很长一段时间内，材料会停留在临时形状，纹丝不动；而随着时间推移，保持临时形状的力持续不断下滑，材料就会出现肉眼可见的变形。研究显示，在力量差为 20 倍时，材料会出现 5% 的变形。

研究人员通过磁共振成像对这种按需自发变形行为的内在机理进行了深入探究，证明该现象受控于材料内部的水分子扩散过程。基于机理的把握，研究人员得以利用“延时”来创造“定时”：操作方法非常简单，只需调控一个参数——热编程时间。目前能实现的最长“休眠期”为 46min。

有了这样的调控手段，研究人员就能根据“休眠期”的长短，事先对材料的不同位置设置不同的热编程时间，使得形变按时按需依次展开。论文中，他们概念性地展示了 4D 打印制备的延时变形血管支架。该支架从进入体内到输送到目标部位需要一定时间，如果依赖人体温度的触发，普通的形状记忆支架材料在到达目的地之前就会发生形变；而应用“休眠期”的定时变形器件，该支架能够在到达目标位置后启动形变。

研究团队认为，具有定时变形效应的器件有望在生物医学工程、深空深海探测等方面发挥独特的优势。

第六篇

金属塑性成形基本工序的力学分析

在塑性加工过程中，当工具对坯料所施加的作用力达到一定数值时，坯料就会发生塑性变形，此时工具所施加的作用力就称为变形力。变形力是正确设计模具、选择设备的重要参数。因此，对各种塑性成形工序进行变形过程的力学分析和确定变形力是金属塑性成形理论的基本任务之一。

在镦粗、挤压和模锻等工序中，变形力是通过工具与变形金属的接触表面传递给变形金属的；在弯曲和拉深等工序中，变形力则是通过变形金属的弹性变形区传递的。所以，为了求解变形力，必须先确定变形金属与工具的接触表面或变形区分界面上的应力分布规律，然后再沿接触表面进行积分，求得变形力的大小。由于接触面上摩擦力的存在，正应力的分布是不均匀的，需要利用应力平衡微分方程、应力应变关系式、变形连续方程和塑性条件等联立求解。但是，这种数学解析法计算十分复杂，对于一般的空间问题，一共有 13 个方程和 13 个未知数，因此用一般的解析方法求解是非常困难的，甚至是不可能的。只有在某些特殊情况下或将实际问题进行一些简化后，对于平面问题和轴对称问题才能求解。因此，为了解决变形力的实际问题，需要引进各种假设以简化联立方程，主应力法即是在此基础上建立起来的一种近似求解方法。本篇将通过对几种常用的塑性成形基本工序进行力学分析，来分析主应力法的基本原理及具体应用。

模块一　主应力法的基本原理

学习目标

1. 了解变形问题的简化原理。
2. 了解主应力法的简化求解思路。

主应力法的实质是将应力平衡微分方程和屈服方程联立求解。但为使问题简化，采用下列基本假设。

一、变形问题的简化

把问题简化成平面问题或轴对称问题。对于形状复杂的变形体，则根据金属流动的情况，将其划分成若干部分，每一部分分别按平面问题或轴对称问题求解，然后“拼合”在一起，即得到整个问题的解。例如，根据连杆模锻时的金属流动模型（图 6-1），可将锻件的左、右半圆视为轴对称变形部分，而中间部分视为平面变形部分。

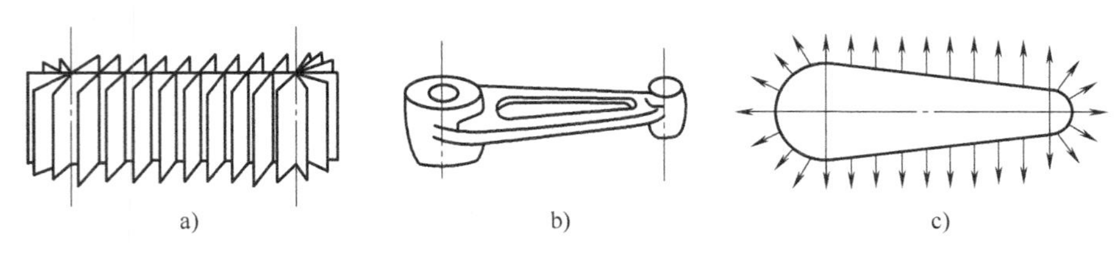

图 6-1　连杆模锻时的金属流动平面和流动方向

a）流动平面　b）连杆模锻件　c）流动方向

二、切取基元体

根据金属的流动趋向和所选取的坐标系，沿变形体整个截面切取一个包含接触面的基元体，或沿变形体部分截面切取含有边界条件已知的表面在内的基元体。

切面上的正应力假定为主应力，且均匀分布（即与一坐标轴无关）。由于已将实际问题归结为平面问题或轴对称问题，所以各正应力分量就仅随单一坐标变化，对该基元体所建立的平衡微分方程，简化为常微分方程，大大降低了计算难度。

三、确定摩擦条件

假定工具与金属接触面上的边界条件为：正应力与主应力，切应力（摩擦力）服从库仑摩擦条件 $\tau=\mu\sigma_n$（σ_n 为接触面上的正压应力），或常摩擦条件 $\tau=\mu S$。

四、简化求解

忽略各坐标平面上的切应力和摩擦切应力对塑性屈服条件的影响，列出基元体的塑性条件，然后与简化的平衡微分方程联立求解，利用边界条件确定积分常数，得出接触面上的应力分布，进而求得变形力。

例如，平面应变问题的塑性条件原本为 $(\sigma_x-\sigma_y)^2+4\tau_{xy}^2=4K^2$，现因忽略了 τ_{xy} 的影响而简化为

$$\sigma_x-\sigma_y=2K(\text{当 }\sigma_x>\sigma_y\text{ 时})$$

因为上述基本原理是以假设基元体上作用着均匀分布的主应力为基础的，故被称为“主应力法”。

因此，尽管目前已有更先进的精确求解变形力的方法，主应力法仍是分析金属成形工艺和变形力计算的方法。但是，需要指出的是，此方法求出的是接触面上的应力分布情况，其计算结果的准确程度与所作简化是否接近实际情况密切相关。

现以在水平模具间镦粗无限长矩形板的问题为例，详细说明主应力法求解的一般步骤。

假设矩形板在变形瞬间长度为 l，宽度为 a，高度为 h。所谓无限长矩形板，是指长度 l 远大于 x 和 y 方向的 a 和 h，镦粗时板料在长度方向的变形 $\varepsilon=\dfrac{\Delta l}{l}\to 0$，故而可以忽略长度方向的变形，将问题简化为平面变形问题。此外，在计算时不考虑镦粗过程中矩形断面的畸变（出现鼓形）。将接触面上的摩擦切应力设为 τ，矩形断面 Oxy 坐标系如图 6-2 所示。

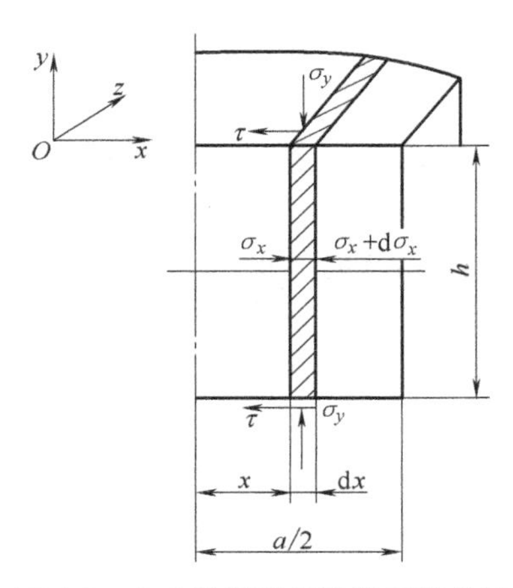

图 6-2　在水平模具间镦粗无限长矩形板作用在基元体上的应力分量

1）切取基元体。在变形体内垂直于 x 轴的截面上切取包括接触面在内的长为 l、宽为 $\mathrm{d}x$、高为 h 的基元体（图 6-2 中阴影部分），其离坐标原点的距离为 x。由于矩形断面对于 x 轴及 y 轴对称，所以只需分析一个象限。

2）确定基元体所受应力。在上下接触面上作用有外力引起的正应力 σ_y 和摩擦切应力 τ，在与 x 方向垂直的左右两切面上作用有 σ_x 和 $\sigma_x+\mathrm{d}\sigma_x$。根据主应力法原理，正应力即为主应力，故 x 方向作用有沿高度方向均匀分布的主应力 σ_1 和 $\sigma_1+\mathrm{d}\sigma_1$，所求接触面上的正应力 σ_y，即为主应力 σ_3。

3）根据 x 方向的力学平衡条件，建立基元体平衡微分方程为

$$\sigma_1 hl-(\sigma_1+\mathrm{d}\sigma_1)hl-2\tau l\mathrm{d}x=0$$

化简得到

$$\mathrm{d}\sigma_1=-\frac{2\tau}{h}\mathrm{d}x \tag{6-1}$$

4）补充塑性条件。根据平面变形米塞斯屈服准则 $\sigma_{\max}-\sigma_{\min}=2K=\dfrac{2}{\sqrt{3}}S$，因为 y 方向为主加载方向，σ_3 和 σ_1 均为压应力，$|\sigma_3|$大于$|\sigma_1|$，即

$$(-\sigma_1)-(-\sigma_3)=\frac{2}{\sqrt{3}}S$$

对上式两边微分，得 $\mathrm{d}\sigma_3=\mathrm{d}\sigma_1$。

5）将平衡微分方程与塑性条件联立，求解接触面上的正应力分布。

将式（6-1）代入上式得

$$\mathrm{d}\sigma_3=-\frac{2\tau}{h}\mathrm{d}x \tag{6-2}$$

式中，τ 取决于摩擦条件。假设采用常摩擦条件 $\tau=\mu S$，代入式（6-2），得

$$\mathrm{d}\sigma_3=-\frac{2\mu S}{h}\mathrm{d}x$$

对 $\mathrm{d}x$ 积分，得

$$\sigma_3=-\frac{2\mu S}{h}x+C \tag{6-3}$$

6）根据边界条件确定积分常数 C。当 $x=\dfrac{a}{2}$ 时，正应力处于自由边界上，此时 $\sigma_1=0$，

根据塑性条件有 $\sigma_3=\frac{2}{\sqrt{3}}S$，代入式（6-3），则积分常数 $C=\frac{2}{\sqrt{3}}S+\mu S\ \frac{a}{h}$。再将 C 值代入式（6-3），即得接触面上的正应力为

$$\sigma_3=\frac{2}{\sqrt{3}}S+\frac{2\mu S}{h}\left(\frac{a}{2}-x\right) \tag{6-4}$$

正应力沿接触面呈线性分布，如图 6-3 所示。

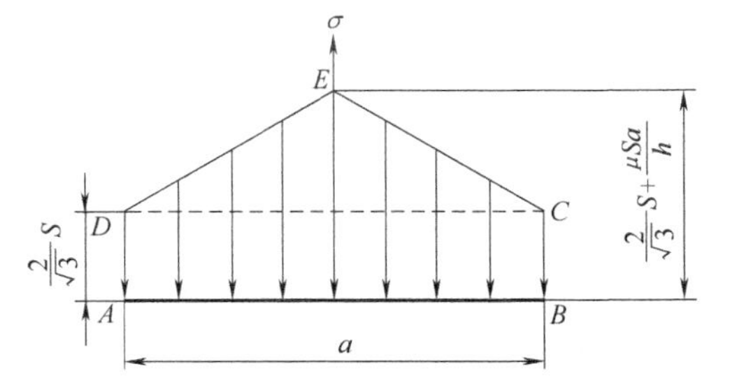

图 6-3　常摩擦条件下接触面上的正应力分布

当 $x=0$ 时，正应力处于镦粗中心，有

$$\sigma_3=\frac{2}{\sqrt{3}}S+\frac{\mu Sa}{h}$$

当 $x=\frac{a}{2}$ 时，正应力处于边缘，有

$$\sigma_3=\frac{2}{\sqrt{3}}S$$

若摩擦切应力为零，如图 6-3 中矩形部分 $ABCD$ 所示，沿整个接触面上的正应力 σ_3 均为 $\frac{2}{\sqrt{3}}S$，三角形部分 CDE 则表示出由于摩擦切应力所引起的正应力的增加值。

7）求变形力 F 和单位流动压力 p。

变形力为

$$F=2l\int_0^{\frac{a}{2}}\left[\frac{2}{\sqrt{3}}S+\frac{2\mu S}{h}\left(\frac{a}{2}-x\right)\right]\mathrm{d}x=la\left(\frac{2}{\sqrt{3}}S+\mu S\ \frac{a}{2h}\right) \tag{6-5}$$

接触面单位面积上的作用力称为单位流动压力，即

$$p=\frac{F}{la}=\frac{2}{\sqrt{3}}S+\mu S\ \frac{a}{2h} \tag{6-6}$$

模块二　镦粗变形力学分析

学习目标

1. 掌握镦粗变形的发生过程和特点。
2. 了解镦粗变形过程的力学分析。

一、镦粗变形特点

在外力作用下，使坯料高度减小、横截面增大的塑性成形工序称为镦粗。镦粗坯料的截面形状一般有圆形和矩形等。不同截面的坯料在镦粗时的应力、应变状态存在很大差异。本模块主要结合圆截面坯料讨论镦粗时的变形流动规律和应力分布情况。

圆柱体镦粗通常是在无摩擦的两个平行砧板间对坯料进行压缩。在镦粗过程中，变形体内部质点的流动遵循最小阻力定律，即质点向阻力最小的方向移动。但是在实际镦粗中，接触面上不可避免地存在摩擦，这就导致了镦粗时的不均匀变形。

当圆柱体的高径比 $H/D=0.8\sim2.0$ 时，镦粗后呈现鼓形，即两端直径小、中间直径大（图 6-4）。利用网络法可以得到镦粗时坯料子午面的网格变化，从中可以看出坯料内部的变形是不均匀的。为了便于分析，按照变形程度，将变形区大致分为三个区，如图 6-5 所示。

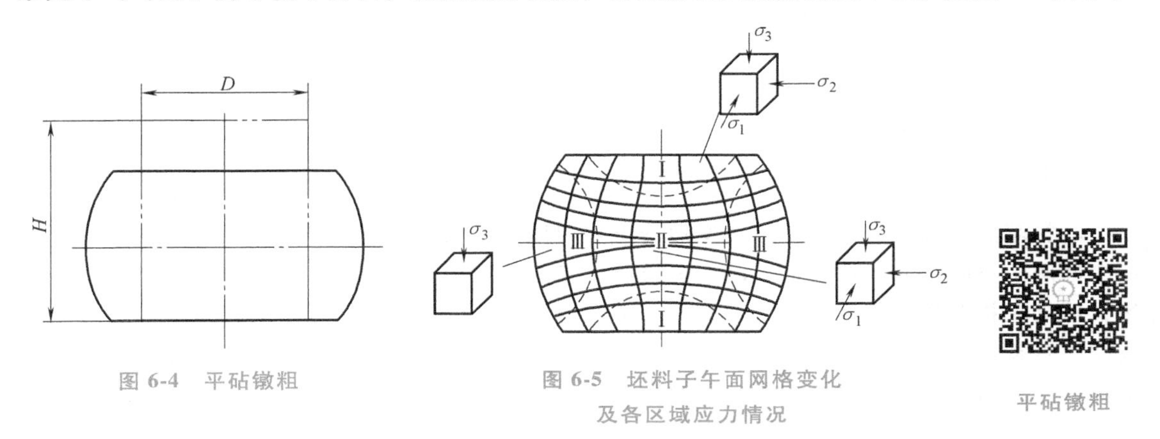

图 6-4　平砧镦粗

图 6-5　坯料子午面网格变化及各区域应力情况

平砧镦粗

区域Ⅰ是坯料和工具的上、下砧面接触的区域，其变形程度最小，称为难变形区。区域Ⅱ处于上、下两个难变形区域Ⅰ之间，其变形程度最大，称为大变形区。区域Ⅲ是外侧的鼓形区部分，其变形程度居中，称为小变形区。变形不均匀产生的主要原因是由于工具与坯料端面之间具有摩擦力。

由于表层受到的摩擦阻力很大，区域Ⅰ内的金属质点受三向压应力作用。越靠近接触面中心部分，其金属流动受到外层阻碍和摩擦阻力所引起的三向压应力数值就越大，变形也就越困难。因为摩擦力的影响是随离接触表面的距离而减弱的，所以区域Ⅱ受到的摩擦影响小，在水平方向上受到的压应力也较小。金属质点在轴向压应力的作用下产生很大的压应变，其径向有较大扩展，同时难变形区Ⅰ对该部分有压挤作用，这些变形的综合作用导致了鼓形。

在平砧间热镦粗坯料时，除了摩擦力影响外，温度不均也是不均匀变形产生的原因之一。Ⅰ区金属由于与工具接触，温度降低快，变形抗力大，因此变形也较其他区域困难。

区域Ⅲ的外侧为自由表面，受端面摩擦影响小，应力状态近似于单向压缩（σ_3）。但是，由于Ⅱ区变形较大，金属向外流动时对Ⅲ区有径向压应力（σ_2），使该区金属切向受拉应力（σ_1），越靠近坯料表面，切向拉应力越大。当切向拉应力超出材料的强度极限或切向变形超过材料允许的变形程度时，便引起纵向裂纹。

当圆柱体的高径比 $H/D>2$ 时，镦粗后上部和下部变形大，中间变形小，形成双鼓形（图 6-6）。这是因为与平砧接触的上、下端金属受摩擦力影响形成了锥形的难变形区，外力通过它作用到坯料的其他部分，因此上、下端面金属较坯料中部易于满足塑性条件，优先进行塑性变形，导致了双鼓形的形成。尤其在锤上镦粗时，如果锤击力不大，能量首先被上、下部分金属塑性变形所吸收，更容易产生双鼓形。随着镦粗继续，当高径比接近 1 时，双鼓形逐渐变成单鼓形。如果坯料更高（$H/D>3$），镦粗时容易失稳而弯曲，如不及时校正而继续镦粗，将会产生折叠现象。

当圆柱体的高径比 $H/D\leqslant 0.5$ 时，镦粗的不均匀程度有所改善。这是由于相对高度较小，上、下难变形区已有部分重叠（图 6-7），坯料不存在大变形区，因此鼓形程度较小。

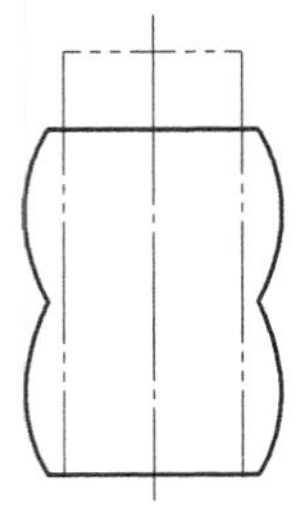

图 6-6　较高坯料镦粗时形成双鼓形

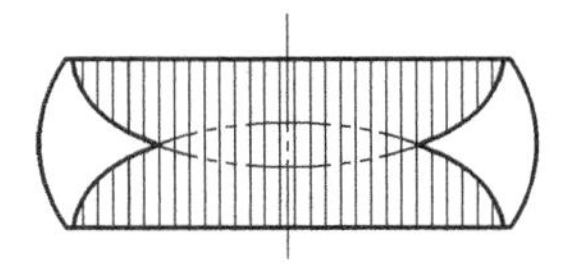

图 6-7　高径比小坯料镦粗时的难变形区

坯料端面的变化也反映了镦粗变形的不均匀性。一般情况下，镦粗试样的端面分为边部和心部两个不同区域。在边部区域，金属质点与工具表面有径向滑动，为滑动区。在心部区域，不存在相对滑动，为黏着区，即上、下两难变形区的底面。滑动区与黏着区的相对大小与摩擦系数 μ 和高径比 H/D 有关，μ 和 H/D 越大，黏着区越大。在一般坯料镦粗初期，端面尺寸的增大主要是靠侧表面的金属翻上去的。

二、圆柱体镦粗变形力计算

1. 主应力法求解圆柱体镦粗时的应力分布

（1）变形问题的简化　设圆柱体毛坯的直径和高度分别为 d 和 h，采用坐标原点在圆柱中心而 z 轴与圆柱轴线重合的圆柱坐标系（r，θ，z），将问题简化为轴对称问题。

（2）切取基元体　沿整个坯料高度方向在半径 r 处截取一个厚度为 $\mathrm{d}r$、圆心角为 $\mathrm{d}\theta$ 的扇形基元体，如图 6-8 中阴影所示。在基元体的高度方向上作用着均布的径向压应力 σ_r 和 $\sigma_r+\mathrm{d}\sigma_r$，及切向压应力 σ_θ。由于是轴对称问题，$\tau_{r\theta}=\tau_{z\theta}=0$，所以 σ_z 和 σ_r 为主应力。

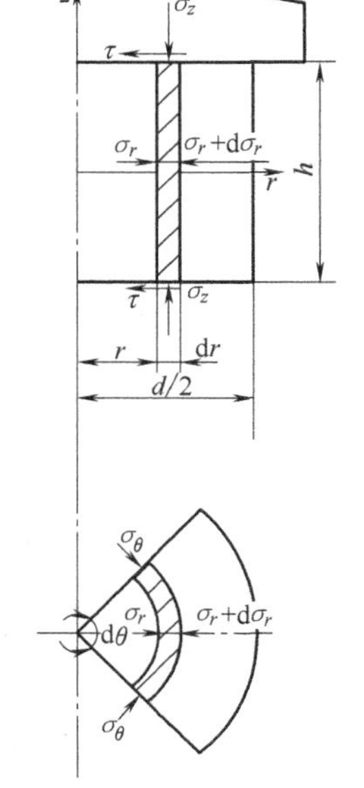

图 6-8　圆柱体镦粗时的基元体上应力分量

（3）列出基元体径向力学平衡方程（沿 r 向）

$$(\sigma_r+\mathrm{d}\sigma_r)(r+\mathrm{d}r)h\mathrm{d}\theta-\sigma_r hr\mathrm{d}\theta-2\sigma_\theta\sin\frac{\mathrm{d}\theta}{2}h\mathrm{d}r+2\tau r\mathrm{d}\theta\mathrm{d}r=0$$

因 $\mathrm{d}\theta$ 是一个极小微量，故 $\sin\frac{\mathrm{d}\theta}{2}\approx\frac{\mathrm{d}\theta}{2}$，整理并略去高次项，得

$$rh\mathrm{d}\sigma_r+\sigma_r h\mathrm{d}r+2\tau r\mathrm{d}r-\sigma_\theta h\mathrm{d}r=0 \tag{6-7}$$

圆柱体镦粗时 $\sigma_r=\sigma_\theta$，带入式（6-7）得

$$\mathrm{d}\sigma_r=-\frac{2\tau}{h}\mathrm{d}r \tag{6-8}$$

（4）补充塑性条件　轴对称状态时，Mises 与 Tresca 屈服准则一致。忽略摩擦切应力对屈服准则的影响，即

$$\sigma_z-\sigma_r=S$$

从而有

$$\mathrm{d}\sigma_z=\mathrm{d}\sigma_r \tag{6-9}$$

带入式（6-8）得

$$d\sigma_z = -\frac{2\tau}{h}dr \tag{6-10}$$

（5）引入摩擦条件

1）若采用常摩擦条件 $\tau=\mu S$，带入式（6-10）得

$$\sigma_z = -\frac{2\tau}{h}r + C = -\frac{2\mu S}{h}r + C$$

当 $r=\frac{d}{2}$时，$\sigma_r=0$，由屈服准则 $\sigma_z=S$，得积分常数

$$C = \frac{\mu S d}{h} + S$$

于是得到接触面上的正应力为

$$\sigma_z = S\left[1 + \frac{\mu}{h}(d-2r)\right] \tag{6-11}$$

2）若采用库仑摩擦条件 $\tau=\mu\sigma_z$，带入式（6-10）得

$$d\sigma_z = -\frac{2\mu\sigma_z}{h}dr$$

对上式积分得

$$\sigma_z = Ce^{-\frac{2\mu}{h}r}$$

与常摩擦条件的边界条件一样，当 $r=\frac{d}{2}$时，$\sigma_r=0$、$\sigma_z=S$，得积分常数

$$C = Se^{\frac{\mu d}{h}}$$

于是接触面上的正应力与摩擦切应力分别为

$$\begin{cases} \sigma_z = Se^{\frac{2\mu}{h}\left(\frac{d}{2}-r\right)} \\ \tau = \mu Se^{\frac{2\mu}{h}\left(\frac{d}{2}-r\right)} \end{cases} \tag{6-12}$$

式中　r——所截取基元体至圆柱体中心的半径；

μ——库仑摩擦系数；

S——材料真实应力；

h——圆柱体试样高度。

由以上解析可见，摩擦条件对正应力分布的影响很大。式（6-11）表面常摩擦条件下的正应力分布为线性关系，显然与实际情况不符。若采用库仑摩擦条件，由（6-12）可知，接触面上正应力呈指数曲线，摩擦切应力 τ 在摩擦系数 μ 一定的情况下随 d/h 的增大而增大。但是，事实上库仑摩擦力不会无限增大，当摩擦切应力随正应力增大至 $\tau_{max}=0.5S$ 后就不再增加，所以采用单一库仑摩擦条件也与实际情况不符。

2. 接触表面切应力分布规律

苏联学者翁克索夫等人曾用压力传感器和光弹性法测定镦粗时接触面上切应力的分布情况。试验表明，接触表面上切应力的分布规律是很复杂的。当 d/h 较大时，切应力的分布曲

线由三个区域组成，如图 6-9 所示，由于圆柱体镦粗为轴对称状态，故只画出右半部分。

第一区（ab 段）称为滑动区，τ 随正应力成比例增加，一直到达最大值，切应力服从库仑定律；

第二区（bc 段）称为制动区，τ 达到最大值并保持不变，切应力服从常摩擦条件；

第三区（cO 段）称为停滞区，切应力下降至零并平滑过渡到另一方，$\tau=kr/h$（k 为比例系数，r 为所截取基元体至圆柱体中心的半径），停滞区的半径近似等于圆柱体高度 h。

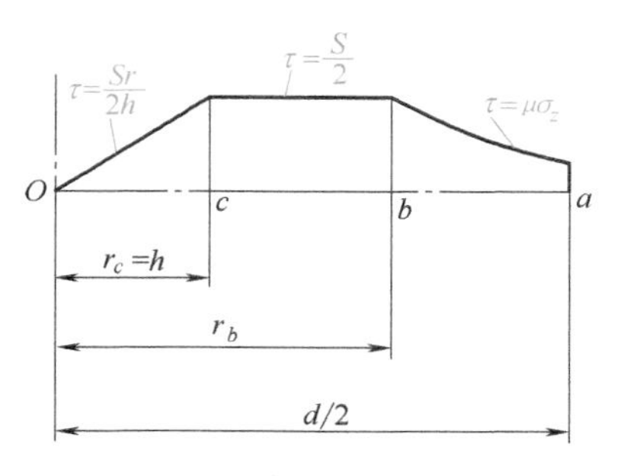

图 6-9　圆柱体镦粗时接触表面摩擦切应力的分布

第二区及第三区上的切应力与正应力无关。翁克索夫建议各区切应力分布按下列公式分别计算：

滑动区 $\tau=\mu\sigma_z$（μ 为库仑摩擦系数）

制动区 $\tau=\frac{S}{2}$（S 为材料真实应力）

停滞区 $\tau\approx\frac{S}{2}\frac{r}{h}$（$h$ 为圆柱体试样高度）

或　$\tau=\tau_c\frac{r}{h}$（τ_c 为停滞区外端点处切应力）

现分别按不同区域摩擦切应力的分布规律求解对应的正应力分布。

（1）滑动区　$\frac{d}{2}\geqslant r\geqslant r_b$，摩擦条件为 $\tau=\mu\sigma_z$。此时接触面上正应力分布和摩擦切应力分布仍如式（6-12），但要注意 r 的取值范围。在该区 r_b 处，按库仑摩擦条件确定的切应力达到最大值，即

$$\mu\sigma_z=\mu S e^{\frac{2\mu}{h}\left(\frac{d}{2}-r_b\right)}=\frac{1}{2}S$$

从而解得

$$r_b=\frac{d}{2}+h\frac{\ln 2\mu}{2\mu} \tag{6-13}$$

（2）制动区　$r_b\geqslant r\geqslant r_c$，摩擦条件 $\tau=\frac{S}{2}$，代入式（6-10），得

$$\sigma_z=-\frac{S}{h}r+C$$

当 $r=r_b$ 时，滑动区和制动区交界半径处的切应力应相等，即

$$-\frac{\mu S}{h}r_b+\mu C=\frac{S}{2}$$

解得

$$C=\frac{S}{2\mu}\left(1+\frac{2\mu}{h}r_b\right)$$

所以在制动区内，接触面上的正应力分布为

$$\sigma_z = \frac{S}{2\mu}\left[1+\frac{2\mu(r_b - r)}{h}\right] \tag{6-14}$$

（3）停滞区　$r_c \geqslant r \geqslant 0$，摩擦条件 $\tau = \tau_c \frac{r}{h}$。根据制动区应力分布知 $\tau_c = \frac{S}{2}$，所以 $\tau = \frac{S}{2}\frac{r}{h}$，代入式（6-10），然后两边积分得

$$\sigma_z = -\frac{r^2}{2h^2}S + C$$

在 $r = r_c$ 处，制动区和停滞区的正应力相等，即

$$\frac{S}{2\mu}\left[1+\frac{2\mu(r_b - r_c)}{h}\right] = -\frac{r_c^2}{2h^2}S + C$$

为了确定积分常数 C，首先需要知道 r_c，试验证明，$r_c \approx h$。代入上式，求出

$$C = \frac{S}{2\mu}\left[1+\frac{2\mu(r_b - h)}{h}\right] + \frac{S}{2}$$

所以有

$$\sigma_z = \frac{S}{2\mu}\left[1+\frac{2\mu(r_b - h)}{h}\right] + \frac{S}{2h^2}(h^2 - r^2) \tag{6-15}$$

从以上计算结果可知，在滑动区，接触面正应力呈指数分布；在制动区，正应力呈线形分布；在停滞区，正应力则呈抛物线状分布。整个接触面上的正应力分布曲线应该是指数曲线、直线和抛物线的组合。图 6-10 所示为存在三个区域时接触面上正应力和切应力分布示意图。

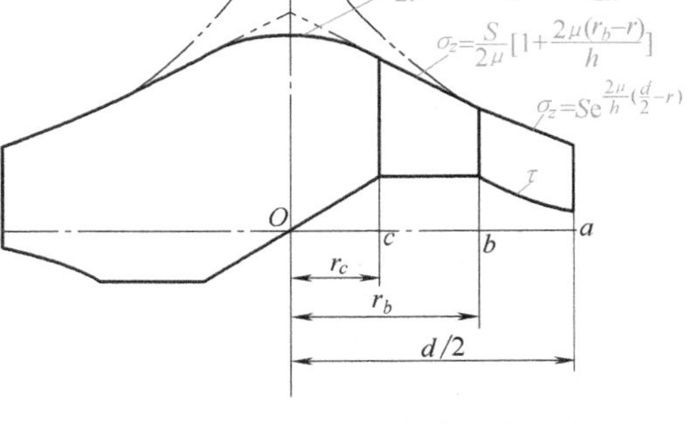

图 6-10　接触面上存在三个区域时的正应力和切应力分布

3. 接触面上各个区域的存在条件

塑性变形时，接触面上不一定都包含上述三个区域。试验表明，制动区和滑动区与 d/h 有关。下面就分析这些关系。

在式（6-13）中，令 $\frac{\ln 2\mu}{2\mu} = -\varphi$，则制动区与滑动区交界处的半径可表示为

$$r_b = \frac{d}{2} - h\varphi \tag{6-16}$$

从式（6-16）可以看出，如果 $r_b = r_c = h$，表明接触面上只有滑动区和停滞区，制动区消失，此时由式（6-16）可得

$$\frac{d}{h} = 2(1+\varphi)$$

如果 $\mu = 0.5$，则 $\varphi = 0$，由式（6-16）可知 $r_b = \frac{d}{2}$，此时滑动区消失。式（6-16）还表明，接触面上各区大小除与摩擦系数 μ 有关外，还与坯料的高度 h 有关。通过分析，接触面上应力分布可归纳为以下四种情况。

1）当 $0<\mu<0.5$、$\dfrac{d}{h}>2(1+\varphi)$ 时，接触面上存在滑动区、制动区和停滞区。正应力分别由式（6-12）、式（6-14）、式（6-15）来确定，相对应的应力分布如图 6-11a 所示。

2）当 $0<\mu<0.5$、$2<\dfrac{d}{h}\leqslant 2(1+\varphi)$ 时，接触面上只有滑动区和停滞区。滑动区内仍由式（6-12）确定，停滞区则由下式确定

$$\sigma_z = S\mathrm{e}^{\frac{2\mu}{h}\left(\frac{d}{2}-h\right)}\left[1+\mu\left(\frac{h^2-r^2}{h^2}\right)\right] \tag{6-17}$$

相对应的应力分布如图 6-11b 所示。

3）当 $\mu>0.5$，$\dfrac{d}{h}\leqslant 2$ 时，整个接触面均为停滞区，其正应力由下式确定

$$\sigma_z = S\left[1+\frac{2\mu}{hd}\left(\frac{d^2}{4}-r^2\right)\right] \tag{6-18}$$

相对应的应力分布如图 6-11c 所示。

4）当 $\mu>0.5$、$\dfrac{d}{h}>2$ 时，由式（6-16）可知，$r_b\geqslant\dfrac{d}{2}$，接触面上只有制动区和停滞区。

对制动区

$$\sigma_z = S\left(1+\frac{d-2r}{2h}\right) \tag{6-19}$$

对停滞区

$$\sigma_z = \frac{S}{2}\left(1+\frac{h}{d}-\frac{r^2}{h^2}\right) \tag{6-20}$$

相对应的应力分布如图 6-11d 所示。

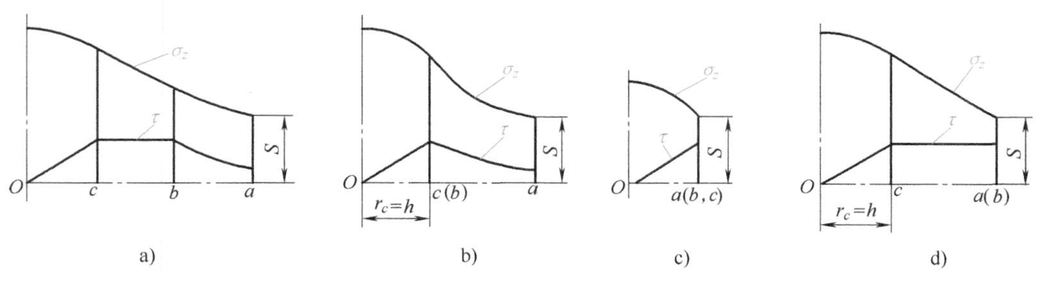

图 6-11 不同 d/h 和 μ 时的正应力和切应力分布曲线

由上述各种情况下的正应力分布图可以看出，在圆柱体镦粗时，接触面上正应力分布中间高、周围低，呈圆帽状，且中间正应力的数值随 μ 和 d/h 的增大而增加。正应力的不均匀分布导致对工件进行冷精压（即冷态下的镦粗）时，即使采用表面十分平整的模具也无法使工件得到平整表面。在精压时，中央部分压力高、四周低，且中央部分侧压力也比四周高，因此中央区域的应力球张量 σ_m 比四周的大，也就是单位体积的弹性变形量较四周大，所以工件中央区域的弹性变形量比周围大。为此，可预先将精压模具表面做成微凸状，以抵消可能产生的弹性变形量。

4. 根据接触面正应力分布确定镦粗变形力和单位流动压力

已知接触表面正应力分布后，便可按下式求得

镦粗变形力　$F=\iint \sigma_z \mathrm{d}A$

单位流动压力　$p=\dfrac{F}{A}$

式中　A——坯料承压面积，$A=\dfrac{\pi}{4}d^2$。

现根据前述四种情况下接触面正应力的分布，分别计算镦粗变形力 F 和单位流动压力 p。

1）当 $0<\mu\leqslant 0.5$、$\dfrac{d}{h}>2(1+\varphi)$ 时，分区对式（6-12）第一式、式（6-14）、式（6-15）沿接触面面积积分，然后求和，得出变形力 F，即

$$F=\int_0^{c=h}\left\{\frac{S}{2\mu}\left[1+\frac{2\mu(r_b-h)}{h}\right]+\frac{S}{2h^2}(h^2-r^2)\right\}2\pi r\mathrm{d}r+\int_{r_c=h}^{b}\frac{S}{2\mu}\left[1+\frac{2\mu(r_b-h)}{h}\right]2\pi r\mathrm{d}r+\int_{r_b}^{d/2}S\mathrm{e}^{\frac{2\mu}{h}\left(\frac{d}{2}-r\right)}2\pi r\mathrm{d}r$$

$$p=\frac{F}{\pi d^2/4}=S\left\{\frac{2h^2}{\mu^2d^2}\left[\frac{1}{2\mu}\left(1+\frac{2\mu r_b}{h}\right)-\left(1+\frac{\mu d}{h}\right)\right]+\frac{2r_b^2}{\mu d^2}\left(1+\frac{2\mu r_b}{3h}\right)-\frac{h^2}{3d^2}\right\} \tag{6-21}$$

2）当 $0<\mu\leqslant 0.5$、$2<\dfrac{d}{h}\leqslant 2(1+\varphi)$ 时，分区对式（6-12）、式（6-17）积分，然后求和，得

$$F=\int_0^{c=h}S\mathrm{e}^{\frac{2\mu}{h}\left(\frac{d}{2}-h\right)}\left[1+\mu\left(\frac{h^2-r^2}{h^2}\right)\right]2\pi r\mathrm{d}r+\int_{r_c=h}^{d/2}S\mathrm{e}^{\frac{2\mu}{h}\left(\frac{d}{2}-h\right)}2\pi r\mathrm{d}r$$

$$p=2S\frac{h^2}{\mu^2d^2}\left[(2\mu+1)\mathrm{e}^{\frac{2\mu}{h}\left(\frac{d}{2}-h\right)}-\frac{\mu d}{h}-1\right]+4S\frac{h^2}{d^2}\left(1+\frac{\mu}{2}\right)\mathrm{e}^{\frac{2\mu}{h}\left(\frac{d}{2}-h\right)} \tag{6-22}$$

3）当 $\mu>0.5$，$\dfrac{d}{h}\leqslant 2$ 时，对式（6-18）积分，得

$$F=\int_0^{d/2}S\left[1+\frac{2\mu}{hd}\left(\frac{d^2}{4}-r^2\right)\right]2\pi r\mathrm{d}r$$

$$p=S\left(1+\frac{\mu}{4}\frac{d}{h}\right) \tag{6-23}$$

4）当 $\mu>0.5$、$\dfrac{d}{h}>2$ 时，分区对式（6-19）、式（6-20）积分，然后求和，得

$$F=\int_0^{c=h}\frac{S}{2}\left(1+\frac{d}{h}-\frac{r^2}{h^2}\right)2\pi r\mathrm{d}r+\int_{r_c=h}^{d/2}S\left(1+\frac{d-2r}{2h}\right)2\pi r\mathrm{d}r$$

$$p=S\left(1+\frac{1}{6}\frac{d}{h}-\frac{1}{3}\frac{h^2}{d^2}\right)\approx S\left(1+\frac{1}{6}\frac{d}{h}\right) \tag{6-24}$$

式（6-24）适用于粗糙砧面间的镦粗或热镦粗的情况。

由于上述公式计算烦琐，为了便于使用，翁克索夫将上列单位流动压力的计算公式绘制成曲线图（图6-12）。由给定的μ和d/h值，便可确定相应的p/S值。此外，从该线图还可看出，随着μ的增大，单位流动压力受其影响的程度减小。所以，当$\mu \geqslant 0.3$时，可以用式（6-24）计算单位流动压力。

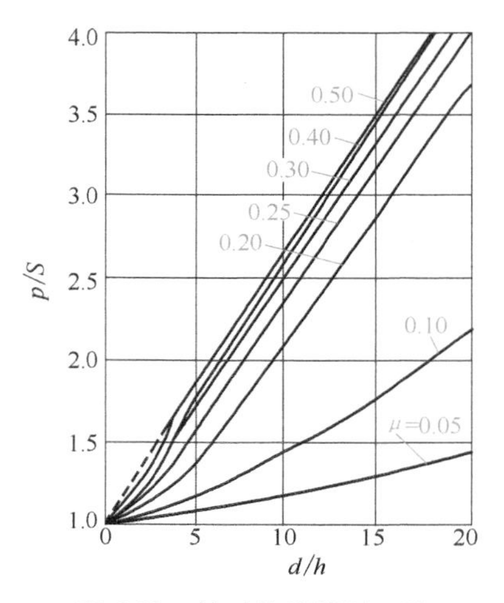

图6-12 轴对称镦粗时p/S与μ和d/h的关系曲线

三、镦粗时的变形功

锻压设备主要是根据材料成形时所需要的变形力和变形能量进行选用的。镦粗的常用设备主要是液压机或锻锤，其作用力主要是冲击力。冲击力是用能量衡量的，所以设备的选取以坯料镦粗时的变形功为基础。假设圆柱体在镦粗过程中某瞬间的单位流动压力为p，接触面工作面积为A，变形体高度压下量为dh，则该瞬时的变形功为

$$dW = -pA dh$$

设试样在变形瞬时高度为h，圆柱体的体积为V，则$A=\dfrac{V}{h}$。当圆柱体由初始高度h_0镦粗至变形结束时的高度h_1时，所需要的总变形功为

$$W = -\int_{h_0}^{h_1} pA dh = \int_{h_1}^{h_0} \frac{pV}{h} dh = V\int_{h_1}^{h_0} \frac{p}{h} dh \tag{6-25}$$

由前述变形力的计算可知，单位流动压力$p=f(h)$，因此式（6-25）积分比较困难。为了简化计算，以$\bar{p}$表示坯料由h_0至h_1的单位流动压力平均值，代入式（6-25）得

$$W = V\int_{h_1}^{h_0} \bar{p} \frac{dh}{h} = V\bar{p} \ln \frac{h_0}{h_1} \tag{6-26}$$

当变形量不大时，相对压缩量$\varepsilon=\dfrac{h_0-h_1}{h_0} \approx \ln \dfrac{h_0}{h_1}$，式（6-26）又可写成

$$W = V\bar{p}\varepsilon \tag{6-27}$$

式中 $\bar{p}$——评价单位流动压力，可根据中值定理求取或近似用$\bar{p}=\dfrac{p_0+2p_1}{3}$计算；

p_0——镦粗初始高度为h_0时的单位流动压力；

p_1——镦粗结束高度为h_1时的单位流动压力。

在热镦粗时，假设材料为理想塑性材料，在变形过程中不发生加工硬化，屈服应力S为常数。假设接触表面无摩擦，此时单位流动压力$p=S$，代入式（6-25）得

$$W = SV \ln \frac{h_0}{h_1} \tag{6-28}$$

除了用上述方法近似计算镦粗所需变形功外，也可将单位流动压力公式直接代入推导。将式（6-24）代入式（6-25）得

$$W = V\int_{h_1}^{h_0} S\left(1 + \frac{1}{6}\frac{d}{h}\right)\frac{dh}{h}$$

对于圆柱体，

$$V = \frac{\pi d^2}{4}h \Rightarrow d = \sqrt{\frac{4V}{\pi h}}$$

代入积分化简得

$$W = SV\left[\ln h\Big|_{h_1}^{h_0} + \frac{1}{9}\sqrt{\frac{4V}{\pi}}h^{-\frac{3}{2}}\Big|_{h_1}^{h_0}\right]$$

设与镦粗前后高度 h_0、h_1 对应的直径分别为 d_0、d_1，且 $\frac{d}{h} = \sqrt{\frac{4V}{\pi}}h^{-\frac{3}{2}}$，则上式简化为

$$W = SV\left[\ln\frac{h_0}{h_1} + \frac{1}{9}\left(\frac{d_1}{h_1} - \frac{d_0}{h_0}\right)\right] \tag{6-29}$$

式（6-29）表明，热镦粗时所需变形功包括两部分，即无摩擦条件下的变形功和因摩擦而消耗的功。

通过试验得知，材料相同、形状相似的坯料在变形时，单位流动压力随毛坯尺寸的增加而下降。因此，需对变形功的公式进行修正，增加一个与坯料体积有关的尺寸系数 φ。苏联学者古布金提出，热锻时式（6-29）的总变形功应修正为

$$W = \varphi SV\left[\ln\frac{h_0}{h_1} + \frac{2\mu}{9}\left(\frac{d_1}{h_1} - \frac{d_0}{h_0}\right)\right] \tag{6-30}$$

式中　φ——尺寸系数，可由表 6-1 查得；

　　　μ——接触摩擦系数，热锻时可近似取 0.5。

表 6-1　尺寸系数值

锻件体积/dm^3	φ	锻件体积/dm^3	φ
0~25	1.0	5000~10000	0.7~0.6
25~100	1.0~0.9	10000~15000	0.6~0.5
100~1000	0.9~0.8	15000~25000	0.5~0.4
1000~5000	0.8~0.7	>25000	0.4

对于锤上锻造，一般需打击数下变形才能完成，其中最后一次要求的打击能量最大。锻锤的吨位应按最后一击的变形程度 ε_k（钢锻件 ε_k 为 0.025~0.060）来计算变形功 W_k，若考虑尺寸因素和速度因素，则

$$W_k = \omega\varphi Vp\varepsilon_k \tag{6-31}$$

式中，ω 为速度系数，在压力机上锻造取 1.0~1.2，在锤上锻造取 2.5~3.0。

选用锻锤时根据最后一击的变形功 W_1 确定，所选锤的打击能 E 应大于 W_k，再按所需总变形功 W 计算打击次数。由于变形时的各种能量损失，计算时还应考虑打击效率，这样，当坯料由高度 h_0 镦粗至 h_1 时，所需打击次数 n 为

$$n = \frac{W}{\eta E} = \frac{V\bar{p}}{\eta E}\ln\frac{h_1}{h_0} \tag{6-32}$$

所需锤头质量 m 为

$$m=\frac{2W_k}{v^2\eta} \tag{6-33}$$

式（6-32）及式（6-33）中，E 为选用锤的打击能；η 为选用锤的打击效率，一般为 0.8~0.9；v 为锤头打击速度，通常为 6.5m/s。

工程应用

【例 1】 设 30CrMnSi 钢的圆柱毛坯原始尺寸为 $d_0=600\text{mm}$、$h_0=1000\text{mm}$，求在 1150℃下自由镦粗至高度 $h_1=500\text{mm}$ 所需的液压机吨位。

解：1. 变形后坯料的尺寸计算

坯料镦粗后的平均直径为

$$d_1=d_0\sqrt{\frac{h_0}{h_1}}=600\text{mm}\times\sqrt{\frac{1000\text{mm}}{500\text{mm}}}=840\text{mm}$$

2. 判断接触表面应力分区

变形结束时，$\frac{h_0}{h_1}=\frac{840\text{mm}}{500\text{mm}}=1.68<2$，故接触面上只有停滞区。

3. 计算单位流动压力和变形力

在热镦粗时取 $\mu=0.5$，1150℃时钢料的 $S=20\text{MPa}$。速度系数 ω 取 1.0，由于坯料尺寸较大，应考虑尺寸影响，取系数 $\varphi\approx0.95$。按式（6-23）计算镦粗结束时的单位流动压力。

$$p=0.95\times20\text{MPa}\times\left(1+\frac{0.5}{4}\times\frac{840\text{mm}}{500\text{mm}}\right)=23\text{MPa}$$

变形力为

$$F=\frac{p}{1000}\frac{\pi d_1^2}{4}=\frac{23\text{MPa}}{1000}\times\frac{\pi}{4}\times(840\text{mm})^2=12740\text{kN}$$

因此，该锻件应使用 1500t 液压机镦粗。

【例 2】 设有一个 Cr12MoV 钢圆柱毛坯，原始尺寸为 $d_0=150\text{mm}$，$h_0=200\text{mm}$，在 1100℃下进行锤上自由锻造，锻后高度 $h_1=100\text{mm}$，计算所需锻锤吨位。

解：1. 由体积不变定律计算镦粗后坯料的平均直径

$$d_1=d_0\sqrt{\frac{h_0}{h_1}}=150\text{mm}\times\sqrt{\frac{200\text{mm}}{100\text{mm}}}=212\text{mm}$$

2. 计算单位流动压力和最后一次打击变形功

Cr12MoV 钢在 1100℃的 $S=25\text{MPa}$，热锻时 $\mu=0.5$，则由式（6-24）得

$$p=S\left(1+\frac{1}{6}\,\frac{d}{h}\right)=25\text{MPa}\times\left(1+\frac{1}{6}\times\frac{212}{100}\right)=34\text{MPa}$$

取 $\omega=3.0$，$\varphi=1.0$，$\varepsilon_k=0.04$。而 $V=\frac{\pi d^2}{4}h_0=3532500\text{mm}^3$，则

$$W_k=\omega\varphi Vp\varepsilon_k=3\times1\times3532500\text{mm}^3\times34\text{MPa}\times0.04=14413\text{J}$$

3. 计算锻锤吨位

如果锻锤最后一次的打击速度为 $v=6.5\text{m/s}$，设打击效率为 $\eta=0.8$，则由式（6-33）可以得出

$$m=\frac{2W_k}{v^2\eta}=\frac{2\times14413\text{J}}{(6.5\text{m/s})^2\times0.8}=852.8\text{kg}$$

所以应选用落下重量 1t 的锻锤。

模块三　开式模锻变形特点及变形力计算

学习目标

1. 掌握开式模锻变形过程特点。
2. 了解开式模锻变形的力学分析过程。

模锻是指在外力作用下，利用模具使金属坯料产生塑性变形并充满型腔的一种锻造方法。模锻分为开式和闭式两种类型。图 6-13 所示为模锻过程示意图，随着上、下模具的闭合，金属充填型腔 A，其形状与所要求锻件的形状一致，多余金属流出型腔，成为飞边。图 6-13a 为上、下模闭合时的状态，型腔周围有一圈浅槽，即飞边槽，其中 B 称为飞边桥部，C 处空腔较深，称为飞边仓部。开式模锻是凭借飞边阻力使金属充满型腔的，但飞边的存在又增加了金属消耗和变形力。因为飞边与作用力方向垂直，故也称为横向飞边。飞边需用切边工具去除。

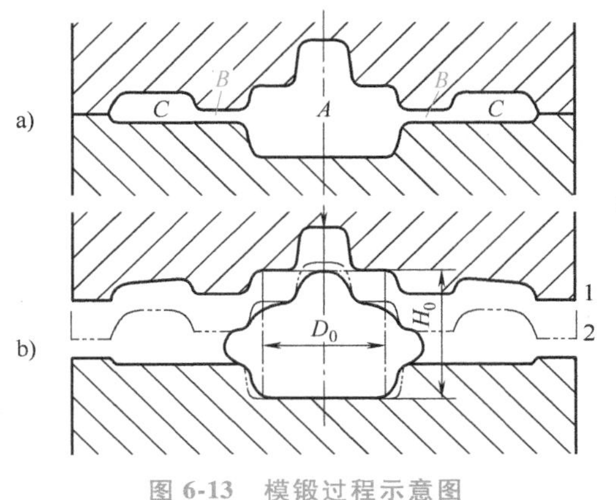

图 6-13　模锻过程示意图

开式模锻成形过程的金属流动

一、开式模锻变形特点

开式模锻过程可分为镦粗、充满模膛和多余金属挤入飞边槽三个阶段。

第一阶段是镦粗阶段，坯料处于下模型腔，图 6-13b 中位置 1 表示上模开始与坯料接触的瞬间，上模对坯料进行压缩，使其高度减小、直径增大。

第二阶段是充满型腔阶段，金属被挤入型腔后，部分金属在压力作用下沿分模面流入飞

边槽，如图 6-13b 中的位置 2 所示。由于飞边处的金属薄、冷却快，致使型腔周围一圈的流动阻力大，迫使金属在型腔内流向尚未充填的部位，直至完全充满，但此时锻件高度仍然高于最终要求的成形高度。

第三阶段是上、下模闭合阶段，又称锻足或打靠。为了使锻件高度达到要求尺寸，上、下模闭合，必须使锻件在分型面附近的多余金属继续流入飞边槽。试验证明，这时金属的塑性变形区只限于分型面上的较小部位，其他部位处于弹性状态，呈透镜状。在这一阶段中，变形金属在分型面上的投影面积最大，飞边厚度最薄，多余金属由桥口流出时的阻力很大，使得变形抗力急剧增大，因此该阶段所需的变形力最大，是计算模锻力的基础。

二、开式模锻变形力的计算

（一）回转体锻件开式模锻变形力的计算

在开式模锻的塑性变形过程中，飞边桥部金属对飞边仓部金属的挤压作用犹如扩张一个厚壁圆筒，因此先求解厚壁圆筒的应力分布。

1. 受内压厚壁圆筒的应力分布

假设一定长度的厚壁圆筒，其内径为 d、外径为 D、受均匀内压力 $-p$（$p>0$），如图 6-14 所示，此为轴对称问题，σ_θ、σ_r 为主应力，$\tau_{rz}=\tau_{r\theta}=0$。列应力平衡微分方程

$$\frac{\mathrm{d}\sigma_r}{\mathrm{d}r}+\frac{\sigma_r-\sigma_\theta}{r}=0 \tag{6-34}$$

根据屈服准则 $\sigma_\theta-\sigma_r=\beta S$，代入式（6-34），得

$$\mathrm{d}\sigma_r=\beta S\frac{\mathrm{d}r}{r} \tag{6-35}$$

两边积分有

$$\sigma_r=\beta S\ln Cr$$

当 $r=\dfrac{D}{2}$时，$\sigma_r=0$，所以积分常数 $C=\dfrac{2}{D}$。

当 $r=\dfrac{d}{2}$时，$\sigma_r=-p$，有

$$p=\beta S\ln\frac{D}{d} \tag{6-36}$$

当圆筒为长厚壁筒时，类似于无限长矩形板镦粗，简化为平面应变问题，取 $\beta=1.155$，因此式（6-36）可写为

$$p=1.155S\ln\frac{D}{d} \tag{6-37}$$

当圆筒为较短的厚壁筒时，可看作平面应力问题，取 $\beta=1.1$，所以，式（6-36）又可以写为

$$p=1.1S\ln\frac{D}{d} \tag{6-38}$$

2. 圆盘类锻件的变形力

开式模锻时，模具闭合阶段（打靠阶段）的变形力最大，是选择设备和设计模具的基

础。现说明用主应力法求解圆盘类锻件打靠阶段所需变形力的方法，圆盘类锻件的模锻成形可以简化为轴对称问题。根据锻件外形，将变形金属分为锻件本体和飞边两部分，每一部分均按轴对称问题计算变形力，然后再求和。

1）成形飞边所需变形力计算。该部分变形金属一方面受上模镦粗，另一方面又受到型腔内金属的挤压，接触面上应力分布类似圆柱体镦粗。采用圆柱坐标系沿分型面在飞边桥部处切取含上、下接触面的基元体，如图 6-14 所示。b 为飞边桥部宽度，h_b 为飞边高度，D 为锻件本体直径，D' 为含整个飞边的锻件直径。由基元体的受力情况，根据圆柱体镦粗时的平衡方程式（6-8）得

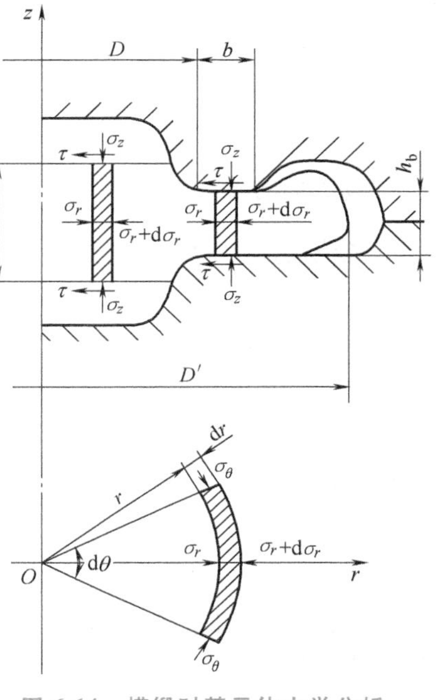

图 6-14　模锻时基元体力学分析

$$d\sigma_r=-\frac{2\tau}{h_b}dr$$

设接触面服从常摩擦条件，在飞边处 $\tau=\mu S$，则

$$\sigma_r=-\frac{2\tau}{h_b}r+C=-\frac{2\mu S}{h_b}r+C \tag{6-39}$$

在飞边仓部与飞边桥部的交界处，当 $r=\dfrac{D}{2}+b$ 时，根据式（6-38）有

$$\sigma_r=1.1S\ln\frac{D'}{D+2b} \tag{6-40}$$

因为在一般情况下进行锻模设计时，$\dfrac{D'}{D+2b}\leqslant 1.6$，故此时 $\sigma_r\approx 0.5S$，代入式（6-39）得积分常数为

$$C=S\left[0.5+\frac{2\mu}{h_b}\left(\frac{D}{2}+b\right)\right]$$

$$\sigma_r=S\left[0.5+\frac{2\mu}{h_b}\left(\frac{D}{2}+b-r\right)\right] \tag{6-41}$$

因为基元体受三向压应力，且 $|\sigma_z|>|\sigma_r|$，根据塑性条件 $\sigma_z-\sigma_r=S$，与上式联立求解得飞边接触面上的正应力为

$$\sigma_z=S\left[1.5+\frac{2\mu}{h_b}\left(\frac{D}{2}+b-r\right)\right] \tag{6-42}$$

如果假设接触表面的摩擦切应力为最大值，即 $\tau=0.5S$，则式（6-42）变为

$$\sigma_z=S\left[1.5+\frac{1}{h_b}\left(\frac{D}{2}+b-r\right)\right] \tag{6-43}$$

式（6-43）表明，飞边上的正应力呈线性分布。当 $r=\dfrac{D}{2}+b$，即位于飞边桥部与仓部的交界处时，正应力为最小值，$\sigma_{min}=1.5S$；当 $r=\dfrac{D}{2}$，即在飞边桥部与锻件本体的连接处时，

正应力为最大值，$\sigma_{\max}=1.5S+\dfrac{bS}{h_b}$。

将式（6-43）沿飞边桥部接触面的面积积分，可得飞边成形所需的变形力 F_b 为

$$\begin{aligned}F_b&=\int_{D/2}^{D/2+b}S\left[1.5+\frac{1}{h_b}\left(\frac{D}{2}+b-r\right)\right]2\pi r\mathrm{d}r\\&=\pi Sb(D+b)\left(1.5+\frac{b}{2h_b}\frac{D+\dfrac{2}{3}b}{D+b}\right)\end{aligned}\tag{6-44}$$

飞边桥部的投影为圆环，其面积 $A_b\approx2\pi\left(\dfrac{D}{2}+\dfrac{d}{2}\right)b=\pi b(D+d)$。

单位流动压力为

$$p_b=\frac{F_b}{A_b}=S\left(1.5+\frac{b}{2h_b}\frac{D+\dfrac{2}{3}b}{D+b}\right)\tag{6-45}$$

在锻模设计中，一般情况下可认为 $D\gg b$，式（6-45）中 $\dfrac{D+\dfrac{2b}{3}}{D+b}\approx1$，故

$$p_b=S\left(1.5+\frac{b}{2h_b}\right)\tag{6-46}$$

2）成形锻件本体所需变形力计算。根据开式模锻的变形特点可知，在模锻打靠阶段，锻件本体变形只限于分型面附近呈凸透镜状的区域。其他部分金属处于静水压力状态，不产生塑性变形。因此，所求锻件本体变形力即为透镜状金属塑性变形所需变形力，故需确定透镜状区域的大小。

国内外许多学者曾对该阶段锻件变形区做了大量的实验和理论研究，得出凸透镜变形区的高度为飞边高度的 2~5 倍，且二者比值随 $\dfrac{D}{h_b}$ 的增加而增加。为了便于计算，将该问题简化为镦粗直径为 D、等效高度为 h_0 的圆盘。由于该变形区周围为弹性变形区，因此在锻件本体刚、塑性交界面上 $\tau=0.5S$，在交界面上取如图 6-13 所示的基元体，代入式（6-39）得

$$\sigma_r=-\frac{S}{h_0}r+C$$

在锻件本体与飞边的连接处，径向应力应该相等。由式（6-41）得 $\sigma_r\big|_{r=\frac{D}{2}}=S\left(0.5+\dfrac{b}{h_b}\right)$，代入上式求出 $C=S\left(0.5+\dfrac{b}{h_b}+\dfrac{D}{2h_0}\right)$，即得

$$\sigma_r=S\left(0.5+\frac{b}{h_b}+\frac{D-2r}{2h_0}\right)\tag{6-47}$$

将塑性条件 $\sigma_z-\sigma_r=S$ 代入式（6-47），则正应力分布为

$$\sigma_z=S\left(1.5+\frac{b}{h_b}+\frac{D-2r}{2h_0}\right)\tag{6-48}$$

所以，锻件本体所需要的模锻力 F_0 和单位变形力 p_0 分别为

$$F_0=\int_0^{D/2}\sigma_z 2\pi r\mathrm{d}r=\frac{\pi D^2}{4}S\left(1.5+\frac{b}{h_b}+\frac{D}{6h_0}\right) \tag{6-49}$$

$$p_0=S\left(1.5+\frac{b}{h_b}+\frac{D}{6h_0}\right) \tag{6-50}$$

式中，D 为锻件本体直径。

3）圆盘类锻件的总模锻力。将上述分别求得的锻件本体和飞边所需模锻力相加，其和即为所求总模锻力。若假设模锻时锻件本体等效高度为飞边高度的两倍，即 $h_0=2h_b$，则此时模锻力为

$$F=F_b+F_0=S\left[A_b\left(1.5+\frac{b}{2h_b}\right)+A_0\left(1.5+\frac{b}{h_b}+\frac{D}{12h_b}\right)\right] \tag{6-51}$$

式中　A_b——锻件飞边的投影面积；

A_0——锻件本体的投影面积。

透镜状变形区还有其他简化模式，对应变形力的计算结果也与上述方法有所不同，这里不再赘述。

（二）长轴类锻件开式模锻力的计算

假设垂直于长轴的变形平面上正应力的分布与圆盘类锻件正应力分布相同，就可以利用同样的方法来计算长轴类锻件的模锻力。在锻件上沿长度方向截取基元体，如图 6-15 所示，锻件飞边桥部的宽度为 b、高度为 h_b，本体部分的高度为 h、长度为 l、宽度为 a，$l\geqslant a$，故可简化为平面变形问题。

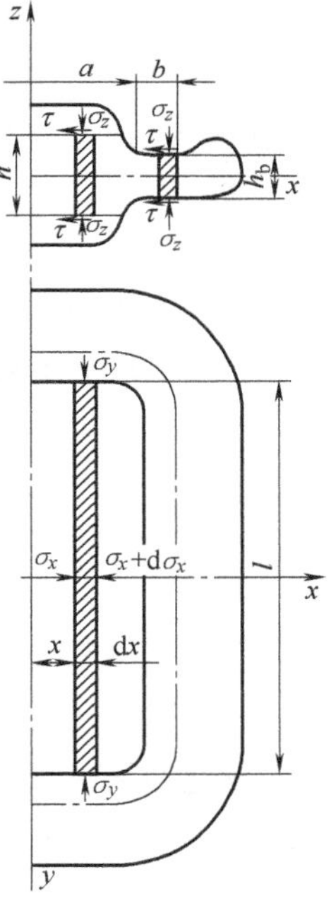

图 6-15　简单长轴类锻件

1. 飞边成形所需模锻力

根据 x 方向力学条件列平衡微分方程，整理后得

$$\mathrm{d}\sigma_x=-2\tau\frac{\mathrm{d}x}{h_b}$$

平面变形问题的塑性条件为 $\sigma_z-\sigma_x=\beta\sigma_s=1.155\sigma_s=S'$，接触面上的摩擦条件为常摩擦条件，$\tau=\dfrac{S'}{2}$，代入上式，得

$$\mathrm{d}\sigma_x=-S'\frac{\mathrm{d}x}{h_b} \tag{6-52}$$

将塑性条件两端微分与式（6-52）联立求解，得

$$\sigma_z=-\frac{S'}{h_b}x+C \tag{6-53}$$

忽略飞边仓部金属的阻力，边界条件为：当 $x=\dfrac{a}{2}+b$ 时，$\sigma_z=S'$，故正应力分布为

$$\sigma_z=S'\left[1+\frac{1}{h_b}\left(\frac{a}{2}+b-x\right)\right] \tag{6-54}$$

将式（6-54）沿飞边接触面积分，得出成形飞边所需的变形力和单位流动压力分别为

$$F_b = 2l\int_{a/2}^{a/2+b} \sigma_z \mathrm{d}x = 2lbS'\left(1 + \frac{b}{2h_b}\right) \tag{6-55}$$

$$p_b = S'\left(1+\frac{b}{2h_b}\right) \tag{6-56}$$

2. 成形本体所需的模锻力

在锻件本体的等效变形区中截取基元体，如图 6-15 所示，同理可得平衡微分方程为

$$\sigma_z = -\frac{S'}{h}x + C$$

边界条件为：当 $x=\frac{a}{2}$时，$\sigma_z = S'\left(1+\frac{b}{h_b}\right)$，所以有

$$\sigma_z = S'\left(1+\frac{b}{h_b}+\frac{0.5a-x}{h}\right) \tag{6-57}$$

对式（6-57）沿型腔在分型面上的投影积分，得出成形本体所需变形力和单位流动压力分别为

$$F_0 = 2l\int_0^{a/2} \sigma_z \mathrm{d}x = alS'\left(1 + \frac{b}{h_b} + \frac{a}{h}\right) \tag{6-58}$$

$$p_0 = S'\left(1+\frac{b}{h_b}+\frac{a}{2h}\right) \tag{6-59}$$

3. 长轴类锻件所需总模锻力

假设模锻时 $h_0 = 2h_b$，则总模锻力为

$$F = F_b + F_0 = S'\left[A_b\left(1+\frac{b}{2h_b}\right) + A_0\left(1+\frac{b}{h_b}+\frac{a}{h_b}\right)\right] \tag{6-60}$$

式中 A_b——长轴类锻件飞边的投影面积；

A_0——长轴类锻件本体的投影面积。

模块四　板料弯曲工序力学分析

学习目标

1. 知道板料弯曲时的应力、应变状态。
2. 了解宽板弯曲时的应力、应变分析方法。

所谓弯曲，就是将板料、棒料、管料或型材等弯成一定形状和角度零件的成形方法，是板料冲压中常见的工序之一。在实际生产中，弯曲成形的零件形状有很多，如 V 形、U 形、L 形和其他形状。这些零件可以利用模具在压力机上弯曲成形，也可用专用设备如折弯机、滚弯机、拉弯机等弯曲成形。尽管不同弯曲方法采用的设备和工具不同，但在变形过程中存在着某些共同的规律。本模块主要以压力机上平板的弯曲为例，分析在纯弯矩作用下弯曲工序的应力、应变特点。

一、线性弹塑性弯曲

弯曲变形时，坯料上曲率发生变化的部分即为变形区。在外弯曲力矩 M 的作用下，变形区内靠近曲率中心的内层金属在切向压应力的作用下产生压缩变形；远离曲率中心的外层金属则在切向拉应力的作用下产生伸长变形。

1. 弹性弯曲

在弯曲开始阶段，外弯曲力矩 M 的数值不大，板料仅内部发生弹性弯曲。在弯曲变形区内，外层切向应力最大，如图 6-16 所示。外层金属 AB 受拉应力，产生拉应变；内层金属 CD 受压应力，产生压应变；则中间必有一层金属的切向应力为零，称为应力中性层，其曲率半径为 ρ_σ；也必有一层金属的切向应变为零，称为应变中性层，其曲率半径为 ρ_ε。在弯曲变形程度较小时，板料的中间层应力、应变为零，这一阶段称为弹性弯曲阶段。此时，应力中性层与应变中性层重合，位于板厚中间，即

$$\rho_\sigma=\rho_\varepsilon=r+\frac{t}{2}$$

式中　r——板料内侧曲率半径；

t——板料厚度。

板厚不同位置的切向应变值 ε_θ 的变化则符合线性规律

$$\varepsilon_\theta=\frac{(\rho_\varepsilon+x)\alpha-\rho_\varepsilon\alpha}{\rho_\varepsilon\alpha}=\frac{x}{\rho_\varepsilon} \tag{6-61}$$

式中　α——弯曲角；

x——计算切向应变时的位置与应变中性层之间的距离。

根据应力、应变关系，切向应力为

$$\sigma_\theta=E\varepsilon_\theta=E\frac{x}{\rho_\varepsilon} \tag{6-62}$$

当 $x=\frac{t}{2}$时，在板料的内外表面切向应力、应变达到最大值，即

$$\begin{cases}\sigma_{\theta\max}=\dfrac{Et}{2\rho_\varepsilon}\\[2ex] \varepsilon_{\theta\max}=\dfrac{\frac{t}{2}}{\rho_\varepsilon}=\dfrac{t}{2\left(r+\frac{t}{2}\right)}=\dfrac{1}{2\frac{r}{t}+1}\end{cases} \tag{6-63}$$

2. 弹-塑性弯曲

随着弯曲的继续进行，M 值不断增大，弯曲区的变形程度逐步增大，内外表层的切向应力首先达到屈服强度 $\sigma_{\theta\max}=\frac{Et}{2\rho_\varepsilon}\geqslant R_e$。此时内、外表面已经由弹性变形过渡为塑性变形，但板料中心仍然处于弹性变形阶段，因此称为弹-塑性弯曲。

3. 纯塑性弯曲

当变形程度继续增大时，塑性变形由板料表面逐步扩展至板料中心。板料内、外层和中心的切向应力全部超过屈服强度而进入纯塑性弯曲阶段，如果不考虑硬化，则为无硬化塑性弯曲，此时 $\sigma_\theta = R_e$。

弯曲时坯料变形区内切向应力的分布如图 6-16 所示。由式（6-63）可知，板料外表面上的变形程度与相对弯曲半径 r/t 大致成反比，所以生产中常用 r/t 表示弯曲变形大小，r/t 越小，表示弯曲变形程度越大。随着 r/t 的不断减小，应力中性层和应变中性层都从板厚中间向内层移动，而且应力中性层位移量大于应变中性层，即 $\rho_\sigma < \rho_\varepsilon$。

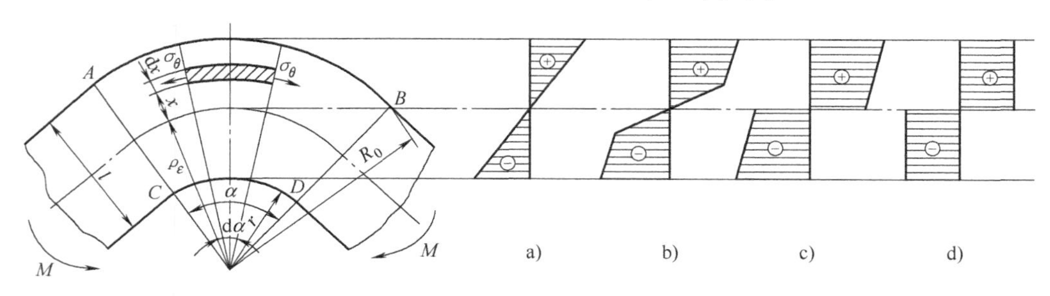

图 6-16 弯曲时坯料变形区内的切向应力分布

a）弹性弯曲 b）弹-塑性弯曲 c）纯塑性弯曲 d）无硬化纯塑性弯曲

二、三维塑性弯曲时应力、应变状态

假定弯曲变形时，板料内部纤维之间的相对位置没有改变，则变形区主应力和主应变的方向为切向（θ 向）、径向（厚度方向，r 向）和宽度方向（B 向）。变形区的应力、应变状态与弯曲板料的 B/t 值以及弯曲变形的程度有关。$B/t \leqslant 3$ 的板料称为窄板，$B/t > 3$ 的板料称为宽板。现分别分析窄板与宽板弯曲时变形区的应力、应变状态。

1. 窄板弯曲

（1）应变状态　板料在塑性弯曲时，变形主要表现为内外层纤维的伸长和压缩，切向应变为最大主应变。根据塑性变形体积不变条件 $\varepsilon_\theta + \varepsilon_r + \varepsilon_B = 0$，可以推出 ε_r、ε_B 一定与 ε_θ 符号相反，因此有

1）切向方向：外层应变为拉应变，$\varepsilon_\theta > 0$；内层应变为压应变，$\varepsilon_\theta < 0$。

2）径向方向：外层应变 $\varepsilon_r < 0$，内层应变 $\varepsilon_r > 0$。

3）宽度方向：外层应变 $\varepsilon_B < 0$，内层应变 $\varepsilon_B > 0$。

（2）应力状态

1）切向方向：外层金属受拉，切向为拉应力，$\sigma_\theta > 0$；内层金属受压，切向为压应力，$\sigma_\theta < 0$。

2）径向方向：随着弯曲变形的继续，曲率半径减小，板料各层金属之间相互挤压，因此内外层金属均受压应力，即 $\sigma_r < 0$。

3）宽度方向：板料变形不受约束，自由变形，内外层应力 $\sigma_B \approx 0$。

由上述分析可知，窄板变形时的应变状态为三向应变状态，应力状态为平面应力状态，见表 6-2。

表 6-2　弯曲变形区的应力、应变状态

径向 切向 宽度方向	t B 窄板($B/t\leq3$)		t B 宽板($B/t>3$)	
	外层金属	内层金属	外层金属	内层金属
应力状态	σ_r σ_θ	σ_r σ_θ	σ_r σ_θ σ_B	σ_r σ_θ σ_B
应变状态	ε_r ε_θ ε_B	ε_r ε_θ ε_B	ε_r ε_θ	ε_r ε_θ

2. 宽板弯曲

宽板弯曲变形时在切向和径向的应力、应变状态与窄板相同。但是，宽度方向上板料不能自由变形。外层金属宽度方向收缩受到阻碍，σ_B 为拉应力；内层金属宽度方向伸长受到限制，σ_B 为压应力。而且由于变形区内、外层金属之间相互约束，且受到非变形区金属的制约，金属流动困难，弯曲后板宽基本不变，因此该方向应变 $\varepsilon_B\approx0$。

所以，宽板弯曲时的应力状态为三向应力状态，应变状态为平面应变状态，见表 6-2。

三、宽板弯曲时的应力分布简介

一般情况下，弯曲成形所用板料多为 $B/t>3$ 的宽板。在变形区内、外层半径 r 处，沿截面厚度方向分别切取一个厚度为 dr、中心角为 dα、单位宽度的扇形基元体（图 6-17），根据受力情况，利用主应力法计算变形区内主应力的分布规律。

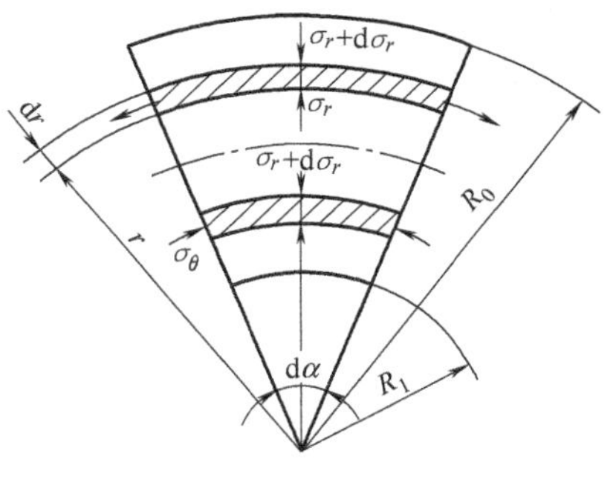

图 6-17　宽板弯曲时基元体上的作用力

1. 无硬化宽板大塑性变形的弯曲

当板料为热弯曲大变形状态时$\left(弯曲变形程度\dfrac{R_1}{t}<5\right)$，整个断面进入无硬化塑性变形状态，此时内、外层金属均处于三向应力状态。

（1）外层主应力　如图 6-17 所示，列出基元体在厚度方向上的力学平衡方程为

$$\sigma_r r\mathrm{d}\alpha-(\sigma_r+\mathrm{d}\sigma_r)(r+\mathrm{d}r)\mathrm{d}\alpha-2\sigma_\theta\mathrm{d}r\sin\frac{\mathrm{d}\alpha}{2}=0$$

以 $\sin\dfrac{\mathrm{d}\theta}{2}\approx\dfrac{\mathrm{d}\theta}{2}$代入上式，并略去高次项整理得

$$\mathrm{d}\sigma_r=-(\sigma_r+\sigma_\theta)\frac{\mathrm{d}r}{r} \qquad (6\text{-}64)$$

补充塑性条件，对于外层金属而言，当为平面应变状态时，σ_θ 与 σ_r 符号相反，$\sigma_\theta-(-\sigma_r)=1.155\sigma_s$，代入式（6-64）得

$$d\sigma_r=-1.155\sigma_s\frac{dr}{r}$$

对上式积分，可得

$$\sigma_r=-1.155\sigma_s\ln r+C$$

根据边界条件确定积分常数。在外表面 $r=R_0$，$\sigma_r=0$，故 $C=1.155\sigma_s\ln R_0$，则

$$\sigma_r=1.155\sigma_s\ln\frac{R_0}{r}$$

将上式代入 $\sigma_\theta-(-\sigma_r)=1.155\sigma_s$，并利用 σ_B 为平面应变状态时的中间主应力，可得三个主应力为

$$\begin{cases}\sigma_r=1.155\sigma_s\ln\dfrac{R_0}{r}\\ \sigma_\theta=1.155\sigma_s\left(1-\ln\dfrac{R_0}{r}\right)\\ \sigma_B=1.155\sigma_s\left(0.5-\ln\dfrac{R_0}{r}\right)\end{cases}\tag{6-65}$$

（2）内层主应力　同理可得内层基元体的微分方程为

$$d\sigma_r=(\sigma_\theta-\sigma_r)\frac{dr}{r}\tag{6-66}$$

内层金属应力状态为同号，屈服准则为 $\sigma_\theta-\sigma_r=1.155\sigma_s$，代入边界条件整理后得到

$$\begin{cases}\sigma_r=1.155\sigma_s\ln\dfrac{r}{R_1}\\ \sigma_\theta=1.155\sigma_s\left(1+\ln\dfrac{r}{R_1}\right)\\ \sigma_B=1.155\sigma_s\left(0.5+\ln\dfrac{r}{R_1}\right)\end{cases}\tag{6-67}$$

由上述计算得出以下结论：

1）外层金属的切向应力在外表面有最大值，为拉应力，其值为 $1.155\sigma_s$，向中性层逐渐减小；内层金属的切向应力在内表面有最小值，为压应力，绝对值为 $1.155\sigma_s$，向中性层逐渐增大。

2）中性层径向应力 σ_r 为最大值。

3）由于外表面半径 R_0 大于内表面半径 R_1，因此在宽度方向上合力不为零，会引起宽板边沿发生翘曲。

2. 有硬化宽板大塑性变形的弯曲

当板料冷弯曲产生加工硬化时，采用不同的实际应力-应变曲线进行分析将有不同的计算结果。为了方便计算，忽略中间弹性变形的影响，采用近似硬化直线作为简化模型。应力-应变关系式为 $\sigma=\sigma_{s0}+K\epsilon$，$\sigma_{s0}$ 为材料在完全退火状态下的屈服强度，K 为硬化模数，ϵ

为对数应变，在半径 r 处，$\epsilon=\ln\dfrac{r}{\rho_\varepsilon}$。

对于外层金属，$r>\rho_\varepsilon$，屈服准则为

$$\sigma_\theta+\sigma_r=1.155\left(\sigma_{s0}+K\ln\frac{r}{\rho_\varepsilon}\right) \tag{6-68}$$

对于内层金属，$r<\rho_\varepsilon$，屈服准则为

$$\sigma_\theta-\sigma_r=1.155\left(\sigma_{s0}-K\ln\frac{r}{\rho_\varepsilon}\right) \tag{6-69}$$

将式（6-68）和式（6-69）分别代入式（6-64）和式（6-66），可分别求得内、外层金属的平衡微分方程。

外层金属的平衡微分方程为

$$\mathrm{d}\sigma_r=-1.155\left(\sigma_{s0}+K\ln\frac{r}{\rho_\varepsilon}\right)\frac{\mathrm{d}r}{r} \tag{6-70}$$

内层金属的平衡微分方程为

$$\mathrm{d}\sigma_r=1.155\left(\sigma_{s0}-K\ln\frac{r}{\rho_\varepsilon}\right)\frac{\mathrm{d}r}{r} \tag{6-71}$$

积分式（6-70）与式（6-71），并与边界条件和平面变形时的主应力关系联立求解，可得宽板在有硬化条件下大塑性弯曲的应力分布。

外层的应力分布为

$$\begin{cases}\sigma_r=1.155\left[\sigma_{s0}\ln\dfrac{R_0}{r}+\dfrac{K}{2}\left(\ln^2\dfrac{R_0}{\rho_\varepsilon}-\ln^2\dfrac{r}{\rho_\varepsilon}\right)\right]\\ \sigma_\theta=1.155\left[\sigma_{s0}\left(1-\ln\dfrac{R_0}{r}\right)+\dfrac{K}{2}\left(2\ln\dfrac{r}{\rho_\varepsilon}-\ln^2\dfrac{R_0}{\rho_\varepsilon}+\ln^2\dfrac{r}{\rho_\varepsilon}\right)\right]\\ \sigma_B=1.155\left[\sigma_{s0}\left(\dfrac{1}{2}-\ln\dfrac{R_0}{r}\right)+\dfrac{K}{2}\left(\ln\dfrac{r}{\rho_\varepsilon}-\ln^2\dfrac{R_0}{\rho_\varepsilon}+\ln^2\dfrac{r}{\rho_\varepsilon}\right)\right]\end{cases} \tag{6-72}$$

内层的应力分布为

$$\begin{cases}\sigma_r=1.155\left[\sigma_{s0}\ln\dfrac{r}{R_1}+\dfrac{K}{2}\left(\ln^2\dfrac{R_1}{\rho_\varepsilon}-\ln^2\dfrac{r}{\rho_\varepsilon}\right)\right]\\ \sigma_\theta=1.155\left[\sigma_{s0}\left(1+\ln\dfrac{r}{R_1}\right)-\dfrac{K}{2}\left(2\ln\dfrac{r}{\rho_\varepsilon}-\ln^2\dfrac{R_1}{\rho_\varepsilon}+\ln^2\dfrac{r}{\rho_\varepsilon}\right)\right]\\ \sigma_B=1.155\left[\sigma_{s0}\left(\dfrac{1}{2}+\ln\dfrac{r}{R_1}\right)-\dfrac{K}{2}\left(\ln\dfrac{r}{\rho_\varepsilon}-\ln^2\dfrac{R_1}{\rho_\varepsilon}+\ln^2\dfrac{r}{\rho_\varepsilon}\right)\right]\end{cases} \tag{6-73}$$

由式（6-72）和式（6-73）可以看出，当 $K=0$ 时，便转化为无硬化弯曲时的应力状态。

3. 有硬化小变形的弯曲

当板料处于小变形状态时（弯曲变形程度 $5<\dfrac{R_1}{t}<100$），可近似认为变形区只有切向应力作用，处于线性全塑性弯曲阶段。由于变形程度小，材料厚度减小可以忽略，设应力和应变中性层相等，$\rho_\sigma=\rho_\varepsilon=R_1+\dfrac{t}{2}$，此时应变为式（6-61）。距应变中性层距离 x 处的切向主应

力为

$$\sigma_\theta=\sigma_s+K\frac{x}{\rho_\varepsilon}=\sigma_s+K\frac{x}{R_1+\frac{t}{2}} \tag{6-74}$$

拓展练习

一、填空题

1. 主应力法求解问题时，假设服从的摩擦条件是库仑摩擦条件________，或常摩擦条件________。

2. 在镦粗过程中，变形体内部质点的流动遵循________定律，即质点向阻力最小的方向移动。但是在实际镦粗中，接触面上不可避免地存在摩擦，这就导致了镦粗时的________变形。

3. 摩擦条件对正应力分布的影响________（很大/很小）。

4. 开式模锻的变形过程可分为________、________和多余金属挤入飞边槽三个阶段。

5. 圆盘类锻件的模锻成形可以简化为________问题。

6. 弯曲变形时，在外弯曲力矩 M 的作用下，变形区内靠近曲率中心的内层金属在切向压应力的作用下产生________（压缩/伸长）变形；远离曲率中心的外层金属则在切向拉应力的作用下产生________（压缩/伸长）变形。

7. 平砧镦粗时，区域Ⅱ处于上、下两个难变形区域Ⅰ之间，其变形程度最________（大/小）。

8. 在弯曲变形程度较小时，板料的中间层应力、应变为零，这一阶段称为________阶段。

9. 开式模锻的飞边与作用力方向垂直，故也称为________飞边。飞边需用切边工具去除。

10. 宽板弯曲时的应力状态为三向应力状态，应变状态为________应变状态。

二、判断题

1. 主应力法的实质是将应力平衡微分方程和屈服方程联立求解。（　）

2. 当圆柱体的高径比 $H/D>0.8\sim2.0$ 时，镦粗后呈现鼓形。（　）

3. 镦粗时常用设备主要是液压机或锻锤，其作用力主要是静压力。（　）

4. 通过热镦粗试验可知，材料相同、形状相似的坯料在变形时，单位流动压力随毛坯尺寸的增加而下降。（　）

5. 不同截面的坯料在镦粗时的应力、应变状态存在很大差异。（　）

6. 开式模锻时，模具闭合阶段（打靠阶段）的变形力最小，是选择设备和设计模具的基础。（　）

7. 宽板弯曲变形时在切向和径向的应力、应变状态与窄板相同。（　）

8. 窄板塑性弯曲时，其宽度方向的外层应变 $\varepsilon_B>0$，内层应变 $\varepsilon_B>0$。（　）

9. 开式模锻是凭借飞边阻力使金属充满型腔的，但飞边的存在又增加了金属消耗和变形力。（　）

10. 窄板弯曲时，板料宽度方向的变形不受约束，是自由变形，因此内外层应力 $\sigma_B \approx 0$。

（　　）

三、分析题

1. 试分析平砧镦粗的变形过程和特点。
2. 试分析开式模锻变形过程和特点。
3. 试分析宽板弯曲时的应力分布情况。

【知识拓展】

CAE 模拟技术在金属塑性成形中的应用

随着生产加工水平的提高，对产品的精度、成本要求也越来越高，过去的依靠经验+试验的方法，进行模具制造和加工控制已越来越不能满足工程需要。以数字化仿真技术为代表的现代科学技术对合金材料成形工艺提出了更高、更新的要求，随着冶金企业数字化应用的不断深入，CAE 的发展也逐渐占据了成形工艺设计与优化的高端位置。引进数字化模拟技术，利用 CAE 软件分析和优化生产制造工艺势在必行。CAE 计算机模拟技术及相应的成形工艺仿真平台，无论是在提高生产率、保证产品质量，还是在降低成本、减轻劳动强度等方面，都有很大的优越性。

CAE 全称为 Computer Aided Engineering，即工程设计中计算机辅助工程的意思，主要是指通过使用计算机辅助来对复杂的工程以及产品结构力学等进行分析求解。把工程的各个环节有机地组织起来，其关键就是将有关的信息集成，使其产生并存在于工程的整个生命周期。

随着计算机技术的不断发展，CAE 数字模拟技术被广泛应用到实际生产中。金属成形技术中主要应用的 CAE 软件有 PAMSTAMP（法国）、AUTOFORM（瑞士）、DYNAFORM（美国）、KMAS（J 金网格）和 FASTAMP（华中科大）。

1. CAE 工作原理

CAE 工作原理主要分为前处理、有限元分析以及后处理三个部分。

（1）前处理　应用 CAD 建模软件对分析对象进行实体建模，进而建立有限元分析模型，其中包括对分析对象进行合理的简化。将 CAD 模型导入 CAE 软件中（也可以利用 CAE 软件中的建模功能直接建模），然后运用 CAE 软件对分析对象进行网格划分，设置材料及载荷条件、边界条件等，从而建立合理的有限元分析模型，并生成有限元计算所需的数据文件供求解器使用。

（2）有限元分析求解　求解器接收到前处理生成的数据文件后，软件会针对有限元模型进行单元特性分析，建立单元刚度矩阵，进而组装整体刚度矩阵，然后建立整体平衡方程，最后进行有限元系统求解并生成分析结果等。在通用有限元分析软件中，计算时间跟计算规模和硬件系统有关。

（3）后处理　根据工程实际的需要，对有限元分析的结果进行加工和处理，通常以表格、图形、图像和动画等方式获得分析结果，从而可以直观合理地对结构进行分析评判。

2. CAE 模拟技术能解决的问题

利用计算机数字化模拟技术，几乎能预测零件在生产过程中的所有问题，例如：工件开裂、起皱、塌陷、滑移和冲击等缺陷。

通过成形的切线位移场可以了解材料的流动情况，为更好地解决零件成形时产生的缺陷提供帮助。同时可以通过和产品的同步开发，确定零件的局部形状以及一些重要特征状态。通过对板料拉延、切边、翻边等各种工艺环境的仿真，模拟实际的冲压过程，预测及修正设计模型和工艺参数。

3. CAE 技术在锻造技术中的应用

在锻造成形中，温度和变形速度对于锻件的组织控制有很大作用。利用 CAE 技术对锻件组织控制进行预测，不仅可以进行锻造工艺设计，而且可以进行锻造设备参数的研究和锻造生产线结构的研究。

此外，利用 CAE 技术还可以根据温度等参数，预测锻件晶粒度的变化以及析出状态和力学性能。这种通过解析直接预测锻件性能的功能，提高了 CAE 技术的应用价值。例如，通过对热锻过程中碳化钒（VC）析出状态的预测，可以预测出析出强化相对锻件最终强度的贡献量。但是，为了能够高精度预测锻件的组织和性能，需要构建由大量试验数据组成的数据库。这是消费大量人力和时间的工作。今后的发展方向应是将 CAE 技术与微尺度模型相结合，导出塑性加工因子与组织因子的关系，减少试验数量，实现短时间、高精度的组织与性能预测。

参考文献

[1] 俞汉清，陈金德. 金属塑性成形原理［M］. 北京：机械工业出版社，2017.

[2] 李尧. 金属塑性成形原理［M］. 2版. 北京：机械工业出版社，2016.

[3] 王庆娟. 金属塑性加工概论［M］. 北京：冶金工业出版社，2015.

[4] 王占学. 塑性加工金属学［M］. 北京：冶金工业出版社，2020.

[5] 胡新，宋群玲. 金属塑性加工生产技术［M］. 北京：冶金工业出版社，2011.

[6] 董湘怀. 金属塑性成形原理［M］. 北京：机械工业出版社，2011.

[7] 林治平，谢水生，程军. 金属塑性变形的实验方法［M］. 北京：冶金工业出版社，2002.

[8] 张如华，付俊新. 锻件镦粗成形的材料规格范围［J］. 金属成形工艺，2001，19（6）：37-39.

[9] 夏巨谌. 金属材料精密塑性加工方法［M］. 北京：国防工业出版社，2007.

[10] 余永宁. 金属学原理：上册［M］. 3版. 北京：冶金工业出版社，2020.

[11] 余永宁. 金属学原理：中册［M］. 3版. 北京：冶金工业出版社，2020.

[12] 余永宁. 金属学原理：下册［M］. 3版. 北京：冶金工业出版社，2020.

[13] 魏坤霞，魏伟. 金属塑性变形理论基础［M］. 北京：中国石化出版社有限公司，2020.

[14] 徐春，张驰，阳辉. 金属塑性成形理论［M］. 北京：冶金工业出版社，2019.

[15] 孙颖，张慧云，郑留伟，等. 金属塑性变形技术应用［M］. 北京：冶金工业出版社，2021.

[16] 陈慧，冯玮，庄武豪. 圆盘件镦粗成形过程中摩擦模型对接触区分布的影响［J］. 锻压技术，2023，48（10）：215-221.

[17] 曾朝伟，袁婷，彭威，等. 塑性成形方法对镁合金耐蚀性的影响及展望［J］. 精密成形工程，2023，15（7）：104-119.

[18] 骆静，张婧，桓思颖，等. 内花键双联齿轮的精密塑性成形［J］. 锻压技术，2022，47（12）：103-108.

[19] 詹梅，董贤达，翟卓蕾，等. 塑性成形快速数值仿真方法的研究进展［J］. 机械工程学报，2022，58（16）：2-20.

[20] 于玲，刘清文. 基于有限元的法兰轴结构件塑性成形工艺分析［J］. 精密成形工程，2023，15（2）：218-223.